헬스케어 시설을 위한 **근거 기반 디자인**

나는 이 책을 우리 HDR 건축회사의 재능 있고 헌신적으로 일하는 수많은 동료들에게 바친다. 이들은 우리의 고객 헬스케어 기관들이 좀 더 나은 헬스케어 환경을 조성하도록 돕기 위해 오늘도 쉬지 않고 노력 중이다.

―신시아 맥클로

헬스케어 시설을 위한
근거 기반 디자인

EVIDENCE-BASED DESIGN
FOR HEALTHCARE FACILITIES

신시아 맥클로 편저 | 최선미 옮김

자신의 경험과 생생한 실제 사례들을 공유하며 정성껏 글을 써준

모든 공저자들에게 진심으로 감사를 표한다.

더불어 참고 문헌 확인과 교정 작업 그리고 모든 이미지와 사진 준비를 위해 수고해준

HDR 팀원들과 나의 친구들에게 감사한다.

옮긴이의 글

인간은 환경의 지배를 받는다. 인간을 지배하는 환경 가운데 인간이 만들어 낸 제도, 조직, 계급, 풍습, 규범 등으로 구성되는 '사회 환경'의 지배적 영향과, 사람이 살아가는 땅, 하늘, 바람, 태양, 바다 등으로 구성되는 '자연환경'의 지대한 영향을 이해하지 못하는 사람은 없다. 세상은 이러한 환경이 바람직하지 못한 방향으로 형성되고 있다는 우려의 목소리와 시급한 대책 마련을 촉구하는 호소들로 늘 소란스럽다. 그러나 막상 인간의 삶에 매 순간 영향을 미치고 있는, 인간이 살아가고 있는 공간인 '생활환경'에 대해서는 그다지 민감해 보이지 않는다. 가정에서, 학교에서, 직장에서, 우리가 방문하는 상점과 은행 등의 장소에서 우리의 오감을 자극하는 요소들 하나하나가 모두 우리의 '생활환경'을 구성한다. 그러한 요소들이 우리의 생리적, 심리적, 정서적, 육체적으로 행복한 삶과 각 공간에서 우리가 수행해야 할 역할의 효과성과 효율성에 큰 영향을 미치는데도, 그러한 요소들이 어떻게 디자인되고 관리되는지에 대해서는 꽤 무관심해 보인다.

병원을 예로 들어보자. 병원 내부를 디자인한 이들은 병원 직원들과 고객들에게 어떤 '생활환경'을 제공하려고 공간을 그렇게 디자인했을까? 나의 오랜 경험을 바탕으로 생각해보건대, 디자이너들은 (만약 디자이너들이 활용되었다면) 인간에게 미칠 영향보다는 자신이 추구하는 미의 개념을 형상화시키거나, 오로지 업무의 효율성만 추구하거나, 최악의 경우, 예산 맞추기에 급급하지 않았나 하는 생각이 든다. 시각적으로 보이는 것들은 복잡하고 혼란스러워 심적인 스트레스를 가중시킨다. 여기저기에서 들려오는 온갖 종류의 소음과 소독약 냄새 그리고 차가운 벽과 바닥재는 우리의 근육을 긴장시킨다. 멀쩡한 사람도 아파질 것만 같다. 육체적, 정신적 병을 치료하고자 찾아온 환자들에게 이러한 공간이 미칠 영향은 절대로 바람직하지 않다. 마음이 안정되고 건강한 삶에 대한 의지가 강해질 때 병의 회복이 빠르다는 사실을 감안하면, 병원과 같은 치유의 시설에서 병을 치유받기 위해 찾아온 환자들에게 심적인 안정과 완치에 대한 희망을 가지도록 하는 '생활환경'을 제공하는 것은 의료 기술을 시술하는 것 못지않게 중요할 수 있다.

그렇다면 공간 변화 계획은 어디서 어떻게 시작해야 하는 걸까? 무엇부터 바꿔야 할까? 변화의 기준은 무엇일까? 변화의 성과는 어떻게 측정될 수 있을까? 이러한 변화는 정말 가치 있는 것일까? 변화에 필요한 자원을 어떻게 정당화시키고 확보할 수 있을까? 바람직한 방향으로 변화되도록 이끌어줄 수 있는 리더는 누가 되어야 할까? 조직 내 어느 구성원이 변화의 챔피언이 되어야 할까? 아니, 이러한 변화를 주도해줄 외부 기관들이 있을까? 환자도 환자 가족들도 이러한 변화에 참여시켜야 하는 걸까? 이미 이런 변화를 시도하여 성공한 사례는 없을까? 이러한 변화를 시도할 때 주의해야 할 점들은 무엇일까? 이러한 변화를 통해 달성하고자 했던 혜택은 지속 가능할까? 다음 단계의 변화를 시도해야 할 미래의 시점은 얼마나 빨리 찾아올까? 미래의 변화를 이끌어갈 사회적 현상들은 무엇일까? 그러한 미래 변화에 성공적으로 대처하기 위해서는 어떤 준비를 해야 할까?

막상 '생활환경' 개선을 시도해보겠다고 마음먹는 순간, 수많은 질문들이 꼬리에 꼬리를 물고 당신을 괴롭힐 것이다. 만약 이 책을 아직 읽지 않았다면 말이다. 이 책을 읽는 순간 당신은 색다른 새로운 고통을 겪게 될 것이다. 이 책을 통해 배운 것들을 하루라도 빨리 현실에 적용시켜보고 싶어서 안달하게 되는 고통 말이다. 기회만 주어진다면 너무나 잘할 수 있을 것 같은 자신감으로 밤잠을 설치게 될지도 모른다. 그러니 조심해서 다음 장으로 책장을 넘기기 바란다.

눈부신 초록의 안산을 저만치 바라보며
2012년 8월
최선미

들어가는 글

근거에 기반을 둔 evidence-based 헬스케어 시설 디자인에 대한 다양한 서적들이 출간되었지만 이 책은 그러한 서적들과 한 가지 점에서 확실하게 다르다. 이 책은 시설 디자인 과정에서 중요한 역할을 담당하는 사람들만을 위한 책이 아니라, 헬스케어 시설 운영면에서 매우 중요한 역할을 맡고 있는 실무 담당자들을 위한 책이라는 점이다.

근거에 기반을 둔 의약품 개발과 같은 분야에 비교한다면 근거 기반 디자인이라는 분야는 비교적 새로운 학문 분야이긴 하지만, 지난 십여 년 동안 이루어진 획기적인 연구 결과에 힘입어 앞으로 지속 발전할 것이다.

훌륭한 건물이 완성되기 위해서는 훌륭한 디자인 팀과 훌륭한 고객이 필요하다고들 말하지만 나는 한 걸음 더 나아가 이렇게 말하고 싶다. 훌륭한 건물을 완성하기 위해서는 '다양한 정보를 잘 숙지하고 있는' 고객과 '다양한 분야를 잘 융합할 수 있는' 디자인 팀이 필요하다고 말이다. 이런 차원에서 볼 때 나는, 진료 성과를 개선할 뿐만 아니라 운영비용을 낮출 수 있는 미래의 헬스케어 시설을 가능케 하는 데 기여할 수 있는 이런 책이 출간되어 정말 기쁘다. 이 책이 병으로 고통 받는 환자들로 하여금 더 이상 치료 환경 때문에 고통 받지 않는 데 도움이 되기를 바란다. 헬스케어를 개혁하려는 노력은 늘 정부의 현안이 되어 왔다. 누구나 금전적 부담 없이 양질의 치료를 받을 수 있는 헬스케어 모델이 끊임없이 재탄생됨에 따라 헬스케어를 개혁하려는 노력은 계속해서 진화되고 변모할 것이다. 10년 후 아니 1년 후의 미래가 어떨지를 생각할 때마다, 좀 더 나은 헬스케어가 좀 더 저렴한 가격에 제공될 수 있도록 하는 헬스케어 환경이 지속적으로 재디자인되도록 우리 스스로를 끊임없이 채찍질해야 한다는 생각이 든다. 따라서 이러한 목표의 달성을 위해 이 책이 다루고 있는 다양한 주제들이 어떻게 도움이 되는지를 먼저 이해할 필요가 있다.

　　지속적으로 상승하는 헬스케어 비용을 낮추고, 진료 성과를 향상시키며, 환자와 의료 직원들의 스트레스를 낮추고, 의료 실수를 줄이는 데 있어서 물리적 환경의 역할이 얼마나 중요한지는 이미 잘 알려져 있다. 이미 도를 넘는 재정적 부담으로 자리 잡은 헬스케어 시스템에 더 이상의 부담을 가중시키지 않으면서 환자와 그 가족들 그리고 의료 직원들의 필요를 좀 더 잘 만족시킬 수 있는 미래 헬스케어 시설을 마련하기 위해서는, 다양한 분야를 아우르면서 근거 기반 디자인 프로세스를 사용할 수 있는 디자인팀과 간호 등의 실무를 담당하는 사람들의 적극적인 참여가 절실하다.

　　근거에 기반을 두어 디자인된 헬스케어 시설을 지음으로써 양질의 의료 서비스를 제공하겠다는 목표를 가지고 있는 헬스케어 시설 디자인 프로세스 참여자들이 반드시 알고 있어야 할 주제들은 다양하다. 이 책의 저자들은 이러한 주제들에 대해 많은 경험을 가지고 있는 전문가들이다. 이들은 실제 사례 및 완성된 프로젝트에 대한 그림과 사진을 활용하여 사전 지식이나 경험의 정도와 상관없이 모든 독자들이 핵심 개념을 잘 이해할 수 있도록 하고 있다.

　　여러분이 헬스케어 시설의 개/보수 사업이나 완전히 새로운 시설을 신설하는 사업에 관여하게 된 사람이건, 진료의 질과 물리적 환경 간의 관계에 대한 좀 더 깊은 이해를 얻고자 하는 사람이건 간에 상관없이, 이 책은 여러분의 책장에 꽂아두고 오래오래 참고해야 할 소중한 자료이다. 이 책이 헬스케어 시설이 환자와 그 가족들 그리고 의료 직원들의 다양한 욕구를 좀 더 잘 충족시켜주는 헬스케어 시설 디자인에 큰 기여를 할 것이라 믿어 의심치 않는다.

데브라 J. 러빈 Debra J. Levin
근거기반디자인자격사 EDAC, 헬스디자인센터 CEO

추천의 글

헬스케어를 제공한다는 것은 누가 무엇을 언제 제공한다는 차원을 넘어서는 것이다. 이 책이 헬스케어 관계자들의 시야를 넓혀 케어^{care}의 물리적 환경의 중요성을 깨닫게 하는 역할을 해주었으면 좋겠다. 즉, 환자의 건강과 복지에 케어 환경이 어떤 영향을 미치는지 그리고 환자들이 최상의 케어를 받으려면 어떤 일들이 일어나야 하는지를 깨닫는 계기를 제공해줄 수 있기를 바란다.

환자를 위한 환경에 대한 의사 결정에 다양한 지식을 활용해야 한다는 것은 전혀 새로운 이야기가 아니다. 이러한 내용은 최근 몇 년 동안 빠르게 발전하고 진화되어 왔다. 이제는 환자를 위한 환경 디자인과 건축이 믿을 만한 연구 결과나 그 외 다양한 근거에 기반을 두지 않는다면 매우 위험한 일이라고까지 인식된다. 근거에 기반을 둔 실무에 대해서는 꽤 많은 책이 출간되었다. 하지만 근거 기반 디자인에 대해서는 거의 출간된 책은 없다. 이 책은 병원 환경이 얼마나 많이 변해 왔고 또한 변하고 있는지에 대한 중요한 자료를 제공할 뿐만 아니라, 이러한 변화가 헬스케어 관련 다른 트렌드들과도 얼마나 밀접한지도 잘 보여줄 것이다.

이 책의 저자들은 헬스케어 환경의 다양한 측면에 대한 중요한 정보들을 많이 제공해줄 것이다. 예를 들면, 최근 연구에서 헬스케어 환경의 미적 요소들의 중요성이 어떻게 인지되었는지 그리고 그러한 요소들이 어떻게 파악되었는지를 보여줄 것이다. 이 책은 또한 치유의 환경에 대한 최신 정보를 제공해줄 것이며 그러한 환경이 환자의 복지에 얼마나 큰 영향을 미치는지를 잘 설명해줄 것이다. 비록 새로운 아이디어는 아니지만, 치유의 환경의 중요성과 그 가치를 잘 보여주는 연구 결과가 지속적으로 발표됨에 따라 치유의 환경에 대한 관심은 좀 더 넓게 확산되고 있다.

이 책은 최근 연구 결과로부터 입수된 새로운 녹색 기준$^{green\ standards}$에 근거한 가족 중심의 케어, 직원 업무의 흐름, 프로세스 개선, 지속 가능성에 대한 정보도 제공한다. 과거의 형태에서 새로운 형태로 성공적으로 전환하기 위해서 인식되고 해결해야 할 다양한 이슈에 대한 논의도 포함하고 있으며, 연구자들이 다양한 실제 사례를 통해서 얻은 교훈들도 공유된다. 논의된 내용들은 사진과 그림, 표와 사례연구 등을 통해 잘 뒷받침되어 설명되고 있으며, 변화에 대한 기록을 남기기 위해서 벤치마킹이 어떻게 사용되었는지에 대한 정보도 수록되어 있다.

헬스케어 환경의 최근 변화를 주도하는 것이 무엇인지를 이해하기 위해서 모든 헬스케어 실무자들이 이 책을 읽어야 한다. 한때 헬스케어 환경 내에서의 변화는 아이디어나 경쟁 혹은 인증의 필요성 등으로 인해 시작되었다. 물론 이런 요소들이 여전히 병원 내 변화에 영향을 미치긴 하지만, 최근에 일어나는 변화는 환자의 건강에 미치는 영향을 입증하는 연구 결과를 토대로 하고 있다.

환자 만족, 치열해진 경쟁, 기술 발전 그리고 낙후된 시설 대체의 필요성 등은 최근의 변화를 제대로 이해하는 데 있어서 이 책이 얼마나 큰 도움이 될 수 있는지를 설명할 수 있게 한다. 나는 이 책이 관련 문헌에 큰 기여를 하고 있으며, 누구나 읽어야 할 훌륭한 자원이라고 자신 있게 이야기할 수 있어서 참으로 기쁘고도 영광스럽다.

페이 L. 바우어 $^{Fay\ L.\ Bower}$
간호학박사, 음식 알레르기와 애너필락시스 관련 네트워크 회원 ^{FAAN}

여는 글

헬스케어 건축 붐이 일어남에 따라 안전한 환자 케어 환경을 창출하는 데 있어 매우 중요하다고 인식된 '근거에 기반을 둔' 헬스케어 시설 디자인은 빠르게 성장하는 트렌드로 자리매김하고 있다. 헬스케어 관리자들은 환자 안전을 향상시킴과 동시에 비용을 낮춰주는 효과가 이미 입증된 전략들을 지속적으로 찾고 있다. 근거에 기반을 둔 실무 원칙들에 이미 익숙해진 사람들에게도 믿을 만하고 타당한 자료를 확보하는 것은 쉽지 않은 일이다. 그러한 자료를 확보한다 하더라도, 어떻게 그러한 자료를 시설 건축과 공간 디자인이라는 주제와 관련하여 평가하고 카테고리를 만들고 통합할 것인가는 여전히 어려운 과제이다. 이 책은 이 어려운 과제들을 풀어나가는 데 도움이 될 수 있도록 쓰였다.

- 제1장은 헬스케어 환경을 개선하는 데 있어서 근거 기반 디자인이 왜 중요한지, 특히 헬스케어 관련 비용 절감을 위해서는 왜 근거 기반 디자인을 간과해서는 안 되는지에 대해 매우 간결하면서도 이해하기 쉽게 설명하고 있다.
- 제2장은 헬스케어 디자인에 있어서 미적 요소가 치유의 환경과 환자 회복에 어떤 영향을 미치는지를 살펴본다. 기능적이면서도 미적 요소를 잘 구비한 제품을 구할 수 없을 때는 어떻게 할 것인지에 대한 구체적인 논의와 사례들도 포함하고 있다.
- 제3장은 치유의 환경 내의 다양한 요소들이 치유의 성과로 이어지기 위해서는 시설 프로젝트에 요구되는 다양한 다른 조건들과 어떻게 서로 균형을 이루어야 하는지에 대해 설명한다. 치유의 환경을 조성하기 위한 주제는 어떻게 디자인하는 것이 좋을지를 잘 설명해주는 사례도 소개하고 있다.
- 제4장에서는 가족 중심의 케어 환경을 조성하기 위해서는 무엇이 필요한지에 대해

논의하고, 환자 중심의 케어 환경을 조성하려는 노력이 헬스케어 시설의 디자인과 외형에 어떤 영향을 미쳤는지를 설명한다.

- 제5장에서는 벤치마킹에 대한 개념적, 실무적 면들을 설명하고, 벤치마킹에 필요한 도구들과 자원을 소개한다. 근거에 기반을 둔 헬스케어 시설 디자인을 성공적으로 수행하기 위해서 벤치마킹은 필수적인 요소이다.
- 제6장은 헬스케어 실무자들이 사용하고 있는 다양한 프로세스 개선 방법들을 살펴보고 새로운 시설을 디자인하기 전에 직원들의 업무 흐름과 환자들 동선을 살펴보는 것이 얼마나 중요한지를 보여준다. 프로세스 개선의 구체적인 사례들을 소개하고 프로세스 개선이 디자인에 미치는 영향을 논의한다.
- 제7장에서는 헬스케어 디자인에 있어서의 LEED와 같은 친환경 녹색 기준의 의도와 중요성 그리고 그 혜택에 대해 살펴본다.
- 제8장은 헬스케어 시스템 내에서 새로운 시설을 열었거나 예전 환경에서 새로운 환경으로 옮겨가는 변화를 이끌었던 사람들이 경험한 네 가지 사례를 소개한다. 각 사례에서 발견된 성공 요인들과 교훈들도 공유한다.
- 제9장은 지난 10년 동안의 헬스케어 트렌드와 앞으로 일어날 일들에 대한 논의로 이 책의 마무리 장식을 한다.

이 책을 읽는 여러분은 건축가이거나, 병원 관리자이거나, 간호사이거나 아니면 학생일 수도 있다. 여러분의 직업이 무엇이든 간에 이 책은 헬스케어 시설에 대한 '근거 기반 디자인'을 제대로 이해하기 위해 여러분이 알아야 할 모든 것들을 제공한다.

차 례

옮긴이의 글 최선미 _ 005
들어가는 글 데브라 J. 러빈 _ 007
추천의 글 페이 L. 바우어 _ 009
여는 글 신시아 맥클로 _ 011

1. 이유 있는 디자인 _ 015
신시아 맥클로

2. 디자인의 심미적 요소 _ 033
스티브 라후드, 마르시아 밴던 브링크

3. 치유의 환경 _ 057
바바라 데링거

4. 가족 중심의 케어 _ 089
신시아 맥클로

5. 헬스케어 벤치마킹 _ 105
마이클 도이엘, 데브라 샌더스

6. 헬스케어의 효율성 _ 125
바바라 파일, 팸 리치터

7. 지속 가능한 헬스케어 디자인 _ 153
미카엘라 위트만

8. 새로운 환경으로의 전환 _ 189
신시아 맥클로, 캐런 스위니, 파멜라 웽거, 아니타 데이비스, 바바라 뷰츨러

9. 미래를 위한 준비 _ 219
스티븐 고

근거 기반 디자인

— 신시아 맥클로

헬스케어 시설에서 발생할 수 있는 다양한 상황을 미리 예측하면서 좀 더 확실한 근거에 기반을 두어 시설을 디자인하려는 노력이 헬스케어 업계의 중요한 트렌드로 부각되고 있다. 이러한 현상을 야기하는 주된 이유들을 살펴보면 다음과 같다.

- 노후한 시설을 교체할 필요성
- 나날이 경쟁이 치열해지는 헬스케어 시장에서의 경쟁력 확보의 절실함
- 운영 효율성의 향상을 위해 직원의 동선과 자재의 이동 동선까지 개선해야 할 필요성
- 선진 기술을 수용해야 할 필요성
- 사생활을 보호받고 가족 중심의 치료를 받고 싶어 하는 환자들의 욕구
- 병원 내에서 발생하는 부상을 예방하고 감염률을 줄여야 할 필요성

이 가운데 마지막 이유가 특별히 중요한 이유이다. 이제는 보험사에서 병원 감염, 압박 궤양, 기구로 인한 요로 감염, 골절, 탈구, 혈액 부적합 등과 같이 병원 내에서 발생한 예방 가능했던 상황에 대해서는 보험 처리를 해주지 않기 때문이다. *(Infectious*

Disease Society of America, 2007)

따라서 헬스케어 시설 관리자들은 더욱 안전한 치료 환경 확립 계획과 기술 도입 계획을 통해, 직원들이 좀 더 효율적으로 일하고 실수는 최소화할 수 있도록 지원해주어야 한다. 다음과 같은 효과를 보장해줄 수 있는 검증된 전략들이 절실히 요구되고 있다.

- 환자 안전 향상
- 치료 결과 개선
- 환자, 환자 가족, 직원의 만족도 향상
- 직원 업무의 효율성과 효과성 향상
- 예산 절감 효과

그럼에도 불구하고 새로운 전략이 성공적으로 실행되지 못하는 경우가 많다. 어떤 새로운 전략을 도입하고자 할 때 요구되는 투자에 대한 수익률을 평가할 만한 정보가 충분히 없기 때문에 초기 비용만 고려하게 된 결과 그 전략 도입 자체를 포기할 때가 많은 것이다. 예를 들어, 각 병실 출입구에 싱크대 설치를 고려하는 경우, 싱크대 구입과 추가적인 배관 작업에 비용이 든다는 이유로 그 계획이 전면 취소되곤 한다. 그러나 싱크대를 설치하지 않아서 발생하는 비용 증가는 고려되지 않는다. 즉, 싱크대가 없어서 손을 제대로 씻지 않음으로써 발생하는 지속적인 감염 증가로 인해 발생하는 비용은 싱크대와 배관 작업에 필요한 초기 비용을 훨씬 초과할 수도 있는 것이다. 바로 이러한 일들이 더 이상 발생하지 않도록 하기 위해서, 근거에 기반을 둔 좀 더 사전 예측적인 방향으로 헬스케어 시설을 디자인하려는 트렌드가 빠르게 확산되고 있다.

근거에 기반을 둔 디자인

근거에 기반을 둔 디자인 Evidence-Based Design, EBD 이란 헬스케어 전문가들이 헬스케어 시설을 계획, 설계하고 시공할 때 사용하는 일련의 과정으로서, 모든 의사 결정을 시설 관련 실정을 가장 잘 알고 있는 프로젝트 의뢰인과 디자이너가 함께 내리고, 프로젝트 평가서 및 의뢰인이 이미 소장하고 있는 자료에서 도출된 가장 좋은 정보를 바탕으로 내리는 것이다. 근거에 기반을 둔 디자인 방식으로 진행하는 프로젝트의 주된 목적 가운데 하나는 조직의 자원을 예전보다 훨씬 더 잘 활용할 수 있는 시설을 만드는 것이다.

헬스디자인센터^{The Center for Health Design}라는 기관은 헬스케어와 디자인계의 전문가들이 협력하여 근거에 기반을 둔 디자인을 통해 헬스케어 품질의 향상을 도모하는 기관이다. 헬스디자인센터 연구원들은 근거 기반 디자인을 '가능한 최상의 결과를 달성하기 위해 믿을 만한 연구 조사에 근거하여 건축 환경 관련 의사 결정을 내리는 일련의 과정' *(The Center for Health Design, 2009)*이라고 정의한다.

연구 조사

지금까지 진행된 근거 기반 디자인 관련 연구들은 그리 많지도 않을 뿐더러 너무나 광범위한 주제에 걸쳐 분산되어 있기 때문에, 아직 제대로 된 지식 기반을 갖추지 못했다*(Stankos and Schwarz, 2007)*. 근거 기반 디자인은 아직 하나의 온전한^{whole} 분야가 아니고 온전한 분야로 금방 성장하지도 않을 것이다. 그러나 그렇다고 해서 근거 기반 디자인을 확실히 뒷받침하는 지식 체계가 만들어질 때까지 헬스케어 시설 건축을 미룰 수는 없다. 왜냐하면 헬스케어 시설 디자인이 환자에 대한 치료 결과와 건강 상태 개선 및 의료사고와 의료 폐기물 감소에도 결정적인 영향을 미치기 때문이다*(Marberry, 2007)*. 그러므로 앞으로 꾸준히 진행될 근거 기반 디자인 관련 연구 결과가 발표되면서 새로이 등장할 아이디어에 맞춰 수정될 수 있는 유연성을 잘 갖춘 디자인이 되어야 한다.

디자인 효과 측정

시설의 특정 디자인 요소가 헬스케어 성과에 미치는 영향을 명확히 밝히는 것은 그리 쉽지 않다. 새로운 헬스케어 시설을 계획, 디자인하고 건축하는 전체 과정은 프로젝트의 범위와 부지의 위치에 따라 차이가 있을 수 있지만 대체로 3년에서 9년 정도 걸릴 수 있다. 시간이 얼마나 소요되느냐에 따라 효과 측정의 시도가 있을 수도 있고 없을 수도 있으며, 어떤 효과를 측정할지도 달라진다. 계획했던 측정 항목들 대비 실제로 측정하는 항목들이 달라지기도 한다. 이러한 현상이 발생하는 가장 큰 이유는 프로젝트를 계획하는 단계에서 참여한 직원들은 성과 측정과 결과 보고에 대한 철저한 계획을 세우지만, 시설이 완성되어 입주하는 시점에는 그 직원들이 더 이상 해당 의료 기관에 근무하고 있지 않거나, 근무하더라도 오랜 시간이 지나면서 무엇을 측정하려 했는지를 잊어버리기도 하기 때문이다. 새 건물에 입주하게 되면 모든 직원들은 새로운 환경에 적응하는 것에 몰두하기 마련이다. 그 과정에서 자연스럽게 결과를 측정하는 일에 신경을 덜 쓰거나 그 필요성을 완전히 잊어버리기도 한다.

근거 기반 디자인 원칙 검토의 프로세스

근거 기반 디자인 원칙이 제대로 도입된 디자인 프로세스가 되려면, 현재의 업무 프로세스들을 좀 더 효율적으로 만들고, 신기술을 검토하며, 지속적으로 향상될 프로세스와 신기술을 수용할 것까지 고려하며 프로젝트를 진행해야 한다. 근거 기반 디자인 원칙 도입의 중요성은 다음에 소개될 '페블Pebble 프로젝트'에 잘 나타나 있다.

페블 프로젝트

헬스디자인센터The Center for Health Design가 실시한 페블 프로젝트는 시설 디자인의 개선을 통해 진료 개선 성과와 비용 절감 실적을 이루어낸 좋은 사례이다. 이 프로젝트에서는 새로운 병동을 짓기에 앞서 기존의 환자 구역에서 발생하는 소음을 줄일 수 있는 방법에 대한 연구를 진행했다. 보수 이전에는 권장 기준을 훨씬 넘어서는 소음이 여기저기서 항상 발생했었다.

환자 구역의 소음 관련 보수 사항들은 다음과 같았다.

- 기존에 사용하던 것보다 더 두껍고 소리를 잘 흡수하는 천장 타일 설치
- 머리맡 호출기 제거
- 좀 더 조용한 간호사 인수인계 시스템 도입
- 복도와 공공장소에 카펫 설치
- 병실에는 소리를 잘 흡수하고 미끄럼 방지 처리가 된 바닥재 설치

한 단계 더 나아가, 근무 교대 시에는 병실 문을 의도적으로 닫아놓기도 했다. 이러한 보수공사 이후 병실에서의 소음은 크게 감소했고, 그 결과 환자 수면의 질을 (0~10 척도에서) 4.9에서 7.3으로 향상시킬 수 있었다 (Kroll, 2005). 병원 전체 환자들을 대상으로 실시된 설문 결과, 보수된 병동의 환자 만족도는 다른 병동들과 대비해 매우 높게 나왔다. 간호사들을 대상으로 진행한 설문 결과는 보수된 병동에서 근무하는 간호사들의 퇴근 시점 스트레스 수준이 예전에 비해 현저히 줄었다는 예상하지 못했던 성과까지 보여주었다. 시설 이용자들과 디자이너 그리고 헬스디자인센터 연구진들의 협력이 이러한 성공을 이끌어냈던 것이다.

모범 사례연구

훌륭한 디자인 관련 정보들은 연구 조사 외의 방법으로도 찾을 수 있다. 몇 가지 방법들을 소개하면 다음과 같다.

1. 비슷한 문제를 가지고 고민하던 관리자들의 경험에서 우러나온 교훈을 얻는다.
2. 출간되지 않은 연구 자료들을 입수한다.

3. 관리자와 디자이너 양측 모두가 참석하는 헬스케어 디자인 학회에 참가한다.
4. 다른 시설 관리자들과의 네트워크를 형성한다.
5. 확실한 평가 기준을 가지고 현재의 환경을 분석해본다.

타인이 얻은 교훈으로부터 배우기

비슷한 프로젝트를 시행했던 적이 있는 디자인 회사의 경험을 통해 유익한 교훈을 얻을 수도 있다. 어떤 헬스케어 시설 관리자가 주어진 상황에서 어떤 특정한 판단을 내린 데에는 나름대로의 이유가 있게 마련인데, 그러한 이유를 이해하는 것이 큰 도움이 될 수 있다. 제한된 예산이나 경영진의 지시대로 결정을 내릴 수밖에 없었던 경우도 있었을 것이고, 한정된 면적 내에서 타협을 봐야만 했을 경우도 있었을 것이다.

출간되지 않은 연구 자료 구하기

컨설턴트들과 디자이너들은 일을 진행하는 과정에서 다른 사람들이 연구하고 시행했던 연구 결과를 얻게 되는 경우가 있는데, 어떤 이유에서인지 이러한 연구 결과물이 출간되는 경우는 드물다. 한 예로, 미국 네브래스카 주의 한 헬스케어 시설에서는 새 시설을 열면서 기존과는 다르게, 천장에 고정된 승강기를 설치함으로써 승강기 관련 부상 발생 빈도와 발생된 부상의 정도를 현저히 줄일 수 있었다.

승강기 관련 사고로 지급되는 보상액 또한 설치 이전 대비 40퍼센트 미만 수준으로 감소되었으며, 사고 발생률은 1.37퍼센트에서 0.88퍼센트로 감소되었다. 이처럼 공식적으로 알려지지는 않았으나, 매우 유익한 정보를 담은 자료들이 존재한다는 것을 염두에 두고 이러한 자료를 구하려는 노력도 아끼지 않아야 한다.

헬스케어 디자인 학회 참석하기

시설 디자인 관련해서 어떠한 연구들이 진행되고 있는지 알 수 있는 좋은 방법들 가운데 하나는 헬스케어 디자인 관련 학회에 참석하는 것이다. 가장 유익한 정보는 관리자와 디자이너들이 함께 참여하는 세션에서 얻을 수 있다. 이런 학회에서는 최근에 완료되었거나 진행 중인 연구에 대한 발표가 이루어지며, 그러한 연구를 통해 얻은 교훈들도 함께 공유한다.

다른 시설 관리자들과의 네트워크 형성하기
다른 시설 관리자들을 통해서도 유익한 정보를 많이 얻을 수 있으므로 관련 분야 종사자들을 많이 알고 좋은 관계를 유지하는 것이 중요하다. 비슷한 프로젝트를 진행하고 있지만, 서로 다른 프로젝트 단계에 접어든 관리자들과 정말 유익한 정보를 상호 교환할 수 있다. 예를 들어, 수술실 보수의 초기 단계에 있는 관리자 A와 개/보수된 수술실을 오픈하기 직전인 관리자 B가 컨설턴트를 통해 서로 만나게 되었다. 관리자 B는 시설에 기술을 어떻게 적용해야 할지에 대해 고민하고 있었고, 관리자 A는 잘 개발된 기술적 해결책을 가지고 있었지만 좋은 수술 시설의 지원이 필요한 상태였다. 이 둘은 서로에게 필요한 정보를 주고받음으로써 서로에게 많은 도움을 주고받을 수 있었다.

현재 환경 관찰하기
현재 환경에서 사람들이 어떻게 일을 하고 있는지를 주의 깊게 관찰하는 것 또한 중요한 정보의 원천이 될 수 있다. 먼저, 관찰 계획을 잘 수립한 다양한 관찰 도구를 이용해 자료를 수집해야 한다. 어떤 컨설턴트는 현재 운영 중인 병동의 설계를 개선해달라는 의뢰를 받았다. 당시의 병동은 구관과 신관으로 나누어져 있었는데, 두 병동 간의 차이는 실로 엄청났다. 병실과 직원 수가 같고 병실이 항상 만원이라는 것만 제외하고는 모든 것이 달랐다. 신관은 직관적으로 길을 찾을 수 있게 설계되어 있고, 환자들은 자연광으로 환하게 밝혀진 로비에 들어서자마자 간호사의 환대를 받을 수 있었다. 통로를 가로막으며 방치된 장비들도 전혀 없었고, 간호사들은 서로 분리된 업무 공간에서 일을 하고 있었으며, 간호사들 간의 의사소통 또한 매우 조용하게 이루어졌다. 따라서 환자 가족들의 만족도는 매우 높았다. 병동 설계가 직원들의 업무를 잘 지원하고 있다는 느낌을 줬다.

구관의 경우, 어둡고 시끄러운 로비에 철망과 유리로 갇혀진 간호사실이 먼저 눈에 띄었다. 건강한 사람들까지도 몸이 긴장되는 느낌이었다. 시끄러운 인터콤 소리를 비롯한 각종 소음으로 소란스러운 이 병동의 한 복도에는 무려 14가지의 장비들이 복잡하게 널려 있었다. 간호사들은 바빠 죽겠다는 양, 혹시 누구와 눈이라도 마주치면 말이라도 걸까봐 두려운 듯 고개를 푹 숙인 채 뛰어다니고 있었다.

이후에 알게 된 사실이지만, 구관에서 근무하는 직원들은 신관을 한 번도 방문해본 적이 없었다. 이 시설에서는 두 개의 전혀 다른 직장 문화가 존재하고 있던 것이다. 신관에는 모든 일의 처리 과정, 기술, 설계가 서로 잘 어우러진 업무 환경이 조성되어 있는 반면, 구관은 전혀 그렇지 않았다. 환자 치유의 성과, 직원과 환자 가족의 만족도 등에 있어 이 두 병동 간 차이를 측정해보는 것도 흥미로울 것 같지만, 이러한 일에 관심 가지는 사람은 아무도 없었다. 신관의 환경이 구관보다 훨씬 좋다는 것은 직감적으로 알 수 있었기 때문이다.

프로세스와 디자인

환자들에게 좀 더 안전한 환경을 제공하고자 한다면 무엇보다도 병실에 대해 생각해봐야 한다. 병실이야말로 환자들이 가장 많은 시간을 보내면서 그들의 가족 및 간병인들과 교류하는 장소이기 때문이다.

그러나 어느 경우에나 최상이라고 말할 수 있는 이상적인 한 가지 설계 방안은 존재하지 않는다. 각 설계 방안의 실제 효과를 뒷받침하는 근거가 매우 미약하거나, 때로는 그러한 근거들이 서로 상충되기도 한다. 따라서 다양한 방안을 고려하는 과정에서 관리자들은 매우 혼란스러워질 수도 있다. 어느 것이 최적 방안인지는 그 방안에 적용되는 기술과 프로세스들 그리고 환자 가족들이 환자 케어(care)에 참여하는 정도에 따라 달라질 수 있다. 지금부터는 효율적이고, 환자 중심적이며, 환자 가족들에게도 적합한 병실을 만들기 위한 다양한 설계 방안 몇 가지를 제시하고자 한다. 이 방안들은 연구 조사, 사례 관찰 및 전문가의 주관적인 의견에 근거하여 마련된 것이다.

중앙에 위치한 업무 공간

간호사실이 병동 중앙에 위치해야 한다는 주장과 병동 이곳저곳에 분산되어 있어야 한다는 주장의 논쟁은 참으로 흥미롭다. 중앙에 위치한 간호사실의 경우 해당 병동 내에서 정보의 중심지 역할을 할 수 있다. 환자를 돌보는 모든 직원들의 업무 공간이 바로 그곳이기 때문에, 병동의 중앙에 위치하는 것이 옳다고 여겨진다. 의사들은 간호사실에 와서 환자들의 차트와 정보를 받아 간다. 다른 직원들도 간호사실에 와서 환자들의 차트를 정리해야 하다 보니 자연스럽게 서로 어울리는 장소가 된다. 그곳에서 같이 식사를 하기도 한다. 이런 특성 때문에 중앙에 위치한 간호사실은 시끄러울 수밖에 없다.

대체로 중증 환자들이 간호사실과 근접한 병실에서 지내게 되는 경우가 많은데, 이는 간호사들이 그들을 수시로 체크할 수 있게 하기 위해서이다. 그러나 간호사실 부근은 늘 매우 시끄럽기 때문에 대부분의 환자와 환자 가족들은 간호사실에서 멀리 떨어진 병실로 옮겨달라는 요청을 한다. 게다가 병원 방문객들은 간호사실 근처에서 잠시 휴식을 취하는 직원들을 보면서 간호사들이 일은 하지 않고 놀고 있다고 부정적으로 인식할 수도 있다. 간호사들의 업무 공간을 분산시키되, 환자들의 정보를 좀 더 잘 관리한다면, 중앙에 집중된 간호사 업무 공간에 내재된 여러 가지 문제들을 크게 개선시킬 수 있을 것이다.

여러 곳으로 분산된 업무 공간

환자를 돌보는 직원들의 업무 공간이 병동 전체에 흩어져 있을 수도 있다. 이런 경우 병실 입구 근처 혹은 병실 내부에 위치하는 경우가 많다. 이러한 업무 공간들에는 창이 설치되어 있어서 간호사들이 환자들과 환자 주변에서 일어나고 있는 상황들을 언제든지 살펴보고 확인할 수 있다.

전자 의무 기록 없이는 분산된 업무 공간이 성공적으로 운영될 수 없다고 믿는 실무자들도 있지만, 이러한 주장은 사실이 아닌 것으로 입증되었다. 환자 차트가 항상 환자와 함께 있다면 환자의 정보를 서류상으로 처리하는 것이 훨씬 용이하다는 것이다. 모든 직원들이 필요할 때마다 환자의 차트를 확인할 수 있다면, 오류 발생 가능성이 낮아지고, 이는 환자의 입원 기간을 줄이는 데도 기여할 수 있게 된다.

환자를 돌보는 간호사

분산된 업무 공간에서 일하는 간호사들을 잘 관찰해보면, 특별히 주의를 요하는 몇 가지 행동을 발견하게 된다. 한 예로, 비품실에 자주 왔다 갔다 하지 않으려고 병실 밖 복도에 있는 탁자에 여러 가지 물품과 침구를 쌓아놓거나, 더 심할 경우 병실의 창가 쪽 선반에 이런저런 것들을 무더기로 쌓아놓기도 하는 것이다. 이는 아주 효율적인 방법 같긴 하지만, 동시에 쓰레기와 잡동사니를 만들어내고, 환자가 퇴원할 때까지 한 번도 사용되지 않은 비품들은 폐기해야 하기 때문에 비용도 증가하게 된다. 적절한 해결책은 병실 근처에 최소한의 물품과 침구를 보관할 수 있는 수납함을 설치하는 것이다.

개인 병실이 없는 중환자실에서는, 간호사들이 환자의 침대 발치에 자신들의 업무 공간을 만들기도 한다. 각종 물품과 차트, 바퀴 달린 컴퓨터 등을 둔 임시 공간에서 일을 하는 것이다. 병실 근처에 수납함을 설치하는 것과 마찬가지로, 좀 더 쉽게 환자를 지켜볼 수 있도록 인체 공학적으로 디자인된 업무 공간을 생각보다 쉽게 마련할 수 있다.

손 씻는 싱크대

손을 씻을 수 있는 싱크대를 병실과 치료실에 설치하면 병원 감염 문제를 줄일 수 있다. 그러나 싱크대를 설치하기만 한다고 해서 감염 문제가 개선되는 것은 아니다. 싱크대 설치와 병행하여 직원들과 환자들을 잘 교육시켜야 한다. 누군가가 병실에 들어갔을 때 센서가 이를 감지하여 싱크대 위에 불이 들어오게 한다면, 직원들이나 환자 가족들이 손을 씻게끔 유도하는 시각적인 효과를 발휘할 수 있을 것이다.

시설을 디자인하는 단계에서는 싱크대를 병실 어디쯤에 설치해야 할지에 대해 고민하게 된다. 감염 관리자들과 대다수의 간호사들은 병실 출입구 근처에 설치할 것을 제안한다. 그렇게 하면 병실에 들어오는 모든 사람들이 싱크대를 볼 수 있을 것이며 환자가 직접 그들이, 특히 간호사들이 손을 씻는지를 확인할 수 있게 된다. 어떤 직원들은 본인의 업무 공간과 가까운 환자의 침대 머리맡 근처에 싱크대를 두기를 원한다. 이 또한 실현 가능한 방안이지만, 특별한 주의를 요하는 안이다.

싱크대 설치의 중요성은 브란스웰Branswell의 2008년 연구 결과에서 잘 확인될 수 있다. 2004년 12월부터 2006년 3월 사이에 토론토 종합병원Toronto General Hospital에서 면역 반응이 억제된 17명의 환자들이 사망한 일이 있었다. 이들의 사망 원인은 바로 싱크대의 디자인과 위치로 인해 발생된 녹농균이었다. 그 싱크대들은 깊지 않았기 때문에, 물을 틀었을 때의 압력이 배수구에 고인 물을 싱크대 바깥까지 튀게끔 만들었다. 싱크대는 환자의 침대 머리맡에서 3미터 정도 떨어진 곳에 위치하고 있었다. 조사관들이 형광물질과 자외선을 이용하여 실험해본 결과, 싱크대로부터 3미터가 넘는 곳까지 물이 튄다는 것을 확인할 수 있었다. 이러한 근거에 따라 다른 모양의 싱크대가 설치되었고, 싱크대와 환자의 치료를 준비하는 공간 사이에는 싱크대의 물 튀김 방지 막이 설치되었다. 이 사례는 싱크대의 종류와 위치를 결정할 때 얼마나 신중해야 하는지를 잘 보여주고 있다.

화장실의 위치

병실 디자인에서 가장 주목받는 부분은 바로 화장실의 위치이다. 화장실을 병실 내벽에 붙여야 할지 아니면 외벽에 붙여야 할지, 만약 내벽 쪽에 설치한다면 환자의 침대 머리맡 쪽에 둘 것인지 아니면 발치에 둘 것인지에 대해 고민하게 된다. 화장실을 병실 내벽에 붙이고 창문을 설치할 수 있도록 외벽 전체를 온전히 남겨놓기를 바라는 경우가 있는데, 이렇게 되면 병실 근처에서 환자를 돌보는 직원들이 그들의 업무 공간으로부터 병실을 살펴볼 수 있는 창문 설치가 어려워진다. 병실 문과 화장실 문이 내부 벽의 상당한 부분을 차지하기 때문에 벽면에 물품, 침구와 약을 보관할 수 있는 공간을 마련하는 것조차 힘들다. 또한 병실 문과 화장실 문이 서로 부딪치게 된다는 단점도 있다.

화장실을 외벽 쪽에 설치하면 이와 같은 문제들을 해결할 수 있고, 병실 구석에 환자 가족들이 이용할 수 있는 아늑한 공간 또한 마련할 수 있다. 외벽 아래쪽에 화장실을 설치하는 것이 가장 융통성 있게 병실을 디자인하는 방법이다. 이 디자인은 병실 위쪽의 공간을 최대화시켜서 높은 수준의 케어가 가능한 병실을 만들어준다. 환자 침대와 외벽 사이에 생긴 공간에 가족들이 이용할 수 있는 의자를 놓거나 아기용 침대를 환자 가까이에 둘 수도 있다. 이러한 디자인은 화장실 입구도 막지 않는 등, 여러 면에서 장점을 지닌다. 병실의 위쪽에 여러 장비를 둘 수 있는 공간을 남겨두고자 하는 경우에는 화장실을 병실 아래쪽에 설치하는 방안을 택하면 된다.

난간

대다수의 사람들은 환자의 침대 머리맡에서부터 화장실까지 연결되는 난간을 설치하면 낙상을 예방할 수 있는 장점이 있다고 생각한다. 그러나 몇몇 관리자들은 이러한 난간이 설치되면 환자들은 도움을 요청해야 함에도 불구하고 타인의 보조 없이 혼자 이동하려 하다가 위험한 사태를 초래할 수 있다고 우려한다. 그러나 실제로 환자들의 낙상 데이터를 검토한 결과 화장실의 위치는 크게 중요하지 않다고 한다. 그보다는 화장실까지의 길이 환하게 밝혀져 있고, 그 경로가 분명히 표시되어 있으며, 바닥에 미끄럼 방지 처리가 되어 있는 것이 중요하다고 분석됐다. 환자를 돌보는 이들이 환자 근처에 있고 (분산되어 있는 업무 공간의 경우) 환자 가족들이 병실에서 밤을 보내는 것 또한 환자의 낙상을 줄일 수 있는 좋은 방법이다. 이러한 방안과 더불어, 환자가 침대에서 벗어나면 간호사나 환자 가족들에게 경보가 울리게 하는 기술을 이용하는 것도 좋다.

가족 공간

대부분의 개인 병실은 환자 가족이 환자와 더불어 밤을 보낼 수 있는 가족 공간이 포함되도록 디자인된다. 인터넷 접속을 가능하게 하고, 책상과 개별 텔레비전, 사물함을 설치하는 경우도 있다. 병실 안에 가족 공간을 마련할 때는 환자와 환자를 돌보는 사람들이 반드시 필요로 하는 것들이 우선적으로 고려되어야 한다.

표준화된 병실

표준화된 병실이란 모든 병실이 똑같은 배치로 디자인되는 경우이다. 모든 병실에 환자의 침대, 각종 장비, 환자를 돌보는 이들을 위한 공간, 가족 공간, 화장실과 손을 씻을 수 있는 싱크대가 같은 곳에 위치되어 있는 것이다. 제조업과 항공업계에서 사용하는 표준화

원칙에 기초하여 표준화된 병실 디자인은, 환자를 돌보는 일에 있어서의 직관적인 프로세스를 중요시한다. 표준화된 병실의 반대 개념은 한 병실의 레이아웃이 거울에 비춰진 것처럼 정반대로 디자인된 병실이다. 이 경우에는 하나의 벽을 인접한 두 개의 병실이 공유하게 된다. 상반 벽에는 의료용 가스, 전깃불, 통신 장치, 데이터 잭, 스위치 같은 것들을 위한 여러 개의 구멍이 나있는데, 이 구멍을 통해 각 방에서 나는 소리가 서로 통하게 된다. 표준화된 병실들이 서로 공유하는 벽에는 구멍의 수가 적기 때문에 소음이 줄어든다는 연구 결과가 있다 (Fick and Vance, 2008).

    표준화된 병실의 효율성은 아직 완전히 입증되지는 않았다. 대다수의 시설 관리자들은 헬스케어 시설에서 표준화된 병실이 매우 중요한 요소라는 사실에는 동의하지만, 비용이 증가한다는 사실과 투자 효과를 보여주는 확실한 근거가 아직 없다는 것 또한 잘 알고 있다. 표준화된 병실에서 일하는 직원들은 훨씬 더 효율적으로 업무를 수행할 수 있으며 새 직원에게 오리엔테이션을 실시할 때 소요되는 시간이 줄어든다고 보고한다.

    그림 1.1의 병실 레이아웃은 표준화된 병실의 디자인이다. 병동의 중앙으로부터 떨어진 업무 공간인 (A)에서 일하는 간호사는 두 명의 환자를 수시로 확인할 수 있다. 이 업무 공간과 병실 문 사이의 작은 공간인 (B)에는 각종 물품, 침구와 약을 보관할 수 있으며, 이 공간은 복도와 병실 내부 양쪽 모두에서 이용할 수 있다. 손을 씻을 수 있는 싱크대인 (C)는 병실 문 바로 앞에 위치하여, 병실에 출입하는 모든 사람들과 환자의 눈에 띈다. 병실의 외벽 하반부에 위치된 환자 화장실 (D)는 침대에 누워 창밖을 바라볼 수 있는 환자의 시야를 막지 않는다. 만약에 화장실을 병실의 상반에 두었다면, 침대로부터의 환자의 시야를 가리지 않기 위해 병실 내부 배치가 많이 달라져야 했을 것이다. 가족 공간인 (E)는 창가 근처이면서 병실 입구로부터 멀리 떨어져 있어서 병원 직원들이 환자에게 쉽게 접근할 수 있도록 한다. 환자의 공간은 (F)이고, 환자를 돌보는 사람이 병실 내부에서 사용할 수 있는 공간인 (G)는 간호 업무 공간의 바로 오른쪽에 위치해 있고 각종 물품과 약의 수납공간인 (B)와도 가까운 곳에 있다.

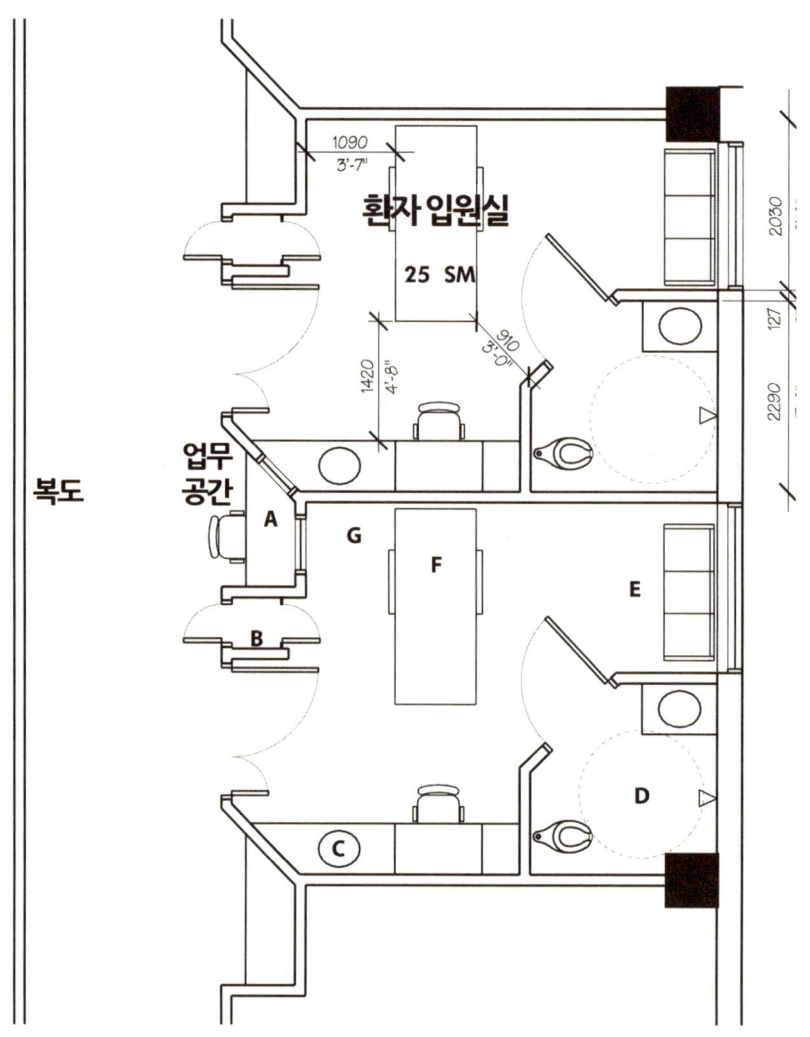

그림 1.1 최신식 디자인 요소를 반영한 병실 레이아웃

 이 도면은 근거 기반 디자인 개념을 도입한 병실 디자인의 한 예일 뿐이다. 디자이너는 근거 기반 디자인이라는 것이 어떤 개념인지 확실히 이해하고 있어야 한다. 근거 기반 디자인이 환자의 건강 상태 개선과 밀접한 연관이 있고 주변 환경과 환자 케어 전 과정에서의 서비스 품질과 안전성에 어떤 영향을 미치는지 또한 충분히 이해해야

한다. 병실의 디자인을 그대로 반영한 병실 모형이나 세트를 만들어 중요한 요소의 위치와 중요한 상황들을 테스트해보는 것 또한 매우 바람직하다.

간호사 역할의 개선

큰 프로젝트이건 작은 프로젝트이건 상관없이 프로젝트가 진행되는 동안 시설 관리자가 디자인업체의 프로젝트 담당자와 가깝게 일하는 것은 흔한 일이다. 시설을 계획하고 디자인하는 프로세스 전반에 걸쳐, 디자이너와 관리자는 하나의 팀으로 일하면서 시설에 대한 세부적인 계획을 논리적으로 진행하고 다음 단계로 넘어가기 전에 계획을 재검토하며 관리자의 승인을 얻는 단계를 주기적으로 거친다. 이러한 프로젝트는 대체로 전략적 계획, 전반적인 프로젝트에 대한 비전 수립, 기능적 및 공간적 측면에 대한 구체적 프로그램 개발, 도식 디자인, 디자인 개발, 건축도면 및 관련 서류 완성, 계약 집행, 새로운 시설로의 이주 계획 등의 단계로 이루어진다. 대부분의 조직은 여러 분야의 전문가들로 구성된 팀의 협업을 통해 프로젝트의 비전을 실현한다. 새로운 헬스케어 시설을 마련하는 프로젝트에서는 흔히 간호사들에게 프로젝트를 계획하고, 조정하고, 경영하는 역할을 맡을 기회가 제공된다. 간호사들의 주된 역할은 다음의 사항들을 주도하는 것이다.

- 전략 계획 위원회
- 프로젝트 가이드 위원회
- 여러 분야가 모인 연구 팀
- 연구 계획
- 근거 기반 디자인 팀
- 의료 서비스를 제공하는 새로운 모델로의 변환
- 프로세스 개선 팀

프로젝트 디자인에 있어서 간호사의 리더십 역할이 얼마나 중요한지를 보여주는 사례들은 앞으로 많이 소개될 것이다.

결론

헬스케어 시설을 개선함으로써 환자들에게 좀 더 안전한 환경을 제공하고자 하는 업계의 동향은 근거 기반 디자인의 필요성을 그 어느 때보다도 강하게 부각시켰다. 믿을 수 있고 근거가 타당한 자료를 찾기란, 이미 너무나 바쁘고, 자료를 평가하고 분류하고 통합하는 기술이 부족한 관리자들에게는 실로 버거운 일이다. 그러나 이러한 자료와 지식을 비교적 수월하게 얻을 수 있는 방법이 있다. 헬스디자인센터The Center for Health Design, 정보와 디자인InformeDesign 홈페이지 참조 http://www.informedesign.org, 헬스 환경 연구와 디자인 저널Health Environments Research and Design 그리고 헬스케어 자문기관Health Care Advisory Board은 근거 기반 디자인과 관련된 유익한 정보와 데이터베이스를 보유하고 있다. 근거 기반 디자인을 시행하는 데 드는 비용 관련 정보 또한 체계적으로 구축되어 있으므로, 관리자와 디자이너들은 이러한 정보의 활용을 통해 보다 현명한 의사 결정을 내릴 수 있을 것이다.

참고 문헌

American Society for Healthcare Engineering. (2008). Advisory and alerts: Considering evidence-based design? Retrieved on December 30, 2008, from http://www.ashe.org/ashe_app/index.jsp

Branswell, H. (2008). Sinks responsible for deadly hospital infection. The Globe and Mail, L4.

The Center for Health Design. (2009). Definition of evidence-based design. Retrieved on January·10, 2009, from http://www.healthcaredesign.org/aboutus/mission/EBD_definition.php

7The Center for Health Design. (2008). Evidence-based design accreditation and certification. Retrieved on December 28, 2008, from http://www.healthdesign.org/education/cert/

Fick, D., and Vance, G. (2008). Mind the gap: How same-handed patient rooms and other simple solutions can limit leaks and cut patient room noise. Healthcare Design 8(3), 29-33.

Infectious Disease Society of America. (2007). Medicare ends reimbursement for some hospital acquired conditions. Retrieved on January 2, 2009, from http://news.idsociety.org/idsa/issues/2007-09-01/16.html

Kroll, K. (2005). Evidence-based design in healthcare facilities. Retrieved on January 9, 2009, from http://www.facilitiesnet.com/bom/articlePrint.asp?id=2425

Looker, P. (2008). Evidence-based design: Why the controversy? Retrieved on January 2, 2009, from http://www.mcmorrowreport.com/hfm/articles/ebd.asp

Marberry, S. (2007). Building according to the evidence: Seven essential steps ensure that new construction will improve your organization. Retrieved on January 3, 2009, from http://www.hhnmag.com/hhnmag_app/jsp/articledisplay.jsp?dcrpath=HHNMAG/Article/data/08AUG2007/070828HHN_Online_Marberry&domain=HHNMAG

Stankos, M., and Schwarz, B. (2007). Evidence-based design in healthcare: A theoretical dilemma. Design and Health, 1(1), 1-15.

2

디자인의 심미적 요소

— 스티브 라후드, 마르시아 밴던 브링크

제대로 된 심미적 요소가 헬스케어 직원 및 환자와 환자 가족에게 긍정적인 영향을 준다는 것은 누구나 직관적으로 알고 있다. 그러나 특정한 색상 패턴이나 무늬가 그러한 영향의 직접적인 원인이라는 것을 입증해주는 연구 결과는 없다. 비록 수량화할 수는 없지만 심미적 요소는 근거 기반 디자인에 있어서 가장 중요한 요소들 가운데 하나이다. 적당한 심미적 요소는 분위기를 조성하거나 사람들의 기분 전환을 자연스럽게 유도할 수 있을 뿐만 아니라, 환자들에게 자신이 받는 의료의 질에 대한 확신을 갖게 해주기도 한다. 패턴, 색상, 조명, 질감 및 긍정적인 기분 전환 요소들의 알맞은 조합은 의욕을 북돋워주는 역할을 하기도 한다. 어느 헬스케어 시설에 가든 제대로 된 의료 서비스를 받는다는 것은 당연하게 여겨지기 때문에, 심미적 요소와 같은 아주 섬세한 부분들이 의료 시설의 차별화 포인트가 될 수 있다. 따라서 심미적 요소의 중요성을 절대로 간과해서는 안 된다.

심미적 요소의 정의

심미적 요소란 예술, 예술의 창의적 원천과 그 영향, 혹은 자연과 아름다움에 대한 표현을 다루는 철학의 한 부분이라고 정의 내려진다. 즉 심미적 요소란 시각적 품질의 표현이다. 디자인 원칙을 제대로 응용함과 동시에 색상이나 빛, 마감, 질감 등의 요소들을 조화롭게 다루어야만 보는 사람들에게 일관된 시각적 스토리를 전달할 수 있다.

미적 감각은 대체로 매우 주관적인 것이라고 여겨진다. 선택된 색상이나 패턴은 문화적, 지리적, 성별, 나이 그리고 교육의 차이에서 나오는 개인적 성향의 영향을 받는다. 누구에게나 일반적으로 받아들여지는 심미적 요소는 존재하지 않으며, 모든 사람은 자신만의 개인적인 선호와 취향을 가지고 있다. 한 관리자는 본인의 병원에 녹색을 사용하기를 거부했는데, 그 이유가 자신이 어렸을 때 벌을 받을 때마다 할머니가 그를 녹색 의자에 앉혔던 기억 때문이라고 했다. 이 관리자는 녹색에 대한 부정적 연상 때문에 녹색으로 된 모든 것을 싫어했던 것이다. 이러한 주관성이 헬스케어 시설 내 심미적 요소들을 조화롭게 결합시키는 작업을 매우 어렵게 하긴 하지만, 동시에 심미적 요소를 근거 기반 디자인의 본질적인 부분으로 만들기도 한다.

기능을 다하는 디자인

헬스케어 시설의 인테리어 디자인은 매우 어렵다고 알려져 있는데, 이는 환자와 의료진의 요구를 제대로 이해하려면 의학과 의료 기술의 안팎을 제대로 이해하고 있어야 하기 때문이다. 병실, 대기실, 진료실에 있어서의 디자인과 공간 활용의 이슈는 각기 나름의 의도를 가지고 있지만 동시에 상호 보완적이어야 한다. 헬스케어 시설의 공간은 '무대 위on-stage' 공간과 '무대 밖off-stage'의 공간으로 분류될 수 있다. 무대 위와 무대 밖의 공간이라는 개념은 디즈니가 리조트 운영에 성공적으로 도입한 개념으로, 수년 동안 여러 서비스 현장에서 사용되어 왔다*(Cruoglio, 2007)*.

무대 위 공간

무대 위 공간이란 환자나 환자 가족들이 사용할 수 있는 공간으로서 대기실, 로비, 정원, 카페테리아, 화장실 등이 포함된다. 몇몇 병실과 처치실은 일반 사람들에게는 보이지 않는 곳에 위치하기 때문에 무대 밖 공간으로 간주되기도 한다. 그러나 환자와 환자 가족들이 들어갈 수 있는 공간이기 때문에 이들 역시 무대 위 공간에 포함되어야 한다. 환자가 수술실이나 검사실로 이동할 때 사용하는 엘리베이터 또한 일반인들에게 항상 보이는 곳은 아니지만 무대 위 공간으로 분류되어야 한다.

무대 밖 공간

무대 밖 공간은 직원들을 위한 공간으로 환자와 환자 가족들이 사용할 수 없는 공간이다. 직원 라운지, 기술 통제실, 업무 부서, 사무실, 내부 복도 등이 무대 밖 공간에 포함된다.

공간 관련 욕구에 대한 협력적 평가

디자인 초기 단계에 핵심 관계자들을 만나서 인테리어 디자인의 전반적 원칙을 수립하는 것은 매우 중요한 일이다. 원칙적으로 이 모임에는 건축 디자이너, 인테리어 디자이너, 기계 공학자, 구조 공학자 그리고 그 공간에서 직접 일하게 될 직원들까지 포함한 모든 분야의 관계자들이 참여해야 한다. 건물 디자인의 모든 요소들은 시설 환경의 전체적인 심미적 요소에 영향을 주기 때문이다.

헬스케어 시설의 심미적 요소에 대한 전반적 원칙을 세울 때에는 다음 질문들에 대한 일치된 답을 구하는 것이 매우 중요하다.

1. 디자인을 통해 지역사회에 주고자 하는 메시지가 무엇인가?
2. 병원과 지역사회의 심미적 요소가 서로 연관되어야 하는가?
3. 디자인의 주제가 있어야 하는가? 이때 주제란 문자 그대로의 주제일 수도 있고 혹은 상징적인 것일 수도 있다.
4. 환자와 방문객, 직원들이 어떤 경험을 하기 원하는가?

이러한 질문들에 대한 일치된 답을 찾는 것이 좋은 출발점이 될 수도 있지만, 관계자들이 심미적 요소에 대해 일치된 관점을 가지게 할 수 있는 가장 좋은 방법은 그들 스스로 심미적 요소들을 보게끔 하는 것이다. 다른 시설들을 직접 방문하거나 사진들을 살펴봄으로써, 실현 가능한 것들을 마음속에 그려보고 그들이 원치 않는 것이 무엇인지를 정확히 파악해야 한다. 이 단계가 선행되어야만 위의 질문들을 이용해 디자이너들이 시설에 알맞은 심미적 요소들을 찾아낼 수 있을 것이다.

핵심 디자인 요소

기능성이야말로 디자이너가 가장 염두에 두어야 할 요소이지만, 공간이 기능적이어야 한다고 해서 인테리어가 기능적으로 제도화된 모습일 필요는 없다. 그럼에도 불구하고 기능성에 초점을 둔 고전적인 병실의 형광등, 벽지, 불편한 가구들은 현대적 미적 기준에 부합하지 못하는 경우가 대부분이다. 침대에 무늬 있는 베개를 올려놓고 창문에 커튼을 단다고 해서 이 문제가 해결될 수 있는 것은 아니다. 병실의 기능성을 추구할 때에는 편안함과 더불어 심미적 요소를 중요하게 생각해야 하며, 이 두 가지 요소가 동일한 비중을 차지해야 한다.

예를 들어, 어린아이는 커다란 병실에서 위화감이나 압도되는 느낌을 받을 수 있다. 그러나 예술 작품, 색이 입혀진 벽을 이용해 아이다운 느낌을 주는 요소들을 제공함으로써, 아이의 기분은 좋아질 수 있고 치유 과정도 수월해질 수 있다. 병실의 기능은 바로 치유의 공간을 제공하는 것이다. 만약 인테리어 디자인과 심미적 요소들이 치유를 촉진시켰다면, 그 인테리어 디자이너는 공간의 기능을 보완하는 심미적 요소들을 제대로 제공한 것이라고 볼 수 있다.

다양한 긍정적인 기분 전환 요소들, 조명, 색채, 마감재, 가구 그리고 표지판은 핵심적인 심미 요소들이다.

긍정적인 기분 전환 요소들

이 장에서 다루어질 핵심 내용은 어떻게 '긍정적인 기분 전환 요소들'을 제공하느냐 하는 것이다. 이러한 요소는 벽난로가 될 수도 있고, 전략적으로 설치해둔 예술 작품, 일부만 맞춰져 있는 퍼즐, 심지어 바깥으로 통하는 테라스나 큰 창문이 될 수도 있다. 이렇게 간단한 요소들이 생각의 틀을 바꿀 수 있고, 헬스케어 시설의 성공적인 심미적 요소가 될 수도 있다.

건축에서 예술이라는 것은 아마 디자이너가 제공할 수 있는 가장 확실한 '긍정적인 기분 전환 요소'일 것이다. 예술 작품에는 그림, 조각, 사진 등 다양한 형태가 있는데, 헬스케어 시설의 인테리어에 있어서 예술 작품은 치유를 고취시키고 지원한다는 하나의 동일한 전제를 갖는다. 이 전제는 치유라는 것을 예술 작품에 표현함으로써 전달하는 것이 아니라, 친숙하면서도 감동을 주는 긍정적이고 심플한 예술 작품을 통해 전달한다는 의미를 내포한다.

많은 헬스케어 시설의 관리자들과 디자이너들은 추상적인 예술 작품이 과연 헬스케어 환경에 적절한지에 대해 의문을 제기한다. 대다수의 인테리어 디자이너들이 동의하는 것은 만약 추상적인 예술 작품을 사용할 것이라면, 환자 치료 공간이나 환자 대기 공간이 아니라 좀 더 공공적인 공간에 두는 것이 좋다고 한다. 환자의 치료를 위한 친밀한 공간에서는 난해한 예술 작품을 이해하기 위한 좌절감을 느끼게 해서는 안 된다. 하지만 추상적인 예술 작품들을 사람들이 예술 작품을 단순히 바라보기만 하는 로비 같은 공간에서는 아주 잘 활용할 수 있다 제6장의 그림 2.1 참조.

병원에서의 예술 작품 사용에 대한 선구적 연구자인 로저 울리히 Roger Ulrich는 추상적인 예술 작품은 애매모호하고 그 해석이 자유롭기 때문에, 몸이 아픈 환자가 이를 해석하는 것은 두려운 일일 수 있고, 어떤 부정적인 느낌을 촉발시킬 수도 있다고 주장한다 (Friedrich, 1999). 또한 사람 형태의 모습 또한 애매한 느낌을 준다. 예를 들어, 최근에 머리카락을 다 잃게 된 암 환자가 긴 머리의 여성이 그려진 그림을 보게 된다면, 낙담하고 부정적인 정서를 가지게 될 수도 있는 것이다.

예술 작품과 '긍정적인 기분 전환 요소들'은 보는 이로 하여금 인간성과의 연결

고리를 제공한다. 예술이란 매우 인간적인 것이고, 인간이 만들어낸 것이며 또 다른 인간들이 보고 즐길 수 있도록 만들어진 것이다. 그렇기 때문에 예술 작품에는 타고난 경이로움과 따뜻함이 있다. 건축은 여러 재료들을 한 데 모아놓음으로써 어떤 기능을 추구한다. 반면 예술 작품은 다른 이들이 그것을 보고 즐거움을 느낄 수 있도록 만들어지는 것이다.

조명

훈련된 눈을 가지고 있는 전문가들의 손에 사람들의 생명이 달려 있는 헬스케어 환경에 있어서 적절한 조명은 매우 중요하다. 전문가들의 눈은 많은 것을 보아야 하는데, 잘 보기 위해서는 이에 적합한 조명이 필요하다. 조명에는 인공적인 것과 자연적인 것이 있는데, 업무의 성과 차원에서 볼 때 인공조명에 비해 자연조명이 갖는 장점은 없다고 한다*(Boyce, Hunter, and Howlett, 2003)*. 그러나 자연광이 환자와 환자를 돌보는 직원 모두에게 육체적, 정신적 건강상 상당한 혜택을 제공한다는 연구 결과는 많다. 자연광은 또한 많은 경제적 효과도 창출한다.

인테리어 디자이너들은, 자연과의 교감을 위해 '외부 환경을 실내로 가져와달라'는 주문을 종종 받는다. 자연광은 이러한 교감의 기회를 만드는 데에 핵심적 요소이다. 사람의 24시간 주기 시스템은 수면과 기상을 조절하고, 하루 동안 일어나는 감정의 변화를 통제하는 선천적인 생물학적 시계이다. 자연광은 이 시스템을 보조하고, 실내와 실외를 연결하는 역할도 하게 된다. 병원에 오랜 기간 동안 입원해 있는 환자들에게 자연광은 특히 이로운데, 이는 환자들이 창밖을 내다보며 시간도 가늠해보고 날씨도 확인할 수 있기 때문이다. 자연광은 또한 계절성 정서장애나 조울증을 갖고 있는 환자들의 우울감을 감소시켜주고*(Benedetti et al., 2001)*, 환자 체류 기간을 줄여주고*(Benedetti, Colombo, Barnini, Campori & Smeraldi, 2001; Federman, Drebing, Boisvert & Penk, 2000; Beauchemin and Hays, 1996)*, 수면의 질을 향상시켜주며*(Joseph, 2006)*, 불안감을 감소시키고*(Lacgrace, 2002)*, 유아들의 고빌리루 빈혈증을 치료하는 데 쓰일 수 있으며*(Ulrich, Zimring, Joseph, Quan & Choudhary, 2004; Miller, White, Whitman, O'Callaghan & Maxwell, 1995)*, 통증을 줄여준다고 한다*(Walch et al., 2005)*. 자연광은 이상적인 조명이지만, 때로는 제어하기 힘들다거나 불편함을 주는 섬광이나 열을 초래한다는 단점도 있다.

창문의 디자인과 위치는 자연광의 양을 최대화시키는 데 있어서 가장 중요한 요소이다*(Personal communication, Trevor Hollins, December 20, 2008)*. 그러므로 창문의 방향, 크기, 위치, 커튼이나 수직 블라인드와 같은 적합한 차양 방법의 선택, 광선반, 심지어 큰 나무나 주변의 건물과 같은 주변 환경의 사물까지 신중히 고려해야 한다. 자연광이 모든 공간에 다 이용될 수는 없다. 건물 중심부의 공간은 전원을 사용한 조명에 의지해야 한다. 전원을 사용하여 조명을 이용할 때에는 가능하면 높은 연색 평가 지수와 적절한 색온도를 고려하는 것이 바람직하다.

디자이너들은 차분한 환경을 조성함으로써, 병원에서 지내는 동안 생길 수 있는 환자들의 불안감을 완화시키고 환자들이 가능한 한 긍정적인 사고를 하게끔 유도해야 하는 의무를 가지고 있다. 따라서 충분한 양의 고품질 간접 광은 헬스케어 시설에 있어 매우 중요하다. 수년 동안 적극적으로 모두에게 애용되었던 직사광은 벽의 색을 어둡게 변질시켜 좁고 심각해 보이는 공간을 만들어내기도 한다. 직사광은 환자의 눈 밑에 심한 다크서클을 만들어서 환자들이 실제보다 더 아파 보이게 하기도 한다. 반면, 간접 광은 좀 더 부드러운 분위기를 만들어준다. 간접 광이 반드시 인공적이어야 할 필요는 없다. 창문을 높이 설치하거나 광선반 같이 적절한 차양을 사용하면 고품질의 간접 광을 자연적으로 즐길 수 있다.

복도에는 직접조명과 간접조명 모두를 이용하는 것이 바람직하다. 직접조명이 비춰지는 복도를 따라 이동식 침대에 실려 옮겨지는 환자는, 밝은 불빛을 규칙적으로 지나치게 되면서 느끼는 눈부심 때문에 불편함을 겪거나 전등의 높은 밝기의 여파로 검은 점들을 보게 되기도 한다. 그러나 간접조명만 사용되는 복도에서는 이런 문제가 발생하지 않는다.

색채

색채는 심미적 요소들 가운데 가장 주관적인 요소이다. 색채는 개인의 성별, 국적, 지역, 심지어 문화에 따라 그 선호도가 다르다. 예를 들어, 중국에서는 붉은 색이 행운을 의미하지만 서양에서는 붉은 색이 위험의 상징으로 사용된다. 그러므로 지역사회, 직원 그리고 환자들의 특성을 잘 이해함으로써 인테리어에 사용해서는 안 되거나 선호하는 색채를 파악해야 한다.

대부분의 헬스케어 시설 디자이너들은 자연스럽고, 따뜻하고, 시원한 색채가 헬스케어 환경에 적합하다고 생각한다. 이러한 생각은 호텔이나 스파 업계에서 일반적으로 사용하는 색조에 기인한 것이다. 그러나 특정한 색깔이 환자의 건강, 직원 업무의 효과성이나 헬스케어 시설의 효율성 면에 있어서 어떤 의미 있는 차이를 야기한다는 분명한 증거는 아직 없다고 한다*(Toefl, Schwarz, Yoon & Max-Royale, 2004)*.

즉, 특정한 색깔을 사용한 환경과 환자의 치유 결과 간의 관계를 보여주는 근거는 많지 않다*(Young, 2007)*. 색채와 기분 간의 연관성은 이미 입증되었으나, 색채와 감정의 일대일 관계를 증명하는 자료는 없다. 특정한 색깔이 널찍하다거나 좁아 보인다는 느낌을 불러일으키지만, 널찍하다는 지각은 색깔의 밝거나 짙은 정도에 따라 달라지고 다른 색깔들과의 대비 효과에 의해서도 영향을 받는다^{제6장의 그림 2.2 참조}. 이렇게 대부분의 디자인 관련 의사 결정들이 개인적인 믿음에 근거하기 때문에, 헬스케어 환경에 사용되는 색채에 대한 보편적인 가이드라인은 존재할 수 없다.

특정한 환경에 사용될 색채를 정하는 것은 심오한 경험의 결과여야 한다*(Young, 2007)*. 색깔에 대한 반응은 지각적, 인지적 그리고 생리적이기 때문에 어떤 특정 환경에 사용된 색채를 분석한다는 것은 문화, 시대, 장소와 같은 다양한 요소들의 영향력을 존중하는 것을 의미한다. 색상의 선택은 디자인 팀과 병원 직원들이 함께 만든 가이드라인에 따라 결정해야 한다. 이 가이드라인에는 색채와 관련된 성별, 세대적, 문화적, 지역적인 선호 사항들을 신중히 고려해야 한다.

직물과 건축자재

오랜 시간 동안 지속될 수 있는 심미적 요소를 구현하기 위해서는 가능한 한 가장 내구성 있고 즐거운 느낌을 주는 자재를 사용하는 것이 좋다. 하지만 이렇게 하는 것이 결코 말처럼 쉬운 것은 아니며, 예산과 자재비용 간의 균형 유지를 위한 끊임없는 노력을 필요로 한다. 많은 자재를 계획 단계에서 제안하기 마련인데, 이 단계에서는 초기 비용 대비 자재의 수명 주기 동안의 비용을 비교해야 한다. 예를 들어, 한 관리자는 초기 비용 때문에 더 나은 제품을 마다하고 플라스틱으로 된 자재를 카운터에 사용했다. 하지만 시설이 오픈한 지 얼마 안 되어 카운터의 플라스틱판이 갈라졌기 때문에 더 단단한 자재로 교체해야 했다. 초기 비용은 플라스틱판보다 비쌌을지라도, 단단한 자재를 처음부터 사용하는 쪽이 장기적인 비용과 유지 관리 차원에서의 비용을 더 절감시켜주는 방안이었을 것이다.

자재 선택할 때 청소 같은 유지 관리 비용을 신중히 고려하여야 한다. 디자이너는 시설의 유지 관리 담당자들과 더불어 그들이 감당해내기에 가장 적합한 자재를 찾아내야 한다. 스스로 청소가 되는 마감재는 없기 때문에, 모든 자재는 어떤 형태로든 지속적인 유지 관리를 필요로 한다. 헬스케어 시설에서는 고무나 리놀륨으로 된 바닥재를 많이 사용하는데 그 이유는 이 자재들의 내구성과 유지 관리의 편의성뿐만 아니라 색채 및 디자인이 트렌드에 맞게 잘 출시되기 때문이다. 그러나 이러한 제품들 또한 청소, 유지, 심지어는 마무리 칠까지 때때로 필요하다는 것을 염두에 두어야 한다. 바닥은 헬스케어 시설에서 가장 많은 마모가 일어나는 부분이므로, 바닥재에 적절한 예산을 배정하는 것은 매우 중요하다.

헬스케어 환경에 적합한 자재들은 많다. 그래서 선택은 더욱 어렵다. 다음과 같은 질문들에 대한 답변을 시도해봄으로써 적절한 마감재 선택을 용이하게 할 수도 있다.

- 해당 공간이 하루에 24시간 동안 사용되는가?
- 선택해야 할 자재에 대한 요구 조건은 무엇인가?
- 예상되는 유지 관리 프로그램은 무엇이며, 선택된 자제가 이러한 프로그램으로 충분히 유지 관리될 수 있겠는가?
- 대중과 직원들의 일상적인 사용에 의한 마모 수준은 어느 정도인가?
- 벽, 문 그리고 기타 요소들은 어떻게 보호될 계획인가?
- 자재의 특성이 예상되는 통행량에 적합한가?

많은 자재들은 마모되기도 전에 보기 싫게 되어버린다는 점을 기억해야 한다. 신중한 계획에 의한 자재 선택은 심미적 효과에도 크게 기여할 수 있다. 소음 통제 또한 자재 선택의 영향을 크게 받는다. 부드러운 표면(카펫, 천장 타일, 천으로 감싸진 판 등)은 소음 흡수율이 매우 높다. 전략적으로 선택된 자재는 여러 구성원의 시설 내 경험에 상당한 영향을 준다. 직원들은 더욱 쉽게 집중할 수 있고, 정보 교환 과정에서 발생할 수 있는 불쾌한 사건을 감소시킬 수 있으며, 환자들은 더욱 편하게 잠을 자고 휴식을 취할 수 있으며, 방문객들은 시설이 덜 혼잡하다고 느끼게 된다(Moeller, 2005).

병원 인테리어 디자이너들은 패션이나 호텔 관련 업계에서 영감을 얻는 경우가 많은데, 이러한 영감은 카펫이나 벽, 가구, 커튼 패턴 등에 반영된다. 미국의 한 직물 회사Architex International의 마케팅부서 부사장Bonnie Momsen Brill은 단순한 디자인의 직물이 가장 좋은 선택이라고 한다. 단순함은 너무 차갑지 않으면서도 이해하기 쉽고 따뜻한 공간을 만들어낸다. 너무 다양한 종류의 직물을 사용하면 환경이 산만해진다. 인테리어 전반에 사용된 다양한 직물 요소들 간 조화는 그 장소가 주는 느낌에 아주 큰 차이를 가져온다 (Personal communication, Bonnie Momsen Brill, December 19, 2008). 자재를 어떤 식으로 사용하는지 또한 매우 중요하다. 디자이너들은 대개 가장 내구성 있는 자재(딱딱한 표면의 바닥, 문 마감재, 석재 등)를 이용해 색조의 기반을 마련한다. 대체하기 쉬운 자재인 페인트, 천 덮개, 벽 외피, 직물 등은 보통 악센트를 주는 용도로 사용한다.

가구

제대로 선택하여 배치한 가구는 마치 주어진 공간에 맞추어 디자인한 것처럼 보일 수 있다. 나아가 프로젝트의 기본 방침을 강화하고, 환자를 돌보는 직원 간의 협력을 도모하며, 도움과 안락함을 제공하여 상호작용을 촉진시키기도 한다. 자재의 경우와 같이, 달성하려는 의도에 부합하는 가구여야 한다는 점과 유지 관리의 용이함이 가구 선택에 있어서의 첫 번째 기준이어야 한다.

가구의 마감재에는 나무, 금속, 합판, 합성 재료를 포함한 다양한 종류가 있다. 가구가 사용되는 공간의 용도에 따라 적합한 마감재를 선택해야 한다. 가구의 규모, 즉 인테리어 공간과 가구 크기와의 관계 그리고 디자이너가 선택한 레이아웃은 가구 선택에 있어 반드시 고려해야 하는 요소들이다. 적절한 규모의 가구는 분위기를 안락하게 만든다. 대기실의 경우, 아주 큰 규모로 계획하기 때문에 좌석 공간은 마치 수많은 동일한 의자들의 바다처럼 보이는 경우가 대부분이다. 이러한 구성 대신에 텔레비전을 시청하고, 조용히 독서를 하고, 뜨개질을 하거나, 컴퓨터를 사용할 수 있는 공간을 만든다고 생각해보라. 좌석 공간에는 다양한 가구가 필요할 것이다. 안락의자, 일인용 의자, 이인용 의자, 긴 의자, 어린이용 의자와 같이 특수한 의자 등 모든 형태의 가구를 고려해야 할 것이다^{제6장의 그림 2.3 참조}.

훌륭한 가구 계획은 커다란 대기 공간에 생기를 불어넣어줄 수 있다. 헬스케어 단체는 공간 내에 안식처를 만들어서 필요에 따라서는 상호작용이 용이하게 일어나도록 혹은 사생활이 보장되도록 하는 것이 바람직하다.

위치 안내 장치

헬스케어 시설을 방문하는 사람들은 그들이 목적하는 곳에 최대한 빨리 도착하고 싶어 한다. 혼잡함을 겪지 않고 헤매지도 않으면서 말이다. 따라서 시설 내에는 방문자와 직원들이 쉽게 위치를 찾을 수 있도록 다양한 위치 안내 장치가 마련되어 있다. 이러한 장치는 시설 사용자들에게 알게 모르게 많은 영향을 미친다. 상황에 적절하고 기억에 남는 정보를 제공함으로써, 방문자들과 직원들이 불편함을 겪거나 스트레스를 받지 않도록 도와준다. 위치 안내 장치들은 다양한 단서들을 활용한다. 신호체계, 지형지물, 지도, 사람으로부터의 정보(안내 데스크), 안내 책자, 모양, 색채, 질감, 조명 그리고 소리가 그 예이다. 일관되고 논리적이면서도 다양한 형태의 단서를 제공하는 이유는 어떤 방문자라도 쉽게 시설 내부를 돌아다닐 수 있도록 하기 위해서이다^{제6장의 그림 2.4 참조}. 여러 형태의 위치 안내 장치는 어떠한 언어능력 혹은 인지능력을 가진 사람이라도 쉽게 정보를 획득하고 처리할 수 있게 해준다.

공간을 어떻게 구성하느냐는 위치 안내 장치 디자인에 큰 영향을 미친다. 한 건물을 여러 구역으로 나누고, 중요한 위치에 섰을 때는 시설 전체가 한눈에 보이게 하고, 서로 다른 지역들을 조직적으로 잘 구성해두면 시설 내 위치 찾기가 훨씬 수월해진다.

위치 찾기에서 흔히 발생하는 문제를 해결하는 전략은 크게 경로 전략과 방향 전략으로 구분될 수 있다. 경로 전략은 두 지점 간의 정보를 이용한다. 예를 들어, A지점에서 B지점까지 갈 수 있는 정보를 제공하고, 더 멀리 가야 할 경우에는 B지점에서 C지점까지 그리고 이어서 쭉 계속되는 방향으로 정보를 제공한다. 방향 전략은 개인 스스로 방향을 찾을 수 있도록 정보를 제공한다. 지도의 활용이 이러한 전략의 좋은 예이다.

효과적인 위치 안내 장치 전략 차원에서 크고 독특한 분수를 시설 내에 설치하는 방법도 있다. 이러한 장치가 효과를 내려면 시설 내에 이런 분수를 하나만 두는 것이 좋다. 그래야 이 분수가 방향의 한 기점이 될 수 있다. 예를 들어, 일단 분수로 가서 왼쪽으로 꺾어라 등의 방향을 제시할 수 있는 것이며, 방향 전략에서 참고 지점이나 중심점의 역할을 할 수도 있다.

여러 개의 출입구가 있는 건물에서는 제6장의 그림 2.5 참조, 각 출입구마다 그 장소를 나타내는 특별한 특징을 지니고 있어야 한다. 이 특징은 '이 출입구가 어느 출입구이다'라는 것을 알려주는 역할을 할 뿐만 아니라, 출구에 대한 방문객의 확신을 가져다준다는 중요한 역할도 한다. 예를 들어, '여기는 4번 출구입니다'와 같은 음성 메시지나 소리가 출입구에서 들리게 하는 것이 추가적인 정보를 제공하는 방법이다. 건물의 규모에 따라, 각 층을 특정한 인테리어 마감재, 예술 작품, 색채를 통합시킨 시각적 스토리나 주제에 맞춰 설계할 수도 있다. 이러한 요소들의 혼합과 조화는 전체의 시각적 스토리를 밀접하게 결합시켜주는 역할을 한다.

조명의 사용 또한 위치 찾기를 도울 수 있는 하나의 방법이다. 해당 구역의 밝기 정도에 따라, 디자이너는 조명을 사용할 것인지 사용하지 않을 것인지를 결정할 수 있다. 사람들은 일반적으로 빛에 이끌리기 때문에, 바닥과 벽 자재의 마감 정도에 변화를 주면서 빛의 밝기를 줄인다면, 출입 제한이 필요한 구역에 사람들이 들어가는 것을 막을 수도 있다. 알맞게 사용된 조명과 마감재는 방문객을 다른 곳으로 돌려보내느라 소요되는 직원의 시간과 방문객의 불편함을 줄일 수 있다. 조명은 여러 특징과 색채를 강조시켜서 위치 찾기 스토리를 강화해줄 수도 있다. 효과적인 위치 찾기 디자인은 사려 깊은 분석,

관찰 그리고 여러 직원들과 방문객들과의 인터뷰를 기반으로 할 때 가능해진다.

상품 개발

디자인 세계에서는 각 관리자들의 개별적인 요구를 충족시킬 수 있는 상품을 찾는 것이 매우 어렵다. 상품 개발은 더 나은 것을 원하는 것으로부터 시작된다. 그것이 새로운 업무 공간에서의 효율성을 추구하는 것이든, 보기에도 좋고 그 역할도 잘할 수 있는 기능을 가지려는 것이든 간에, 헬스케어 시설에 사용되는 상품들은 변화무쌍한 헬스케어 시장의 필요에 맞추어 개발된다.

    많은 사람들은 디자이너가 추구하는 것이 모든 것을 아름답게 보이도록 하는 것이라고 생각한다. 디자인에 있어서 시각적 외관이 매우 중요한 것은 사실이나, 상품의 실용성, 기능성, 내구성 다음으로 중요한 요소이다. 시중에 나와 있는 헬스케어 인테리어 상품들의 리스트는 상상도 못할 만큼 길다. 그러나 안타깝게도, 일상적인 사용에 의한 마모를 견뎌낼 수 있는 상품을 찾기란 쉽지 않다.

    인테리어 디자이너들과 헬스케어 직원들은 제조업자들이 시장에 내놓은 제품들을 보고 좌절하고는 한다. 상품의 패턴, 기능, 내구성과 색채가 패션 업계와 같은 디자인 주도 업계의 트렌드를 따라가지 못한다는 것이 디자이너들의 공통된 생각이다. 그래서 헬스케어 건축의 선도 기업인 HDR 건축회사의 직원들은 많은 경우에 시설 관리자의 요구를 충족시키는 상품을 찾지 못했을 때 제조 회사와 더불어 새로운 헬스케어 상품을 개발했다.

디자인 공동 작업

여기서는 적절한 사람들과 적절한 시점에서 협업하는 것이 더 나은 헬스케어 상품을 만드는 데 얼마나 중요한지를 보여주는 사례 몇 가지를 소개하고자 한다.

간호사 업무 공간

HDR 건축회사가 너쳐바이스틸케이스 Nurture by Steelcase와 협업하여 디자인한 헬스케어 가구인 SYNC 라인의 제품들은 사람과 기술, 사람과 사람을 연결함으로써, 간호사 업무 공간에 발생하는 다양한 문제점들에 간단한 해결책을 제공해준다. SYNC 라인의 제품들은 수십 년간 사용되어 왔던 구식의 붙박이 업무 공간과 시스템 가구를 대체하기 위해 만들어진 제품 라인이다(Trevarrow, 2008).

SYNC와 같은 시스템의 필요성은 꽤 오랜 기간 동안 명백히 존재해 왔다. 적은 수의 간호사들이 많은 업무량을 감당하기 위해서는 간호사들 모두가 더 빠르고 더 효율적으로 일해야만 했다. 나아가, 전문 의료진 간의 협업을 용이하게 하고, 전선과 장비가 업무 프로세스를 방해하지 않으면서도 선진 기술을 사용할 수 있도록 하는 제품을 필요로 했다 제6장의 그림 2.6 참조.

디자이너들은 상품 팀과의 첫 미팅에서 신상품은 건축과 시스템 가구의 경계를 허물어야 할 필요가 있다고 결정했다. 신상품은 보편적인 업무 공간을 제공할 수 있어야 하며, 다양한 형태로 만들어진 공간에서 그룹 업무가 가능하게 해야 하며, 기술을 지원하면서도 경쟁력 있는 가격에 제작될 수 있어야 했다. 상품의 기준이 정해진 뒤에 진행된 디자인 단계에서는 최종 상품의 디자인, 기능과 판매 가능성에 노력을 집중했다.

SYNC 라인 제품들은 다른 디자인 전문가들에 의해서도 사용될 예정이었으므로, 제품의 콘셉트와 제품 자체에 대한 평가를 잘 받아야만 했다. 따라서 이러한 제품들과 친숙하지 않은 HDR의 헬스케어 건축가와 타 헬스케어 디자인 기업의 디자이너들에게 제품에 대한 검토를 의뢰했다. 그들은 SYNC 제품과 콘셉트가 매우 인상적이었다고 했고, 프로젝트 팀은 이를 청신호로 받아들여 최종 제품 제작에 들어갔다. 제품이 만들어지자마자, 프로젝트 팀은 여러 개의 건축 회사로부터 최종 제품이 업무 현장에 잘 맞는지의 여부를 검토 받았다.

이 협업의 첫 미팅은 2006년 12월에 이루어졌고, 최종 제품은 2009년 봄에 출시 준비가 완료되었다. SYNC는 간호사 업무 공간을 디자인하고 계획하는 데 있어서 이 분야에 폭 넓은 경험을 가지고 있던 회사와 협업함으로써 수많은 상을 수상하는 성공적인 결과를 얻을 수 있었다(Personal communication, Michael Love, January 24, 2009).

직물 컬렉션

이번에는 헬스케어 시설이 사용하는 다양한 직물을 디자인함에 있어 '헬스케어다운' 전형적인 패턴에서 벗어나고자 했던 사례를 소개하고자 한다. 헬스케어 환경의 엄격함을 견뎌내게 하는 아름다운 패턴과 산뜻한 천연색을 직물이나 시설 자재에서 찾기는 쉽지 않다. HDR이 디자인하고 아키텍스인터내셔널Architex International이 제안한 레머데이 직물 컬렉션Remedé Textile Collection은 바로 이러한 문제의 해결을 시도한 프로젝트였다.

2005년에 레머데이 컬렉션Remedé Collection을 위한 협업을 시작했을 때, 디자이너들은 제품으로부터 기대되는 품질을 꼭 갖춰야 한다는 점을 가장 중요시했다. 제품 팀은 헬스케어 분야가 직면하고 있던 문제와 디자이너들이 추구하는 것에 대해 생각한 후, 기존 제품들은 내구성과 청소 용이성이 부족하다는 두 가지 문제점을 발견했다. 따라서 쉽게 청소할 수 있고 기능성이 높은 직물을 진보적으로 디자인하는 것에 제품 개발의 초점이 맞추어졌다제6장의 그림 2.7 참조.

신제품 컬렉션의 목표는 마음의 위안을 가져다주고 헬스케어 환경의 시각적 오아시스가 될 수 있는 직물을 만드는 것이었다. 동시에 거친 환경을 이겨낼 수 있는 내구성과 청소의 용이함도 지녀야 했다. 레머데이 컬렉션Remedé Collection은 디자인 그룹이 추구하는 다양한 욕구를 잘 달성할 수 있도록 매우 다양한 기능성과 어떤 환경에도 조화될 수 있는 가능성을 제공하는 다양한 상품 옵션을 내놓았다. 한 가지 종류의 직물로 헬스케어 시설 디자인이 요구하는 모든 기준을 충족시키는 것은 불가능하거나 매우 어렵기 때문이다. 이 직물 컬렉션은 업계 최초로 모든 가능한 종류의 직물을 보유하고 있다.

병실 편의 시설

이번에는 헬스케어 시장에 집중하고 있는 부대 용품 제조업체인 피터 페퍼 제품 회사Peter

Pepper Products, Inc.와의 협업 사례를 소개하고자 한다. 이 협업을 통해서는 환자와 그 가족을 위한 편의 시설 개선을 위해 두 개의 병실 부대시설을 개발했다. 더 게스트 센터The Guest Center라는 라인은 환자 가족, 간호사, 방문객 누구라도 편히 사용할 수 있고 어떤 상황에서도 적절하게 사용될 수 있는 제품들을 제공한다. 더 게스트 센터는 업무 공간, 저장 공간, 업무를 위한 조명, 휴대폰, 노트북과 MP3 플레이어를 충전할 수 있는 전원 소켓 등을 모두 포함하는 패널을 제공한다. 이러한 모듈식 패널을 사용하면 다양한 특수한 자재를 도입할 수 있고 압정을 꽂을 수 있는 패널이나 글을 쓸 수 있는 보드 등의 옵션도 도입할 수 있으며, 액정 모니터를 설치하는 공간에는 예술 작품이나 여러 액세서리들을 올려놓을 수도 있다. 맨 위 선반에는 카드, 꽃, 기타 개인 소지품을 둘 수 있다. 더 게스트 센터 제품은 벽에 고정될 수 있어서 차지하는 공간이 매우 작다제6장의 그림 2.8 참조.

더 메시지 센터The Message Center라는 라인의 제품은 환자와의 의사소통을 개선하기 위해 만들어진 제품이다. 글씨를 쓸 수 있는 유리, 아날로그시계, 선반과 펜의 수납공간을 통합하여 만들어진 더 메시지 센터는, 잡동사니는 줄이면서 최소한의 벽 공간을 사용한다. 직원이 유리에 적힌 스케줄에 동그라미를 친다거나 메시지를 적어서 환자와 의사소통할 수 있고, 위쪽 선반에 마련된 다용도의 카드 보관함도 활용할 수 있다.

HDR 팀과의 협업은 이렇게 매우 성공적이었다. HDR 팀은 여러 직원들의 경험으로부터 병실에 필요한 것이 무엇인지를 종합하여 여러 개의 기능들을 하나의 제품에 통합적으로 도입하고자 했다. 디자인의 목표는 병실 환경의 잡동사니는 줄이면서 의사소통, 진열, 보관, 편리한 업무 공간에 대한 간호사, 환자와 가족들의 요구를 반영하는 것이었다. 제품에 대한 여러 아이디어를 발전시킨 결과, 기능적이고, 활용가능성이 높고, 보기에도 좋은 제품들을 만들 수 있었다(Personal communication, Kip Pepper, Vice President of Sales & Marketing for Peter Pepper Products, Inc., January 26, 2009).

지금까지 언급된 상품 개발 사례에는 모든 팀 구성원의 시간과 노력이 적극적으로 투입되었다. 각 사례에서는 더 나은 제품에 대한 절실한 요구가 있었다. 프로젝트 팀은 그러한 수요를 확인한 뒤에 제품 개발에 대한 지침을 세웠고, 개발한 뒤에는 해당 산업으로부터 제품 인증을 받았다.

사례연구

연구는 실제 행동으로 옮겨져야만 의미가 있다. 다음에 소개될 사례들은 지금까지 논의된 핵심 디자인 요소들과 또 다른 요소들이 전반적인 심미적 요소에 어떤 영향을 끼치는지를 잘 보여준다. 동시에 심미적 요소 창출을 위해 사용된 일련의 과정도 잘 보여준다.

센타라 윌리엄스버그 지역의료센터

센타라 윌리엄스버그 지역의료센터Sentara Williamsburg Regional Medical Center, Williamsburg, Virginia는 최근에 개발된 약 15만 평의 보건 캠퍼스의 심장부에 위치한 139개의 침상을 갖춘 약 8700평 규모의 대체 병원replacement hospital이다. 이 센터는 국립 플레인트리 얼라이언스National Planetree Alliance와 결연을 맺었다. (국립 플레인트리 얼라이언스는 병원들과 헬스케어 시설들의 네트워크로서 비영리 단체이다. 1978년 캘리포니아 샌프란시스코에서 설립되었으며 현재 코네티컷 주 더비 시에 본부를 두고 있다. 이 단체는 환자와 환자 가족이 편안하게 느끼는 의료 경험을 제공할 수 있는 다양한 실례를 통해 헬스케어 서비스 품질 향상을 위해 노력하는 단체이다.) 따라서 디자인 팀은 미학, 예술, 안락함 그리고 따스함에 대한 인간의 열망을 포용하는 디자인을 만들어내기 위해 세심한 배려가 가미된 인테리어를 만들어냈다.

인테리어 디자인 계획을 위한 워크숍을 실시한 후에 디자이너들은 이 새 병원의 인테리어는 환자와 지역사회의 정신, 몸 그리고 마음을 포용할 필요가 있고, 고객 중심적이고, 안락하며, 차분함을 주면서, 모두를 환영하는 분위기를 조성해야 한다는 결정을 내렸다. 디자인 팀은 역사 깊은 윌리엄스버그 지역사회에서 영감을 끌어내어 심미적 기쁨을 주고 환자에 초점을 맞추어져 환영받는 느낌이 강한 환경을 만들었다. 플레인트리의 미적 접근 방식이 아주 성공적으로 실행된 이 병원 사례는 2007년 플레인트리 연간 총회에서 특별히 소개되고 주목받았다.

이 병원의 로비로 걸어서 들어오는 방문객과 환자들은, 빛이 가득한 원형 홀의 위쪽으로 시선을 끌어들이도록 높이 솟은 물 조각품과 따뜻한 금속 비행기들을 보게 된다. 물이라는 요소는 오감에 영향을 주므로 물 조각품은 아름다운 예술 작품으로서 로비 공간의 중심이 되었다. 로비의 가구는 가족들의 상호작용을 향상시키도록 배열되었고, 따뜻한 중간색의 색조는 로비의 수많은 창문을 통해 보이는 경치와 잘 조화를 이루었다.

건물의 맨 아래 두 층은 보조 지하실이다. 부서 간의 구획은 두 개의 평행하고 구부러진 원형 축을 따라 형성되어, 무대 위 공간과 무대 밖 공간의 순환을 돕는다. 환자와 직원들은 자연광과 전망이 있는 뒤쪽 복도를 따라 이동한다. 사려 깊은 조명과 천장의 디테일이 병원 공간을 이동하는 경험을 부드럽게 해준다. 중요한 공적인 교점을 연결하는 전면의 순환 축은 수많은 창문들과 실외 정원을 볼 수 있는 조망으로 인해 그 우아함이 더해진다. 등록, 대기 그리고 심장병과 화상 진료 같은 외래환자 중심의 공간들은 쉽게 찾을 수 있도록 하기 위해 원형 홀과 가까운 중심축 바로 근처에 위치하고 있다.

맨 위 두 층에 있는 삼각형 모양의 환자 층들은 일반 대기실과 가족 공간을 포함하는 넓고 둥근 유리로 된 부분들과 연결되어 있다. 유리와 벽돌 계단의 첨탑들이 두 삼각형의 서로 반대되는 지점들을 돋보이게 한다. 이 배열은 방문자를 환영하며 포옹을 하기 위해 내뻗은 두 팔을 표현한다. 유리를 광범위하게 사용한 것은 인테리어 디자인의 핵심 요소이며, 세심하게 디자인된 많은 모서리 유리창들은 통로의 인테리어를 볼 수 있는 전망대가 된다 제6장의 그림 2.9 참조.

모든 환자 병실은 사생활이 보장되어 있고, 가족이 사용하기에 적절한 크기이다. 목재 모양의 비닐 바닥과, 듀폰 코리안 라인 DuPont Corian의 강화 표면을 사용한 고급스러운 소재의 카운터는 환자로 하여금 더 환대받는다는 느낌을 주는 데 도움이 된다. 거기다가 두 가지 톤의 목재 바닥을 사용하여 병실 내에서도 가족만을 위한 구역을 구분된 공간으로 강조하였다. 넓은 창은 자연 채광을 제공하고 실외와 교감할 수 있도록 해준다. 모든 병실과 병원 내 모든 복도의 벽 속에 마련된 자그마한 예술 공간은, 긍정적인 기분 전환을 유도하는 예술적 요소를 도입하게 하고 인테리어 공간에 깊이를 더해준다.

이 병원의 성공적인 심미적 요소는 전체적인 시설 디자인과 결합되어 병원의 환자 만족도 점수를 17퍼센트에서 81퍼센트로 높이는 데 기여했다 (Eagle, 2007). 마음을 달래주는 색조, 천연 재료, 충분한 채광, 실외 조망, 즉 환자 중심 관리를 유도하는 섬세한 물리적 환경을 병원 전체에 구현했으며, 현대의 건축학적, 의학적 혁신의 결과를 담아냈다제6장의 그림 2.10 참조.

미국가족아동병원

미국가족아동병원American Family Children's Hospital, Madison, Wisconsin은 약 1만 평 규모의 최신식 병원이다. 이 새 시설을 개방하기 전에는 어린이 전용 병실이 위스콘신 대학 병원 전체에 흩어져 있어서 통합적인 정체성이 없었다. 어린이들은 어린이들 나름의 특별한 정서적, 신체적 요구 조건들을 가지고 있기 때문에, 병원 경영진은 어린이들에게 세계적으로 우수한 헬스케어를 제공해주는 새로운 병원이 필요하다고 느꼈다.

위스콘신 주는 광범위하고도 독특한 산업의 주체들과 다양한 지리적 영역을 포함하고 있다. 그래서 인테리어의 미적 요소들을 '모두 다 위스콘신적인' 사상을 중심으로 개발하기에 용이했다. 설계사들은 위스콘신 주의 자연적 형상에 따라 병원 부지를 나누었다. 인테리어는 기발한 주제를 따라 꾸며졌지만, 디자인 팀은 유치하지 않으면서도 어린이다운 공간을 만들기 위해 각기 다른 주제로 장식된 층마다 긍정적인 기분 전환 요소들을 도입하였다.

예를 들어. 1층에 마련된 가짜 설탕 단풍나무, 대형 플래시 천막이 있는 영화관, 퐁 듀 락Fond du Lac 등대 모형, 구식 기차역을 본떠 만든 리셉션실은 모두 위스콘신 주의 작은 도시를 재현하고 있다제6장의 그림 2.12 참조.

2층에 있는 우유병 모양의 전구들, 물결 모양의 주석 판, 나무 집 독서 공간, 트랙터 타이어 놀이 기구들은 위스콘신 주 내 농촌에 대한 경의를 표하고 있다제6장의 그림 2.12 참조.

3층에서는 위스콘신 주의 미시건 호수를 주제(콘셉트)로 만들어진 항해용 전등, 호숫가가 그려진 벽화, 물과 해변 패턴의 바닥과 수족관을 볼 수 있다. 곤충 모양 전등, 뒤쪽으로부터 불이 비춰지는 아크릴 패널에 매달려 있는 실제 자연초는 위스콘신 주 내 평원의 모습을 연상시키고, 이 광경은 4층에서도 볼 수 있다제6장의 그림 2.13 참조.

5층은 나뭇가지와 낙엽 패턴, 낙엽으로 장식된 펜던트 조명, 실제 고사리로 꾸며져 조명을 받는 아크릴 패널이 있고 이는 위스콘신 주 북쪽 숲을 주제로 하고 있다제6장의

그림 2.14 참조

클리닉에 사용된 색조는 매우 생기 넘치며, 천장 타일에서부터 바닥 패턴, 가구까지 모든 것에 선명한 색조가 사용되었다. 색채와 긍정적인 기분 전환 요소들보다 더 주목할 만한 것은 디자인 팀이 환자의 치료 과정에 가족을 포함시키도록 디자인에 고려했다는 것이다. 기존 병실의 두 배 크기인 새 병실은 가족들이 환자를 돌보는 일에 참여할 수 있는 충분한 공간을 제공한다. 입원 환자용 병실에는 가족들의 의견을 바탕으로 특수 제작된 수면용 소파, 가족들의 짐을 보관할 수 있는 커다란 옷장, 평면 텔레비전과 DVD 플레이어가 있다. 국부 조명이 있고 컴퓨터를 사용할 수 있는 작은 업무 공간은 자고 있는 아이를 방해하지 않으면서 부모가 바깥세상의 소식을 들을 수 있게 한다. 야간 등이 설치되어 있는 주문 제작된 거울과 직원이 일할 수 있는 공간에 설치된 국부 조명은 빛이 부드럽게 퍼지게 되어 있고, 각 병실마다 있는 커다란 창문은 외부와의 소통을 가능하게 한다.제6장의 그림 2.15 참조

이와 더불어 크고 작은 세심한 마무리가 이 시설을 아주 특별한 곳으로 만들었다. 메인 로비에는 극장식 조명을 설치해서 극적인 느낌을 주고, 아이들이 무서워할 수 있는 방사선실 같은 공간의 천장은 광섬유 조명으로 가득 채워서 아이들의 주의를 환기시킨다. 미국에서도 단 한곳밖에 없는 긍정적 이미지 센터Positive Image Center는 아이들을 위해 특별히 만들어진 공간으로, 외모의 변화를 겪게 되는 (예를 들어, 탈모 현상) 병을 앓는 아이들의 불안감을 해소시켜준다. 이 센터에서는 가발부터 화장 도구까지 구비함으로써 아이들 각자가 필요로 하고 희망하는 신체적, 감정적 욕구를 충족시켜준다.제6장의 그림 2.16 참조

아이들을 위한 디자인 요소들을 광범위하게 사용함으로써, 이 마법 같은 시설은 희망찼던 비전을 눈부신 현실로 만들어냈다. 한 어린이 환자의 엄마는 "이곳은 정말 크고 밝고 개방되어 있어요. 여기는 정말 행복한 곳이에요."라고 말했다.

세인트 알폰수스 지역의료센터 환자 병동

세인트 알폰수스 지역의료센터의 환자 병동Saint Alphonsus Regional Medical Center Patient Tower, Boise, Idaho은 9층 높이의 약 1만 1000평 규모의 급성질환 환자를 위한 치료 시설이다.

이 병동 건설 프로젝트는 환자의 치료 효과를 증진하고 사생활 보장과 편안함, 안전함을 제공해줄 수 있는 헬스케어 시설을 추구하는 전국적 트렌드를 반영하도록 구상되고, 디자인되어 마련되었다. 직원과 환자 가족의 보다 나은 삶^{웰빙, well-being}을 특별히 고려하여 디자인한 시설이기도 하다.

계획과 디자인 단계의 처음부터 병원 관리자들과 직원들은 이 병원이 치유와 치료를 위한 병원이 되어야 한다고 생각했다. 그리고 이들은 예술 작품이 환자, 직원, 가족들의 고통과 스트레스를 덜어주고 기운을 북돋아줄 수 있는 잠재력을 가지고 있다고 생각했다. 그래서 디자인 팀은 지역의 아트 컨설턴트와 긴밀한 관계를 맺고 일하면서 병원의 주된 초점을 예술 작품에 두었다. 아트 컨설턴트는 디자인 팀이 생리적 스트레스는 전혀 야기하지 않으면서 긍정적인 감정을 향한 에너지를 담고 있는 예술 작품을 고르도록 도왔다. 그리고 그 지역의 예술 작품을 선택함으로써 병원이 지역 구성원에게 친숙한 공간이라는 느낌을 주었고 인간미를 최대한으로 담아내고자 노력했다.

로비는 따뜻하고 질감이 풍부한 화강암 바닥, 질감이 살아 있는 석고 벽과 목재 마감의 심플한 조합이 돋보이는 공간이다. 로비는 1층과 2층 사이의 공공 순환 공간을 연결한다. 커다란 계단 뒤쪽에 위치한 2층 높이의 수관 벽은 로비의 특색이다. 폭포 같은 물이 주는 차분함과 분수의 엄청난 크기가 이 분수를 로비의 중심으로 만든다. 수관 벽에는 천장에 고정된 유리 조각품이 있어서 유리의 움직임이 로비를 반짝이게 해준다. 끊임없이 그 형태가 변화하는 유리 조각품은 너무나 환상적이고 특별한 요소이다 _{제6장의 그림 2.17 참조}.

모든 종교, 특별히 가톨릭 신자들을 위해 만들어진 공간이 있는데, 이곳에 설치된 따뜻하고 풍부한 느낌의 아이보리색 천으로 덮인 벽은 소음을 흡수하는 기능 또한 갖추고 있다. 전체 공간은 다양한 활동을 수용할 수 있게끔 유연하게 디자인되어 있다. 테라코타 조약돌 길은 방문객들을 명상 정원으로 안내한다. 지역 예술 작품은 이 공간의 특징적인 요소로 유리문, 스테인드글라스로 된 외부 창문, 나무 십자가 등이 있다. 이곳저곳에 배치된 수공예 작품은 방문객들로 하여금 환영받는다는 느낌과 혼자가 아니라는 느낌을 가지게 해준다.

병원 관리자들과 직원들은 사생활을 보장하고 소음을 줄이는 요소와 어느 정도 본인들의 통제가 가능한 대기실을 원했다. 따라서 디자인 팀은 목재로 된 장식 있는 칸막이를 사용하여 대기실을 여러 개의 작은 공간으로 나누었다. 각 공간에는 이동 가능한 가구와 벽난로, 텔레비전, 창문, 등받이 의자와 같은 것들을 두었다. 자연스러운 나뭇잎 패턴의 카펫은 목재 칸막이의 우아함을 더해준다. 간접조명의 램프는 대기하는 사람들이 자유롭게 조절할 수 있다. 가구는 나무 프레임으로 되어 있어서 집과 같은 편안함을 제공한다. 안락의자와 2인용 의자와 게임 테이블, 등받이 의자, 유아용 가구 등은 다양한 사람들의 다양한 욕구를 반영하여 매우 매력적인 공간을 연출한다.

결론

과거의 헬스케어 시설 디자인에 있어서의 심미적 요소는 추가적인 비용을 의미했고 그저 시설 위에 덤으로 얹힌 사소한 것으로 간주되었다. 하지만 오늘날의 디자이너들은 심미적 요소들을 헬스케어 시설의 환경에 통합시키고 흡수시킬 수 있는 방법을 강구한다. 또 조명, 색채, 예술 작품, 표지판과 그 외의 많은 섬세한 부분에까지 세심한 주의를 기울이며 기능적이면서도 치유적인 환경을 조성한다.

참고 문헌

Beauchemin, K.M., Hays, P. (1996). Sunny hospital rooms expedite recovery from severe and refractory depressions. Journal of Affective Disorders, 40(1-2), 49-51.

Benedetti, F., Colombo, C., Barbini, B., Campori, E., & Smeraldi, E. (2001). Morning sunlight reduces length of hospitalization in bipolar depression. Journal of Affective Disorders, 62(3), 221-223.

Boyce, P., Hunter, C., & Howloett, O. (2003). The benefits of daylight through windows.

Troy, NY: Rensselaer Polytechnic Institute.

Cruoglio, W. (2007). Patient relations: Create a Disney experience in your practice. Retrieved on January 12, 2009, from http://www.chiroeco.com/article/2007/Issue16/PR2-Create-Disney-Experience-Practice.php

Eagle, A. (2007). On a higher 'plane': Medical center advances with Planetree model. Healthcare Facilities Management, 20(11), 14-19.

Federman, E., Drebing, C., Boisvert, C., & Penk, W. (2000). Relationship between climate and psychiatric inpatient length of stay in Veterans Health Administration hospitals. American Journal of Psychiatry, 157(10), 1669.

Fong, D. & Nichelson, K. (2006). Evidence-based lighting design: Integrating proven research and design strategies for healthy lighting. Healthcare Design, 6(5), 47-53.

Friedrich, M. J. (1999). The arts of healing. The Journal of the American Medical Association, 281(19), 1779-1781.

Giunta, F., & Rath, J. (1969). Effect of environmental illumination in prevention of hyperbilirubinemia of prematurity. Pediatrics, 44(2), 162-167.

Joseph, A. (2006). The impact of light on outcomes in healthcare settings. Issue Paper #2. Concord, CA: The Center for Health Design.

Lacgrace, M. (2002). Control of environmental lighting and its effects on behaviors of the Alzheimer's type. Journal of Interior Design, 28(2), 15-25.

Moeller, N. (2005). Sound masking in healthcare environments: Solving noise problems can help promote an environment of healing. Healthcare Design, 5(5), 29-35.

Tofle, R. B., Schwarz, B., Yoon, S., & Max-Royale, A. (2004). Color in healthcare environments: A research report. Coalition for Health Environments Research.

Trevarrow, B. (Ed.). (2008). HDR-Nurture collaboration produces ergonomic caregiver furniture. Inside: A Journal for HDR Employees, 4-7.

Ulrich, R., Zimring, C., Joseph, A., Quan, X., & Choudhary, R. (2004). The role of the physical environment in the hospital of the 21stcentury: A once-in-a-lifetime opportunity. Concord, CA: The Center for Health Design.

Walch, J. M., Rabin, B. S., Day, R., Williams, J. N., Choi, K., & Kang, J. D. (2005). The effect of sunlight on post-operative analgesic medication usage: A prospective study of spinal surgery patients. Psychosomatic Medicine, 67(1), 156-163.

Young, J. (2007). A Summary of color in healthcare environments: A critical review of the research literature. Healthcare Design, 7(7), 22-23.

3

치유의 환경
— 바바라 데링거

치유의 개념은 지난 한 세기 동안 급격히 확장되어 왔다. 그 결과 헬스케어 환경 디자인의 엄청난 변화와, 개인의 치유 과정에 긍정적인 효과를 가져왔다. 과거의 헬스케어 환경 디자인은 주로 의료진과 간호사를 위한 것이었다. 그러나 최근에는 디자인의 초점이 환자와 환자 가족들에게 맞춰지고 있으며, 이에 따라 개선된 환경은 직원들에게도 많은 혜택을 제공하고 있다. 의도된 디자인 요소가 효과를 제대로 발휘하기 위해서는, 헬스케어 공간을 계획하고 디자인하는 디자이너들이 먼저 치유의 환경이 환자, 환자 가족들과 직원들에게 미치는 영향을 보여주는 모든 근거에 귀를 기울여야 한다.

치유의 환경이란?

치유의 환경이란 다음과 같은 공간이다.

- 몸과 마음, 영혼을 치유해주는 공간

- 존중감과 존엄성이 모든 요소에 녹아 있는 공간
- 삶과 죽음, 아픔과 치유가 핵심이며, 시설의 모든 요소가 이러한 사건과 상황을 지원해주는 공간

헬스케어 조직의 구성원은 치유의 공간을 구성하는 것이 무엇인가에 대한 확실한 개념을 가지고 있지 못하는 경우가 많다. 어떤 이들은 바닥을 새로 깔거나 새로운 색채를 사용하는 등의 장식적인 수리를 치유의 환경을 구성하는 일이라고 생각한다. 그러한 변화가 시설을 더욱 멋지게 보이게 할 수는 있을지라도, 그것만으로는 치유의 환경을 만들어낼 수 없다. 말론Eileen Malone이라는 저자는 '성공적으로 치유의 환경을 만들어내기 위해서 헬스케어 조직의 리더는 치유의 환경에 대한 기본 원칙에 전념해야 하고, 이 원칙들이 조직 문화 전체에 스며들 수 있도록 해야 한다'고 말했다(Zimring et al. 2008).

헬스디자인센터The Center for Health Design에 의하면 근거에 기반을 둔 디자인evidence-based design, EBD이란 '가능한 최상의 결과를 달성하기 위해 믿을 만한 연구 조사에 근거하여 건축 환경에 관한 의사 결정을 내리는 일련의 과정'이라고 정의했다(The Center for Health Design, 2009). 몇 년 전까지만 해도, 치유의 환경과 긍정적인 치료 결과 간의 상호 연관성을 보여주는 연구 결과는 거의 없었다(McCullough, 2001, p. 111). 이후로 많은 연구가 진행되어 현재는 이와 관련된 논문의 수가 1000편이 넘으며, 환자의 안전이나 환자와 직원의 스트레스 감소에 대한 주제 역시 적극적으로 연구되고 있다(Hamilton, 2008; Zimring, 2008). 제대로 디자인된 물리적 환경으로 병원이 덜 위험한 곳이 될 뿐 아니라 스트레스를 적게 주는 공간이 됨으로써 환자들의 치유가 촉진되고 직원들의 만족도가 높아진다는 생각이 널리 받아들여지고 있다(Zimring, 2008, p. 63).

하지만 어떤 이들은 여전히 근거 기반 디자인 기술을 사용하는 것이 반드시 치유의 환경을 만들어주는 것은 아니라고 주장한다. 예를 들어, 말킨(Malkin, 2008)은 다양한 연구 결과가 치유의 환경 조성에 사용될 수 있는 콘셉트를 다지는 것에 기여하긴 하지만, 이러한 요소들을 포함시킨다고 해서 저절로 진정한 치유의 환경이 조성되는 것은 아니라고 역설한다. 헬스케어 시설의 구성원과 디자인 팀은 근거 기반 디자인의 연구 결과를

있는 그대로 받아들이지 말고 그들의 시설에 반영될 수 있는 디자인 해결책으로 전환시켜 이해해야 할 필요가 있다.

치유의 환경에 대한 정확한 정의에 대한 논의는 계속 진행 중이지만, 기본적인 구성 요소들은 명확하다. 말킨(Malkin, 1992, p. 10)에 따르면 치유의 환경의 구성 요소들은 다음과 같다.

- 공기 청정도
- 온열 쾌적성
- 소음 제어
- 사생활 보장
- 조명
- 자연경관
- 중증 환자들을 위한 시각적 평온함
- 회복 중인 환자들을 위한 시각적 자극

최근 십여 년 동안 진행된 연구들은 치유의 환경 구성 요소에 다음 사항들도 포함시킨다.

- 자연과의 교감
- 긍정적인 기분 전환 요소
- 사회적 지원의 기회
- 다양한 사용자 선택 사항들
- 소음, 섬광, 나쁜 공기와 같은 환경적 스트레스 요인의 제거

치유의 환경 조성에 있어 환자와 직원의 안전을 가장 중요하게 고려해야 하지만, 치유의 환경이란 안전한 건물 그 이상의 것이다. 진정한 치유의 환경은 환자, 방문객

그리고 직원들이 건물 안에서 보내는 시간 내내 그들을 지원하면서 그들 모두를 포용하는 곳이다.

지금부터는 대부분의 헬스케어 시설에서 환경이 가져오는 스트레스 요인들을 알아보고, 사람의 감각이 환경에 어떻게 반응하며 스트레스를 느끼게 되는지를 살펴보려 한다. 나아가 치유의 환경을 조성하려는 기관의 장기적, 단기적 목표에 부합하는 근거 기반 디자인 원칙을 적용한 프로젝트 사례들을 소개한다.

헬스케어 환경에서 스트레스가 개인에게 미치는 영향

에반스(Evans, 1999)는 환자의 건강에 잠재적으로 영향을 끼치는 소음, 혼잡함과 특정 건축학적 요소 같은 환경적 스트레스 요인들에 대한 측정 항목들을 검토했다. 건강과 웰빙well-being에 미치는 스트레스의 유해한 영향력은 사건 자체보다는 그 사건에 대한 개인의 평가나 인식에 의해 결정된다(Joseph, 2007; Smith, 2007). 어떤 상황에서든, 지속적으로 높은 강도의 스트레스나 각성에 대해 보이는 신체의 반응은 범적응증후군General Adaptation Syndrome, GAS의 일부이며, 이는 긍정적인 상황과 부정적인 상황을 모두 포함한다. 즉, 무엇이든 지나친 것에 대한 신체의 자연스러운 반응이다. 스트레스가 되는 부정적인 상황에서 신체는 부담을 느끼고 피로해진다.

스트레스가 계속되면 각종 질병, 기억 상실, 메스꺼움 그리고 여러 다양한 문제가 발생한다. 어떤 사람들은 스트레스를 받는 동안에는 논리적 사고가 제대로 안 되는 어려움을 겪기도 한다. 혈압 상승, 심장박동 수와 호흡 증가와 같은 신체 증상이 생기기도 한다. 스트레스에 대한 개개인의 감각적 반응에는 개인차가 크다. 때로는 몸의 기능이 완전히 정지해버려서 원래의 자연스러운 상태로 되돌아갈 수 없는 경우도 있다.

입원 환자들의 스트레스 수준은 매우 높은 편인데, 의료진의 스트레스 또한 만만치 않다. 치열하고 급변하는 의료 상황은 직원들에게 매우 높은 수행 능력을 요구하기 때문에, 헌신적인 직원들은 매일 8~10시간 동안 고강도의 스트레스를 받게 된다.

디자인을 통한 스트레스 감소 방안

인간의 감각은 환경에 대한 개인의 인식에 영향을 미치고, 스트레스 상황이 생기면 빨리 회복할 수 있도록 도움을 준다. 따라서 디자인은 환자와 직원의 감각에 영향을 주는 스트레스를 줄여주는 강력한 도구로 활용될 수 있다.

청각적 스트레스를 감소시키는 디자인 방안

삑삑거리는 장비들, 바퀴 소리가 시끄러운 카트들, 환자 머리맡의 스피커와 호출 시스템, 큰 소리로 하는 대화, 텔레비전에서 들리는 원치 않는 소리 등은 전형적인 병원의 소음이다. 이러한 소리들은 수면 장애, 불안, 혈압 상승, 진통제 사용량 증가와 같은 다양한 문제를 야기할 수 있다. 나이팅게일은 1860년 '간호에 관한 메모'에서 이러한 현상에 대해 맨 처음으로 주목했다. '기대를 불러일으키는 소음은……환자에게 해를 끼친다. 불필요한 소음은 보살핌이 결여된 참혹한 결과다'(Nightingale, 1969, p. 47).

헬스케어 시설에서의 소음은 물리적 환경의 적절한 디자인을 통해 최소화하거나 제거할 수 있다. 예를 들면, 다음과 같은 디자인 해결책이 가능하다.

- '무대 위/무대 밖' 구역을 만들어서 직원들에게 문 닫고 얘기하거나 일할 수 있는 라운지나 폐쇄된 사무실을 제공한다. 이 무대 밖 공간에서 직원들은 환자나 그 가족을 화나게 할 염려 없이 개인적이거나 사적인 대화를 나눌 수 있다. 이렇게 하면 직원들은 환자와 가족들이 있는 '무대 위' 공간에서는 직무에 충실한 긍정적인 모습만 보일 수 있다.
- 업무 공간의 출입문들을 근무 공간 안쪽으로 내어 환자 방과 마주하지 않도록 한다.
- 카펫을 깔아서 소리를 흡수하게 하고 발걸음 소리를 약하게 한다 제6장의 그림 3.1 참조.
- 소음 흡수도가 높은 천장 타일을 사용한다. 급성심근경색 환자들을 위한 중환자실에 소음 흡수도가 높은 타일을 사용하여 환자들의 혈압과 심장박동 수를 낮추어서 재입원 사례를 줄였다는 보고가 있다(Hagerman et al., 2005).
- 환자의 머리맡에 있는 호출 시스템을 최소화하거나 없애고, 직원들이 항상 조용히 하도록 하는 규칙과 개인적으로 간호사를 호출할 수 있는 시스템을 도입한다.

- 가능하면 공공 구역에 인공 폭포나 분수 등을 도입한다. 순하게 떨어지는 물소리는 언제나 사람들을 진정시키는 효과를 가진다^{제6장의 그림 3.2, 3.3, 3.4 참조}.
- 음악을 치료법으로 도입한다. 음악은 웰빙을 높이고, 스트레스를 줄여주며, 불쾌한 증상으로부터 환자의 주의를 돌린다*(Kemper & Danhauer, 2005)*. 음악에 대한 개개인의 선호가 다르긴 하지만, 음악은 자율신경계를 통해 직접적인 생리적 효과를 발휘한다.

촉각적 스트레스를 감소시키는 디자인 방안

신체 접촉이 인간의 삶의 질을 결정하는 데 매우 중요하다는 것은 누구나 알고 있는 사실이며 다양한 연구를 통해서도 입증되었다. 휴랫*(Huelat, 2007)*이란 학자는 여러 고아원에서의 신체 접촉 결핍으로 인한 피해 사례를 기술하였다. 1915년 한 소아과 의사는 10개 도시에 있는 어린이 시설에 관한 보고서에서 이 어린이들이 말 그대로 죽어가고 있다고 했으며, 실제로 2세 이하의 영아 중 한 명을 제외하고 모두가 사망했다. 원인으로 판명된 영양 문제와 질병 외의 가능한 원인들을 조사한 결과, 위생 '규범'으로 인해 아이를 돌보는 사람들이 아이들을 만지지 못하게 금지된 결과 대다수의 아이들이 사망했다는 것으로 밝혀졌다*(Ornstein & Sobel, 1997, p. 42)*.

마사지는 대단한 치유제이며 동서고금을 막론한 대부분의 문화권에서 훌륭한 치료법으로 인정받아 왔다. 스트레스를 완화시키도록 신체 접촉의 장점을 이용하는 것 외에, 섬유와 직조물의 촉감을 이용할 수도 있다. 부드러운 느낌의 섬유로 뜨끈뜨끈하고 끈적이는 비닐을 대신하는 것이 좋다. 카펫을 깔면 아늑한 느낌을 줄 수 있고, 견고한 카운터 표면 또한 고급스러운 느낌을 줄 수 있다.

시각적 스트레스를 감소시키는 디자인 방안

첫인상은 특정인이나 특정 장소에 대한 우리의 느낌에 큰 영향을 미친다. 비닐 타일 바닥이 깔린 병원의 혼잡한 대기실과 벽을 따라 늘어서 있는 흉측하게 망가진 의자들은 결코 긍정적인 느낌을 주지 못한다.

병원의 시각적인 잡동사니를 치우는 일은 중요하다. 보기 흉한 것이 정말 잡동사니

(침대, 카트, 복도에 쌓여있는 링거주사 장대)이든, 익숙하지 않은 장비이든, 혹은 자주 사용하지 않는 기구이든 간에, 그것들이 환자 눈에 띈다는 사실 자체를 인식하는 것이 환자를 위한 환경을 바꾸는 데 도움이 된다. 이동 장비와 여분의 침대가 눈에 띄지 않도록 이것들을 넣어둘 수 있는 적절한 보관 장소를 만드는 세심한 계획은 필수적이다. 환자가 시설에 들어서는 순간 보호받고 배려 받는다는 느낌을 주는 환경을 제공하기 위한 투자는 충분히 가치 있는 일이다. 그러한 환경은 다음과 같은 요소들로 구성될 수 있다.

- 적절한 카펫
- 목재와 목재 느낌
- 조화롭고 시설 전체에 통일된 색상
- 가족들이 사적으로 이야기 할 수 있도록 그룹 지어져 배열된 편안한 좌석
- 다양한 예술 작품

환자들이 시설 안으로 걸어 들어온 후 떠나는 순간까지 환자들의 눈에 보이는 모든 것에 대해 생각해야 한다. 환자들을 위한 총체적 경험을 창조해야하는 것이다.

눈에 보이는 것으로 인한 스트레스를 줄일 수 있는 또 하나의 중요한 디자인 요소는 논리적으로 잘 구성된 위치 안내 장치이다. 이러한 장치들을 효과적으로 활용하기 위해서는, 직원들이 길을 설명할 때 사용하는 단어와 문구가 신호체계와 일치하도록 교육하는 것이 필요하다.

후각적 스트레스를 감소시키는 디자인 방안

후각은 수년 전에 일어났던 좋고 나쁜 사건들을 즉시 상기시킬 수 있으며, 이와 유사한 생리적 반응을 야기하기도 한다. 마음이 어떤 것을 냄새와 연관시키게 되면 그 연상은 지우기가 어렵다. 환자들은 오래된 헬스케어 시설의 딱딱한 느낌의 외관과 함께, 병원에 있는 동안 그들이 경험한 불쾌한 냄새를 기억하는 경우가 많다.

최신 공기정화장치는 공기를 더 깨끗하게 유지시킬 수 있다. 그러나 많은 냄새들이

제거되기 전에 환자들의 후각을 이미 자극한다. 많은 병원들이 '녹색' 청소 방식을 제도화하고 있는데, 이는 그들이 유독 물질을 함유하거나 해로울 수 있는 제품을 더 이상 사용하지 않는다는 것을 뜻한다. 왁스, 강력한 세제, 살충제와 다른 화학물질은 사람들에게 두통을 주는 경우가 많으며 치유 과정을 방해하기도 한다.

미각적 스트레스를 감소시키는 디자인 방안
환자에게 이미 식어버린 맛없는 음식을 제공하는 것을 용납해서는 안 된다. 새 헬스케어 시설을 지을 계획이라면, 영양이 풍부하고 온도가 적절하며 향이 좋은 음식 제공에 대한 계획도 반드시 포함시켜야 한다. 많은 병원에서 환자의 요구에 맞게 요리되고 언제든 주문이 가능한 메뉴를 표준화하고 있다. 진정한 치유의 환경이라면 식사를 제공하는 식당의 편의를 생각할 것이 아니라 환자들의 요구에 초점을 맞춰야 한다.

치유의 환경 디자인에 적용된 '근거에 기반을 둔' 연구

디자인 전문가는 지속적으로 문헌을 연구하고, 그 연구 결과를 치유 환경 조성을 위한 근거 기반으로 디자인 개발에 잘 적용해야 한다. 치유의 환경을 만드는 주된 목적은 관계자들의 스트레스를 줄임으로써 스트레스로 인해 발생하는 의료 실수, 집중력 결핍, 앞서 논의된 신체적 증상들과 같은 문제들을 줄이는 것이다. 근거 기반 디자인을 적용한다면, 과연 어떠한 환경적 요인들이 스트레스를 줄이는 데 도움이 되고 각 상황을 더 치유적으로 만드는지를 정확하게 파악할 수 있을 것이다.

전 군병원 사령관이자 현 헬스케어 컨설팅 회사의 시니어 파트너인 아이린 말론에 의하면, 치유의 환경을 만드는 데 있어 연구 결과를 적극 활용하는 군보건제도 the Military Health System, MHS 의 접근 방식은 근거 기반 디자인의 다섯 가지 원칙 개발과 함께 시작되었다고 한다 (Personal communication with Eileen Malone, 2007). 이 원칙에 입각하여, 치유의 환경을 만드는 데 도움이 되는 다양한 아이디어들을 지금부터 살펴보도록 하겠다.

원칙 1: 환자와 환자 가족 중심의 환경 만들기

이 원칙을 성공적으로 만족시킨 몇 가지 사례는 다음과 같다.

- 사회적 지원을 증대시킨다. 환자 가족들을 위해 개인 병실 내에 넓고 편안한 가족 구역을 만들어^{제6장의 그림 3.5참조} 대기 중인 가족들이 모일 수 있는 사적인 공간을 제공하고, 소리 흡수 타일을 사용하여 사적인 대화가 남에게 들리지 않게 함으로써 불필요한 스트레스를 줄일 수 있다. 직원들을 위해서는 환자나 환자 가족들이 엿들을까봐 걱정하지 않으며 편하게 이야기할 수 있는 폐쇄된 공간을 제공하고, 그들이 매우 중요하다는 메시지를 전달할 수 있는 직원 출입구를 제공한다.

- 공간 내 방향감각에 혼란을 주는 요소를 줄인다. 건물 이용자가 건물 내에서 여기저기를 찾아다니면서 경험하게 되는 것이 무엇인지를 파악하고, 직선으로 된 긴 복도나 굽은 복도와 같은 건물의 특징이 공간 이용과 파악에 도움이 되는지 아니면 방해가 되는지를 알아보아야 한다. 또 복도 끝에 밖이 보일 수 있도록 창문을 설치하거나 가능한 한 전면 유리창을 많이 설치하는 것은 사람들로 하여금 건물 안에서의 자신들의 위치를 파악하는 데 도움이 된다.

- 환자의 사생활과 비밀 유지에 도움이 된다. 대기실 내 공간에 칸막이를 설치하고^{제6장의 그림 3.6 참조} 환자 모니터링 스크린과 상담 및 애도를 위한 사적인 공간을 제공한다.

- 조제실이나 약물치료실 같은 특정 근무 공간에는 권장 조도에 따라 적절하고 알맞은 조명을 제공한다. 자연광은 공간 내 방향감각 상실을 줄이는 데 효과적이고, 기분을 좋게 만들며, 환자가 필요로 하는 진통제의 양을 줄이는 데 매우 효과적이다.

- 환자에게 최적의 영양을 제공한다. 카페테리아에서는 방문객들과 직원들이 균형 있고 영양이 풍부한 식사를 제공받을 수 있어야 하고, 식당은 주방 직원들의 편의가 아니라 환자의 요구에 맞추어 움직여야 한다. 대규모 시설에서는 커피와 스낵 판매대나 조제식품점을 도입하여 이용자가 영양 식품을 간편하게, 특히 카페테리아가 문을 닫았을 때도 이용할 수 있도록 해야 한다.

- 환자의 수면과 휴식의 질을 개선한다. 이 점은 치유의 과정에서 특별히 중요한 요소이

다. 개인 병실 앞 복도에 카펫을 깔고, 호출은 최소화하며, 소음 흡수율이 높은 천장 타일을 사용함으로써 소음을 줄여 수면과 휴식에 적절한 환경을 제공한다.
- '녹색' 청소 방식을 사용하여 건물 이용자에게 노출되는 해로운 화학물질을 감소시킨 다. 저휘발성 유기화합물로 된 마감재를 양심적으로 사용하여 공기 중의 화학물질을 줄인다.
- 형광등의 눈부심과 윙윙거리는 소리를 제거한다.
- 환자 가족들에게 사랑하는 사람의 질병에 대해 배울 수 있는 자료 공간을 제공함으로써 그들의 이해를 돕고 힘든 상황에 대한 통제력을 느낄 수 있도록 돕는다.^{제6장의 그림 3.7 참조}
- 직원들이 이용할 수 있는 라운지와 휴식 공간에서 바깥 풍경이 보이게 하고, 휴식을 취할 수 있는 편안한 의자를 배치하며, 컴퓨터 자리에 인체 공학적인 좌석을 제공한다.
- 건물 사용자들이 외부 정원은 물론 밖을 볼 수 있도록 하여 자연과의 교감을 유도한다.^{제6장의 그림 3.8 참조}

원칙 2: 헬스케어의 품질 및 안전 개선하기

건물 신축이나 보수 시에는 안전을 항상 우선시해야 한다. 이를 위한 방안들은 다음과 같다.

- 병원 감염(공기감염, 접촉감염, 수매 전염)을 줄인다. 이러한 감염을 줄이는 데 효과적인 디자인 방안에는 다음과 같은 것들이 있다.
  - 손을 씻을 수 있는 싱크대를 눈에 아주 잘 띄면서도 따로 떨어진 장소에 설치한다.
  - 병실과 검사실에 항균 젤 용기를 비치한다.
  - 병실, 응급 검사실 그리고 암 치료실과 같이 감염 인자에 매우 취약한 환자들이 있는 공간에서는 헤파필터 시스템의 사용을 늘린다.
- 모든 환자에게 개인 병실을 제공한다. 개인 병실은 환자와 그 가족들의 감염과 스트레스를 줄여준다.^{제6장의 그림 3.9 참조}

- 약물 관련 실수를 줄인다. 조제실, 실험실 등 환한 조명으로 실수를 최소화할 수 있는 영역에는 더 밝은 조명을 제공한다.
- 환자, 직원, 방문객이 넘어지지 않도록 미리 조치한다.
  - 병실 바로 밖에, 환자를 돌보는 직원이 병실을 들여다볼 수 있도록, 창문이 있는 공간을 마련해서 얻은 성공적 효과는 여러 번 입증되었다^{제6장의 그림 3.10 참조}.
  - 환자의 화장실에 미끄럼 방지 바닥재를 사용하면 미끄러지거나 넘어지는 횟수를 줄일 수 있다.
  - 비가 오거나 눈 폭풍이 불 때, 출입구 안쪽에 커다란 매트를 깔아놓음으로써 미끄럼 사고를 줄일 수 있다. 어떤 제조업자들은 신발을 완전히 말리고 먼지를 제거할 수 있도록 적어도 9미터 길이의 매트 사용을 권장한다. 긴 복도 양쪽으로 난간을 설치하면 초기 공사비용이 들지만, 장기적으로는 미끄럼 사고로 인한 법적 책임 비용을 수백만 원 절약할 수 있다.
- 소음을 줄이고 명료하게 말한다. 소음이 줄어들면 사람들은 좀 더 효과적이고 효율적으로 사고할 수 있게 된다_(Fick and Vance, 2008; Moeller, 2005). 예를 들어, 바쁜 작업실에서 여기저기 들리는 소음은 간호사들이 의사의 지시나 요청을 제대로 듣기 힘들게 한다. 카펫을 깔고 소음 흡수율이 높은 천장 타일을 쓰면 불필요한 소음을 줄일 수 있다. 환자 머리맡의 시끄러운 호출 시스템을 제거하는 것도 (응급실은 제외하고) 도움이 된다.

원칙 3: 자연과의 교감과 긍정적인 기분 전환의 기회를 제공함으로써 전인적인 케어^{care} 제공하기

바깥을 내다볼 수 있고 정원으로 나갈 수 있게 함으로써 자연과의 교감을 통해, 환자, 직원 그리고 환자 가족들의 스트레스를 감소시킬 수 있다^{제6장의 사진 3.11 참조}. 이렇게 하면 진단과 치료와 관련된 스트레스로부터 일시적인 기분 전환의 기회도 제공해줄 수 있다. 이러한 것들로 기대할 수 있는 다양한 효과들을 요약해보면 다음과 같다.

- 병실에서 자연을 볼 수 있게 하면 환자의 긍정적인 정서를 이끌어낼 수 있어 환자의

스트레스를 줄이고 통증으로부터 주의를 돌릴 수 있다.
- 직원들의 공간에 창문을 설치하면 직원들이 시간이나 날씨 상황 등을 쉽게 파악해 그곳에 머물고 싶게 하고, 나아가 복지 향상에도 기여할 수 있다.
- 근무 공간의 조명, 눈부심, 온도를 직원들이 직접 통제할 수 있게 하면 직원들 각자의 개인적인 필요에 맞춰 환경을 조절할 수 있게 된다. 노안인 사람들에게는 조명을 더 밝힐 수 있게 해주는 것만으로도 눈의 피로와 실수를 줄이는 데 도움이 될 수 있다.

원칙 4: 긍정적인 근무 환경 조성하기

치유의 환경은 환자의 복지뿐만 아니라 그곳에서 일하는 의사, 간호사, 기술자 그리고 관리자들의 복지에도 기여한다. 이러한 긍정적인 근무 환경은 노동력 부족 문제를 직면하고 있는 헬스케어 기관들의 우수 직원 확보에 큰 도움이 된다. 디자인으로 근무 환경을 개선할 수 있는 방법들은 다음과 같다.

- 모든 병실, 검사실 그리고 치료실에 환자 리프트를 설치함으로써 직원들의 허리 통증과 근무 관련 부상을 줄이고 피로를 경감시킨다.
- 환자 공간의 소음 측정치(데시벨 수준)를 35로 낮춤으로써 더 이상 시끄럽고 혼란스러운 환경에서 고생하게 하지 않는다. 평균 대화의 데시벨이 65인 것을 감안하면 이는 매우 조용한 환경이다*(Fick and Vance, 2008)*.

원칙 5: 표준화의 극대화와 미래를 대비한 유연성 확보 및 미래 성장 지향적 디자인

의학 진단, 치료 방식 그리고 이와 관련된 기술이 꾸준히 발전한다는 사실은 헬스케어 관리자들 입장에서 보면, 이러한 변화에 효과적으로 그리고 최소한의 투자로 적응할 수 있어야 한다는 것을 의미한다. 디자이너들과 시설 계획자들은 유연성 높은 디자인을 함으로써 이러한 요구를 수용할 수 있다. 예를 들어, 모듈 개념으로 설계된 시설이 가장 유연하다. 네 개의 건물을 계획한 미국의 한 병원 사례를 살펴보면, 각 병동의 한쪽 끝에는 천장까지 닿는 유리창이 있는 대기실과 접수실, 뒤쪽으로는 사무실, 중앙에는 용도 변경 가능한 사무실과 검사실을 두었으며, 이 개념을 건물 전체를 통해 계속해서 반복함으로써 미래의 필요에 따라 쉽게 각 공간을 확대하거나 축소할 수 있도록 했다.

치유의 환경 창출에 기여할 수 있는 디자인 방안은 여러 가지이다. 치유 환경의 어떤 면에 중점을 둘 것인가에 대한 의사 결정은 개별 상황에 맞추어 이루어져야 한다. 군보건제도는 설계와 건축 과정 전반에 걸쳐서 고려되는 모든 구성 요소가 근거 기반 디자인 원칙을 잘 따를 수 있도록 표 3.1과 같은 체크리스트를 사용한다.

표 3.1 치유 환경 근거 기반 디자인 체크리스트

EBD 원칙	EBD 내용 및 특징	제공	평가
사회적 지원 증가	병실에 가족 공간을 만든다. 라운지, 명상실, 치유의 정원과 같이 가족들이 휴식을 취할 수 있는 공간을 제공한다. 대기실과 라운지에 편안하고 쉽게 이동할 수 있는 가구들을 구비한다. 많은 사람들이 이용할 수 있는 다양한 종류의 의자들을 제공한다. 기관이 아닌 가정집의 느낌을 준다.		
공간 방향감각 상실 감소	건물의 외관이 주는 느낌을 신중하게 고려한다. 하나의 주제를 사용하는 등 눈에 잘 보이고 쉽게 이해될 수 있는 표시 체계를 사용한다. 표지판에는 일반적인 언어를 사용하고, 병실의 번호를 논리적으로 매긴다. 주요 교차지점이나 교차점 전 시점에 방향을 안내하는 표지판을 설치한다. 현재 위치와 어느 방향으로 이동해야 하는지를 알려주는 지도를 제공한다.		

표 3.1 치유 환경 근거 기반 디자인 체크리스트 이어서

EBD 원칙	EBD 내용 및 특징	제공	평가
적절한 조명 제공	병실에 큰 창문을 설치하여 자연광이 들어올 수 있게 하고, 눈부심과 온도를 조절할 수 있는 설비도 함께 설치한다. 자연광을 최대한 활용한다. 병실이 이른 아침의 햇볕과 자연광을 최대한 많이 받을 수 있게 한다. 시각적으로 복잡한 업무를 하는 공간에는 밝은 조명을 제공한다. 직원 휴식 공간에 창문 설치하여 자연광이 들어올 수 있게 한다.		
환자에게 최적의 영양 제공	환자의 영양 관리에 가족이 참여할 수 있도록 장려한다. 음식 관련 편의 시설을 제공한다.		
환자 수면과 휴식 개선	개인 병실을 사용하고, 편안한 침대와 침구류를 구비한다. 낮에는 환자 공간에 최대한 많은 햇볕이 들게 한다. 소음을 통제한다.		
환자 사생활과 비밀 유지 개선	개인 병실을 사용한다. 환자에 대한 기밀 정보를 공유해야 하는 공간에는 벽으로 둘러싸인 방을 제공한다. 소음 흡수율이 높은 천장 타일을 사용한다. 직원과 방문객 간의 적당한 물리적 거리를 유지한다.		
환자 스트레스 감소	중앙의 녹지나 치유의 정원과 같이 자연과 교감할 수 있는 기회를 제공한다. 음악이나 예술과 같이 환자 스스로 통제할 수 있는 긍정적인 기분 전환 요소들을 제공한다. 다양한 종교적 공간과 안식처를 제공한다. 환자와 환자 가족을 위한 디자인검토위원회를 설립한다.		

긍정적인 기분 전환 요소들

긍정적인 기분 전환 요소란 짧은 시간 동안이라도 병의 고통이나 근심으로부터 주의를 돌리는 데 도움을 주고 긍정적인 감정을 이끌어낼 수 있는 모든 것을 칭한다. 병원이란 대체로 사람들이 가고 싶어서 가는 곳이 아니기 때문에, 그 안에서 많은 사람들이 불안을 느낀다. 사람들이 부정적인 느낌으로부터 주의를 돌릴 수 있게 하는 특별한 요소들을 도입한다면, 지루하거나 부정적인 경험을 어느 정도는 괜찮거나 편안하고 즐거운 경험으로 바꿀 수 있다 제6장의 그림 3.12 참조.

긍정적인 기분 전환 요소들은 대다수의 경우 물이나 정원과 같은 자연 요소들과 연관되어 있지만, 동상, 내부 벽에 사용된 흥미로운 패턴의 벽돌이나 돌, 벽이나 바닥의 모자이크 타일, 수족관과 같은 구조물이 될 수도 있다. 심지어 아름다운 나무 조각의 안내 데스크조차 주의를 돌릴 수 있는 좋은 요소다. 긍정적인 기분 전환의 요소들은 크게 인공 폭포와 분수, 예술 작품, 정원과 자연의 세 가지 범주로 나누어질 수 있다.

인공 폭포와 분수

다양한 크기의 인공 폭포와 분수는 병원의 로비에서 방문객을 환영해주는 랜드 마크 역할을 하고 위치 안내 장치로도 사용될 수 있다. 인공 폭포와 분수는 사람의 마음을 차분하게 해주는 효과가 있어 스트레스를 감소시켜준다는 연구 결과가 있다 *(Joseph, 2006)*. 그러나 많은 시설 관리자들은 인공 폭포와 분수가 질병을 퍼뜨리게 될까 두려워한다. 이러한 문제가 실제로 발생했다는 증거는 거의 없음에도 불구하고 말이다 *(Huelat, 2007, p. 23)*.

물론 면역력이 약한 환자들은 원칙적으로 인공 폭포와 분수에 가까이 가면 안 된다. 이는 시설지침연구소 Facility Guidelines Institute, FGI의 2006년 가이드라인에 나와 있는 내용이다. '개방된 인공 폭포나 분수가 있는 곳은 수질을 안전하게 관리하여 전염성이 있거나 자극적인 연무로부터 이용자를 보호해야 한다' *(FGI Guidelines, 2006, p. 18)*.

헬스케어 관리자들은 인공 폭포와 분수를 설치하는 것이 정말 유익한지 잘 판단해야 한다. 많은 관리자들의 자발적인 연구 조사 결과에 의하면, 적절하게 디자인된 인공 폭포와 분수는 상당히 긍정적인 측면을 가지고 있다.

예술 작품

헬스케어 시설을 선정할 때 환자와 환자 가족들은 많은 요소들을 고려한다. 그 가운데 가장 중요한 요소는 시설 그 자체이다. 다른 시설들과 마찬가지로 병원의 벽에도 예술 작품이 걸려있지 않으면 완벽해 보이지 않는다. 근거 기반 디자인에 있어서 예술 작품은 긍정적인 기분 전환 요소의 범주에 속하며, 스트레스를 줄 수밖에 없는 환경에 차분함을 가져다준다.

적절한 종류의 예술 작품을 선택하는 것은 매우 중요하다. 미국예술자원의 회장은 '적절한 예술 작품의 선택과 배치는 환자의 스트레스를 경감시키고, 환자들에게 안전하다는 느낌을 주고, 환자와 환자를 돌보는 직원 간의 유대감을 촉진하며, 시설에 대한 완벽한 이미지를 영원히 남길 수 있다'(Kaiser, 2007, p. 8)고 말했다.

대다수의 헬스케어 시설 계획 관련 전문가들은 어떤 매체든 간에 위협적이지 않고 자연을 주제로 한 예술 작품이라면 대부분의 헬스케어 환경에 적합하다고 한다. 그러나 업무를 위한 복도나 기타 특정한 공간에는 환자와 직원들이 함께 유대감을 느낄 수 있는 사람의 사진이 바람직하기도 하다고 한다. 매체에 나타난 특정한 형태의 풍경이 사람에게 긍정적인 영향을 미쳐 스트레스를 감소시킨다는 연구 결과도 있다(Joye, 2007). 위협적인 그림자가 드리워져있지 않고 차분한 느낌을 주는, 생명을 중시하는 광경은 활기를 되찾게 하고 실제로 편안함을 가져올 수 있다. 멀리 강이 보이고 해가 비치면서 땅에 나무가 있는 풍경의 장면은, 같은 풍경에 해질녘 어둡고 알아볼 수 없는 형체의 그림자가 져있고 심지어 구름까지 껴있는 장면보다 훨씬 편안함을 준다. 어두운 장면은 많은 약을 복용중인 환자나 어린아이에게 불안 발작을 일으킬 수도 있다.

공간에 대한 감각을 정립하고 강화하기 위해서도 예술을 사용할 수 있다. 미국의 한 지역의료센터에서 실시하는 아트 프로그램의 주제는 아늑한 해변의 집이다. 비치된 작품들의 대부분이 현지 자연경관^{제6장의 그림 3.13 참조}, 꽃, 다양한 현지 새들의 사진이다.

예술을 위해 받은 기부금으로 해변과 등대를 묘사하는 아름다운 금속 조각품도 설치할 수 있었다.

또 다른 의료센터에서의 아트 프로그램은 지역 호수와 산의 경치를 주제로 하고 있다. 이곳은 가톨릭병원이기 때문에 많은 예술 작품이 종교적이며, 현지 예술가가 제작한 예수의 열두 제자를 묘사하는 15피트(약 4.5미터) 높이의 구리 조각품도 전시되어 있다. 해쏜과 낸다(Hathorn & Nanda, 2008)가 실시한 특정 환경에 적합한 예술 작품의 경치와 주제에 대한 연구 조사의 결과는 표 3.2과 같다.

표 3.2 특정 환경에 적합한 예술 작품

중심 공공장소	지리적으로 친숙한 작품. 추상적인 그림은 부적합함
식당	고요하고 평온한 풍경
예배실	육지나 바다의 명상적인 풍경
유방 촬영실	꽃이나 부드럽고 여성스러운 느낌의 경치
병실	부드럽고, 자연스럽고, 편안함을 주는 풍경. 작품의 크기가 클수록 좋음
정신 병동	거친 색상, 뾰족한 선, 혼란스러운 움직임의 이미지는 피해야 함. 추상적인 작품은 금지

정원과 자연

마당의 아름다운 정원을 경험하고, 편안한 벤치에서 오랜 시간을 보내며, 장미나 라벤더 향을 맡을 수 있다면 잠시 동안만이라도 감각이 깨어나고 스트레스가 감소될 것이다. 헬스케어 시설은 크고 작은 정원들을 항상 포함하고 있다. 환자의 치료 결과에 자연이 미치는 영향에 관한 연구는 꾸준히 증가하고 있다. 자연 속에 환자를 노출시키는 것이 임상적으로 중요하며 상당한 양의 통증을 완화시켜준다는 과학적 증거가 늘어나고 있다. 병실에서 많은 양의 햇볕을 받게 되면 환자들이 통증을 덜 느낀다는 연구 결과 등을 보면, 환자의 통증을 경감시키기 위해 헬스케어 시설 디자인에 자연, 빛과 같은 환경적인 요소를 활용하는 것이 얼마나 중요한지 알 수 있다*(Ulrich, 2008; Malenbaum, Keefe, Williams, Ulrich & Somers, 2008; Ulrich, Zimring, Quan & Joseph, 2006)*.

스트레스를 완화시키고 원기를 회복시키는 자연경관의 유익함은 정서적, 심리적, 생리적으로 긍정적인 변화가 함께 나타나면서 생기는 것이다*(Ulrich, 2008, p. 88)*. 울리히에 의한 1984년 연구는 복부 수술로 입원한 환자들이 창밖 풍경에 노출되는 정도에 따라 수술 후 경과가 어떻게 달라지는지를 밝혔다. 즉, 벽돌 벽에 노출된 환자들보다 자연을 볼 수 있었던 환자들의 수술 후 경과가 더 좋았으며, 그들이 필요로 하는 진통제의 양이 적었다. 그리고 입원 기간이 짧았고, 두통이나 메스꺼움 같은 소소한 합병증도 적었으며, 정서적인 웰빙 또한 더 높았다는 조사 결과를 발표했다.

스트레스 상태에서의 회복은 3분 이내에 나타나며, 공간에 자연적인 요소가 포함되어 있는 경우 빠르면 몇 초 안에 나타날 수도 있다*(Katcher, Segal & Beck, 1984)*. 치과 수술을 기다리는 환자들의 불안감 회복에 관한 과학적 연구에서, 어느 날에는 대기실에 활발한 움직임의 수족관을 갖다놓고, 다른 날에는 이를 치워놓았다. 대기실에 수족관이 있는 날에 환자들의 불안감이 더 적었고 , 수술 중 환자들의 협조도 또한 높았다는 결과가 있다. 또 다른 연구에서는 환자들이 나무와 물과 같은 밝은 경치를 담은 컬러사진을 보는 것만으로도 추상적 이미지를 보거나 아무 그림도 보지 못한 환자들보다 더 적은 양의 진통제를 필요로 했다는 결과를 발표했다*(Ulrich, Lunden & Eltinge, 1993)*.

따라서 디자이너들은 헬스케어 시설을 계획할 때, 치유의 정원, 경치를 즐기며 혼자 앉아 있을 수 있는 자리, 또는 사진, 그림, 벽화, 조각품 등을 통해 자연을 느낄 수 있는 요소를 디자인의 필수적인 부분으로 도입해야 한다.

전체 디자인에 치유 환경의 구성 요소들을 조화롭게 적용시키기

헬스케어 환경 개선 프로젝트를 성공적으로 수행하기 위해서는 무엇보다도 먼저 프로젝트의 목적을 분명히 해야 한다. 즉, 어떻게 좀 더 나은 치유 환경을 조성할 것인가를 명확히 해야 한다. 그리고 치유 환경 디자인을 확정하기 전에, 각종 규정과 규제, 감염 관리, 안전기준과 같은 면에서의 요구 사항들을 충족시켜야 한다. 치유의 환경 조성 프로젝트의 목표 설정 시 고려해야 할 중요한 점들을 살펴보면 다음과 같다.

환자들의 나이
환자들의 나이는 명백하게 고려해야 할 사항이지만 간과되는 경우가 많다. 예를 들어, 예술 작품에 묘사된 자연이 성인에게는 차분하게 하는 효과가 있을 수 있지만 청소년에게는 그렇지 못할 수도 있다.

문화
대상 인구의 인구통계학적 정보와 문화는 그들에게 적절한 치유의 환경이 어떠해야 하는지를 결정할 때 매우 중요하게 고려해야 할 요소이다. 예를 들어, 푸에르토리코의 사람들은 굉장히 밝고 트로피컬 느낌의 색상을 좋아하기 때문에, 디자이너들은 인테리어 디자인에 지역 주민들이 매일 접하는 밝은 핑크색, 라임색, 청록색 등을 사용하게 된다.

주제
주제나 스토리를 사용하는 것은 병원이 어떤 곳인지를 정의하고 병원을 독특하고 잊지 못할 곳으로 만드는 데 도움을 준다. 해변 근처에 있는 미국의 한 지역의료센터는 지역 주민들이 바다와 해변 느낌을 좋아해서 그곳에 거주한다는 것을 파악하고, 새로 만든 여성과 어린이를 위한 병원의 주제를 부드럽고 여성스러운 느낌의 포근한 해변의 집으로 정했다.

심미적 요소
프로젝트 초기 단계에서 프로젝트를 의뢰한 고객은 자신의 헬스케어 시설을 대중들이 어떻게 인지하기 원하는지를 분명히 알고 있어야 한다. 이를 위해서는 프로젝트 계획 단계에서 자신이 원하는 이미지를 설명하는 형용사들의 리스트를 작성해보는 것이 좋다.

그 결과 멋지고 현대적인 느낌으로 할지, 안락하고 친근한 느낌으로 할지를 결정해야 한다. 이 이미지를 결정할 수 있는 가장 효과적인 방법은 현존하는 유사 시설들을 방문하여 프로젝트 의뢰 고객이 선호하거나 싫어하는 디자인 요소들이 무엇인지를 파악하는 것이다.

기술

아무리 철저하게 계획해도 프로젝트 후반부로 가면 추가적으로 포함해야 할 요소가 생기곤 한다. 예를 들어, 수술 센터 디자인 프로젝트 막판에 이르러 프로젝트 의뢰 고객이 대기실에 환자의 위치를 파악할 수 있는 커다란 평면 스크린을 추가하겠다고 결정하면, 인테리어 디자이너들은 스크린 설치 벽을 어떻게 마련해야 할지 고민하게 된다. 또 다른 예로, 위치 안내를 돕는 키오스크(신문, 음료 등을 파는 매점)에 대한 계획이 프로젝트 초기에는 없었으나, 재원이 확보되면서 나중에 추가되는 경우도 있다. 이렇게 나중에 추가되는 사항들을 위한 공간 확보와 전력 공급이 어려울 수도 있기 때문에, 디자인 팀은 프로젝트 계획 단계에서부터 신기술 도입이 항상 가능하도록 만반의 준비를 갖추고 있어야 한다.

근거 기반 디자인

근거 기반 디자인의 어떤 측면을 디자인 관련 결정에 반영할 것인지도 프로젝트의 초기 단계에서 분명히 해야만 한다. 최신 연구 조사의 결과를 프로젝트에 어떻게 적용시킬 것인지, 이전과 이후의 기준을 사용하여 실제 연구를 진행시킬 것인지, 프로젝트 초기 단계에서 연구에 대한 재정 지원이 이미 계획되었는지 등에 대한 질문들을 제기하고 답을 찾아야 한다.

　　프로젝트 팀원들 가운데 근거 기반 디자인 전문가가 있어서 지속적으로 근거 기반 디자인 콘셉트를 강화하고 이에 대해 다른 팀원들과 효과적으로 의사소통할 수 있다면 가장 이상적일 것이다. 각 작업의 목표를 분명히 보여주는 근거 기반 디자인 체크리스트가 있다면 큰 도움이 될 수 있다. 재정적 제약으로 인해 초기에는 도입하고자 했던 요소들을 나중에는 제거해야 하는 일이 생길 경우, 근거 기반 디자인 전문가는 근거 기반 디자인이 필요한 이유를 잘 설명하여 이러한 요소를 지켜낼 수 있어야 한다.

운영 시간

전형적인 병원처럼 연중무휴로 운영할 것인지, 클리닉처럼 저녁에는 운영하지 않을지에 대해 결정해야 한다. 이러한 의사 결정은 어떤 종류의 의자를 시설 내에 배치할 것인지와 같은 다양한 의사 결정에 영향을 미친다. 연중무휴의 환경에 필요한 의자는 전형적인 사무실 의자보다 더 견고해야 한다. 그리고 바쁜 응급 부서의 의자는 일주일에 며칠만 사용되는 수술 대기실의 의자에 비해 자주, 험하게 이용되는 것에 대한 내구성이 있어야 한다.

비전 만들기

환자 중심과 환자 가족 중심이라는 말은 헬스케어 프로젝트 비전 성명서에서 흔히 볼 수 있지만, 이 의미를 물리적 디자인으로 해석해내는 일은 디자인 팀의 몫이다. 이를 감당하기 위해서 디자인을 의뢰한 고객에게 자주 던지는 질문들은 다음과 같다.

- 당신이 생각하는 치유의 환경은 어떤 모습입니까?
- 시설이 어떠한 특색을 가지기를 원합니까?
- 치유의 환경에 당신이 중요하다고 여기는 모든 요소들을 하나도 빼놓지 않고 어떻게 다 포함시킬 생각입니까?

새로운 건물이나 공간에 대한 명확한 비전은 건축 팀이 실현하고자 하는 여러 가지 것들을 통합시켜주는 역할을 한다. 비전 세우기를 위한 시간을 따로 가지게 되면 이전에 고려하지 못했던 유익한 정보를 창출할 수 있게 되기도 한다. 정제되고 명확해진 비전 속의 콘셉트들은 다른 의사 결정들의 지침이 된다.

소매상점이나 호텔 혹은 레스토랑과 같은 공간을 디자인할 때는 이러한 공간이 소비자들에게 전달하려는 메시지가 분명하도록 신중히 고려하듯이, 헬스케어 시설 또한 물리적 환경에 대한 뚜렷한 방향성을 가짐으로써 많은 이점을 누릴 수 있다. 제대로 디자인된 환경은 소비자의 마음에 다른 브랜드와 차별되는 경험을 전달할 수 있다(Ries & Trout, 2001). 헬스케어 시설의 환경은 건물에 들어서는 모든 이들에게 해당 헬스케어 조직에 대한 분명한 메시지를 전달할 수 있어야 한다. 물론 그들이 그 건물이 위치한 부지에 들어서는 순간부터 이러한 메시지가 분명하게 전달받을 수 있다면 더욱 바람직할 것이다.

분명하고 간결한 비전은 경영자들로 하여금 관련 프로젝트에 몰입할 수 있게 하고, 팀 구성원을 한마음 한뜻으로 일하게 한다. 건축 팀을 비롯한 많은 팀들의 의사 결정에 지침서의 역할을 하는 강력한 비전은 다음과 같은 사항들에 대한 분명한 이해를 바탕으로 만들어진다.

- 조직의 출발점
- 조직의 현재 위치
- 비전을 통해 달성하고자 하는 조직의 미래상(Malan & Bredemegen, 2000)

비전은 다양한 방법으로 구축할 수 있다. 비전 만들기 시간을 따로 가짐으로써 괄목할 만한 결과를 만들어내기도 한다. 시니어 경영 팀과 새로운 공간을 사용할 모든 부서의 대표들을 비전 만들기 작업에 반드시 초청해야 한다. 시설 관리, 환경 서비스, 감염 관리, 재무 그리고 관련된 다른 부서의 대표자들도 참석하는 것이 좋다.

다양한 워밍업 활동은 구성원이 좀 더 창의적으로 사고할 수 있도록 도와준다. 다양한 공간의 사진을 보여주면서 건물에 대한 생각을 발전시킬 수 있다. 이러한 활동의 목표는 다양한 아이디어를 이끌어내고 최종적으로는 투표를 통해 새로운 공간에 도입하고자 하는 메시지, 이미지, 편의 시설에 대해 의사 결정을 하는 것이다. 이러한 종류의 비전 만들기 활동은 이미 확립된 경영전략을 대신하는 것이 아니라, 그 경영전략을 보완하여 장기적 비전을 세우도록 도와준다.

사례: 확실한 비전을 가진 병원들

이제 고객들은 더 이상 품질 좋은 상품이나 서비스만으로는 만족하지 못하고 차별화된 경험을 원한다(Pine & Gilmore, 2003). 일반적으로 경험은 즐거움, 지식, 다양성 그리고 아름다움을 제공해주지만, 고객들이 원하는 것은 한 차원 더 높은, 개인적이면서도 기억에 남을 만한 방식으로 스스로 관여하는 경험을 원한다. 이러한 현실 속에서 헬스케어 조직이 당면한 과제는 고객이 원하는 모든 것을 시설의 주제 속에 통합하는 일이다. 성공적인 통합을 달성하기 위해서는 명확한 비전이 필요하다.

뉴 하노버 지역의료센터

2005년 뉴 하노버 지역의료센터 New Hanover Regional Medical Center, Wilmington, North Carolina는 여러 부서들이 간절히 필요로 하는 공간들을 모두 확보하기 위해서 두 개의 추가 건물을 부지 내에 신축할 계획이었다. 약 6200평 면적의 여성/아동 센터와 약 4000평 면적의 외과 병원의 별관이었다.

프로젝트의 목표는 소아과, 신생아 중환자실 그리고 신생아실을 한 데 모아 산모들에게 최고의 환경을 제공하고, 아프거나 부상당한 어린이들의 관리, 보호를 강화하는 것이었다. 그 지역의 어린이를 위한 집중 치료를 제공하기 위해 새로운 '소아과 집중치료 병동'도 계획하였다.

2005년 여름, 설계자들과 디자이너들은 반나절 동안 함께 모여서 이 두 개의 새 프로젝트를 위한 비전 워크숍을 가졌다. 모든 환자들에게 가족 중심의 치료를 제공한다는 목적이 건물에 잘 반영될 수 있는 구체적 방안을 찾는 것이 이 워크숍의 주된 목적이었다. 이 목적을 제대로 달성하기 위해서는 사랑하는 사람의 치료에 참여하는 가족들을 제대로 지원해줄 수 있는 환경을 조성해야 한다. 그러기 위해서는 환자 가족의 사회적, 교육적, 문화적인 요구를 잘 파악해야 한다. 어린이 치료의 경우 더욱 그러하다.

가장 최근에 실시된 조사 연구의 결과, 이 병원의 디자인은 근거 기반 디자인 권장사항 그리고 환자와 사용자 인터뷰를 바탕으로 실시되었다. 무엇보다도 안전, 환자와 가족 중심의 치료, 신기술의 도입을 중요하게 고려하였다. 그 결과 신생아 중환자실과 신생아 치료실을 비롯한 모든 병실을 일인용으로 설계했다.

베티 카메론 여성&어린이병원

디자인 팀은 베티 카메론 여성&어린이병원Betty H. Cameron Women's and Children's Hospital의 주제를 해변의 집으로 정했다. 4층 건물의 각 층에는 각기 다른 색채를 사용하였는데, 색채 선정은 남부 해안 지역의 가임 여성들의 선호 색상과 해변의 집들에 흔히 사용되는 색상에 대한 조사 결과에 기초한 것이었다.

- **메인 로비, 아트리움, 현관, 식당** — 메인 로비에 들어서면서 다음과 같은 '놀라운' 특색들에 감탄하게 된다.
    - 방문객을 환영하는 약 8미터 높이의 나무들로 장식된 2층 높이의 아트리움, 2층 높이의 창문, 싱싱한 꽃들로 장식된 테이블제6장의 그림 3.15 참조
    - 이해하기 쉬운 안내 표시, 고풍스런 목재 장식을 갖춘 크고 둥그런 안내 데스크, 조개껍질로 만든 타일제6장의 그림 3.16 참조
    - 앵무조개 모양이 새겨진 화강암으로 만들어진 큰 규모의 인공 폭포제6장의 그림 3.17 참조
    - 바람에 쓸린 모래 무늬를 한 도자기 바닥 타일, 커다란 무늬의 카펫
    - 천장에 팬이 달린 지붕으로 덮인 베란다와 흔들의자제6장의 그림 3.18 참조
    - 앞에서 말한 인공 폭포의 물이 흘러들어가는 유리로 둘러싸인 선물 가게
- **신생아 중환자실** — 메인 로비 바로 옆에 위치한 신생아 중환자실에는 45개의 개인 병실, 편안한 의자가 있는 가족 라운지 그리고 기도실이 있다. 신생아 중환자실은 불가사리를 주제로 하고 있다. 그래서 불가사리 모양은 카펫 타일, 접수 데스크 위의 유리 타일 그리고 예술 작품에서도 지속적으로 나타난다. 이 구역의 색채는 부드러운 녹색, 보라색과 베이지색이다제6장의 그림 3.19 참조.
- **분만 전/고위험 환자실** — 여성 환자들이 이 병동에 몇 주 혹은 몇 달에 걸쳐 오랜

시간 동안 머물 수 있기 때문에, 색채는 스파 같은 느낌의 부드러운 금색과 베이지 톤이다. 발코니를 갖춘 조용한 스위트룸, 방문객을 위한 넓은 공간 그리고 지원 센터가 모두 가까운 곳에 위치한다. 이곳의 디자인에 반영된 해변 주제는 해초들이다. 카펫 무늬에도, 유리 타일에도 그리고 가족 라운지 내 파티션 벽에도 이런 해초 모양이 나타난다.

- **엄마와 아기를 위한 병실** — 전망이 좋고 자연 채광이 풍부한 맨 위층은 엄마와 신생아를 위한 곳으로, 차분하면서도 생기를 주고, 해변을 연상시키는 부드러운 청록색, 금색, 베이지색을 사용하고 있다^{제6장의 그림 3.20 참조}. 이 층의 해변 주제는 해변식물이고, 예술 작품에서는 해변과 그 주변 정원의 모습을 찾아볼 수 있다.
- **소아과 병동과 소아과 클리닉** — 이 병동에 들어오거나 이곳에서 지내게 되는 어린이들은 그들이 아프다는 사실을 금방 잊게 될 것이다. 각 병동은 수중과 해변을 주제로 하며, 카펫 타일과 물고기 떼가 그려진 벽화는 길 안내와 소음 흡수의 역할을 한다^{제6장의 그림 3.21 참조}.

수술 센터

수술 센터^{The Surgical Pavilion}는 정원처럼 디자인했다. 이 지역 주민들 가운데 연령대에 상관없이 정원사 일을 하는 사람들이 많아서이기도 하지만, 정원 주제는 남자와 여자 모두에게 공감대를 이끌어낼 수 있기 때문이다. 색채, 마감재 질감, 상징물들은 베티 카메론 여성&어린이병원과 비슷하면서도 수술 병동만의 특색을 살릴 수 있도록 개발했다. 설계자들은 자연이 가져다주는 차분한 효과를 최대한 많이 활용하기로 했다.

수술 센터에는 30개의 수술실, 76개의 수술 전후 개인 대기실이 있으며, 네 개의 특별 구역과 마취 회복실도 있다. 수술 전과 후의 구역은 그 지역의 다양한 꽃들을 사용하여 구분해놓았다.

각 구역의 간호사 업무 공간은 꽃 상징물로 구분했다^{제6장의 그림 3.22 참조}. 각 공간 앞에 있는 꽃 사진은 길 안내의 역할도 하면서 자연의 느낌을 더해준다. 예를 들어, 직원들이 방문객에게 위치 안내를 할 때, 방문한 환자는 장미 구역에 있다고 알려줌으로써 쉽게 위치 안내를 해줄 수 있다. 직원들은 꽃의 콘셉트가 아주 마음에 들고, 꽃 사진을 보면 마음이 차분해진다고 말한다. 꽃 패턴과 이에 맞는 색상은 방문객이 자신의 위치를 파악하는 데도 도움을 준다. 표지판과 예술 작품 또한 해당 구역의 꽃을 담아내고 있다.

메인 로비의 약 5.5미터 높이의 전면 유리, 편안하도록 그룹지어 배열된 좌석, 정원을 담아내고 있는 커다란 예술 작품들은 모든 꽃 요소의 조합물이다^{제6장의 그림 3.23 참조}. 메인 대기실과 아이들 공간에 커다란 평면 텔레비전을 한 대씩 비치하였고, 독서나 대화를 위한 조용한 공간도 마련하였다. 방문객들은 메인 로비 바로 옆에 있는 정원에서 환자들을 기다릴 수도 있다.

포트 벨보아 커뮤니티 병원

포트 벨보아 커뮤니티 병원^{Fort Belvoir Community Hospital}은 약 3만 4000평 면적의 시설로 2010년 9월 오픈 예정이었다. 2007년 1월 국방원호처의 한 의사는 모든 군 헬스케어 시설에 치유의 환경을 구현하기 위해서 근거 기반 디자인을 사용해야 한다고 지시했다. 이에 따라 많은 근거 기반 디자인 요소들을 병원의 입원 환자와 외래환자를 위한 공간에 적용하였다. 포트 벨보아의 기본 디자인 원칙은 다음과 같다.

1. 환자와 환자 가족 중심의 환경을 만든다.
2. 헬스케어의 품질과 안전을 제고한다.
3. 전인적 케어 차원을 향상시킨다(자연과의 접촉과 긍정적 기분 전환).
4. 긍정적인 업무 환경을 조성한다.
5. 최대한 표준화되고 융통성이 높은 건물이 되도록 디자인 한다.

치유의 환경 조성에 가장 우선시해야 하는 것은 환자임을 기억하면서 자연과 자연광, 개별적인 병실, 쾌적함, 가족 공간 등 근거 기반 디자인의 모든 중요 요소들을 최대한 고려하여 모든 계획을 수행했다. 2007년 6월 계획 팀의 멤버들과 환자들이 하루 내내 함께 모여 비전 만들기 시간을 가졌다. 아이디어를 구상해내고 연관시키는 이 작업은 참가자들에게 근거 기반 디자인에 대한 간단한 설명을 해주는 것으로 시작되었다. 다양한 의료센터와 기관에 근무하는 100명이 넘는 사람들이 참여한 브레인스토밍의 결과물은 병원의 인테리어 디자인과 종합 계획 설립에 유익하게 활용되었다.

'이곳은 우리 자신을 위한다'가 주요 주제가 되었다. 포트 벨보아 주변의 야생 보호 구역, 모래사장, 숲, 개울, 오솔길, 들판, 초원 등의 자연을 존중하는 차원에서 이 요소들을 병원의 주제로 정했다. 일단 주제가 이렇게 정해지자마자 모든 후속 디자인 결정은 주제에 부합되도록 진행되었다. 따뜻한 색상과 친환경적 마감재를 사용하였다. 주제의 여러 요소들과 특정 색채는 다음과 같은 구성 요소에도 영향을 미쳤다.

- 지정 색채와 상징물의 개발
- 표지판과 사인의 색채와 상징물
- 바닥의 패턴과 마감재
- 건물을 연결하는 갤러리의 유리 타일
- 클리닉 접수 데스크 뒤의 풍경 사진
- 병동에 반복해서 사용되는 색채와 상징물
- 특정 부서에 맞는 색채(소아과에는 밝은 색, 암 병동에는 차분한 색)

다섯 개 주요 건물들의 주제는 다음과 같다.

건물 A: 강가
병원 부지 주변에 많은 물이 있다는 것을 고려하여 강가를 주제로 정했다. 색채에는 다양한 톤의 청록색, 황토색과 중간색을 사용하였다.

건물 B: 새 깃털
포트 벨보아 병원의 상징인 대머리독수리를 포함한 다양한 종의 새들을 이 건물 전반 장식에 사용하였다. 그리고 황토색, 주황색, 따뜻한 회색과 금색 등의 색채를 풍부하게 사용하였다.

건물 C: 오크나무
가장 큰 건축물인 건물 C의 주제는 오크나무이다. 많은 오크나무를 베어내고 만들어진 골프장 자리에 이 시설이 지어졌기 때문에, 오크나무를 상징물로 정한 것이었다. 보존된 나무는 공공 공간의 벤치로 만들어졌고, 오크나무의 나뭇잎 모양을 카펫 패턴, 간호사 업무 공간의 패널, 대기실의 벽에 사용하였다. 예술 작품과 전시물로는 거대한 오크나무를 포함한 주변 숲 속에서 자라는 다양한 종의 나무들을 이용하였다.

건물 D: 아침노을
아침노을이라는 주제는 헬스케어 공간 구성에서 자연광의 중요성을 보여주기 위해 선정되었다. 모든 포트 벨보아 병원 건물의 공공 공간에는 전면 유리가 사용된 결과, 대기실, 건물을 연결하는 갤러리, 입원 환자 병실과 복도에 햇볕이 많이 들었다. 색채로는 다양한 톤의 금색, 따뜻한 베이지색 그리고 포인트를 주기 위해 주황색과 갈색을 사용하였다. 예술 작품과 표지판에는 희망과 영감을 불러일으킬 수 있는 떠오르는 해의 이미지를 사용하였다.

건물 E: 목초지
이 지역의 들판에는 키 작은 식물과 꽃들이 많이 살고 있다. 건물에 사용된 다양한 톤의 녹색과 장미색 그리고 예술 작품과 다른 디자인 요소들은 초원의 꽃과 식물과 관련된다.

포트 벨보아 커뮤니티 병원은 전체 군 헬스 시스템의 모범 사례가 되고 세계적인 병원으로 발돋움할 것으로 기대된다.

결론

'치유'의 환경이 무엇인가에 대한 정의는 헬스케어 산업 내 다양한 전문 분야 팀들이 협력하여 지속적으로 발전시켜나가야 한다. 이들은 미션, 목적, 프로젝트의 단기적인 목표를 우선적으로 이해하고, 근거 기반 디자인 연구를 잘 이해해서, 이 모든 것들을 의미 있고 재정적으로도 탄탄한 디자인과 건축 계획으로 발전시켜야 한다.

이와 관련하여 짐링과 동료 연구자들(Zimring et al., 2008)은 다음과 같이 말했다.

환자들에게 정말 중요한 것은 연간 보고에 나와 있는 고귀한 좌우명이 아니라, 허름한 대기실에서 오랜 시간 동안 기다려야 한다는 사실이다. 많은 경우에 특정 프로젝트의 성공 여부는 CEO에게 달려있다. CEO에게 요구되는 능력은 효과적인 실행 능력, 미션, 비전, 목표와 전략을 수립하는 능력, 조직이 향하는 미래를 달성하기 위한 적절하고도 절제된 프로세스를 시행하는 능력이다. …… 근거 기반 디자인을 도입하는 여정 중에는 수많은 복잡한 결정들을 내려야 한다. 능력 있는 CEO는 조직을 위해 가장 좋은 결정을 내릴 수 있는 문화와 프로세스를 정립할 것이다.

환자를 위해 더 나은 치유의 환경을 만드는 것이 새 헬스케어 시설 계획을 추진하는 주요 이유이다. 환자와 직원들은 모두 새 헬스케어 건물은 좀 더 나은 환자 치료를 가능하게 할 뿐만 아니라 제대로 치유하도록 도울 것이라고 기대한다. 진정한 치유의 환경인지 아닌지는 얼마나 많은 사람들이 '내가 사랑하는 사람을 돌보는 일에 있어서 당신은 내가 기대한 것보다 훨씬 많은 것을 해주었어요!'라고 말해주는지를 통해서도 평가할 수 있다.

참고 문헌

Evans, G. W. (1999). Measurement of the physical environment as stressor. In Friedman,

S. L., and Wachs, T. D. (Ed.). Measuring environment across the life span: Emerging methods and concepts. Washington, DC: American Psychological Association.

Fick, D., and Vance, G. (2008). Mind the gap: How same-handed patient rooms and other simple solutions can limit leaks and cut patient room noise. Healthcare Design 8(3), 29-33.

FGI/AIA Guidelines for design and construction of hospitals and Healthcare facilities. (2006). Washington, DC: AIA

Hagerman, I., Rasmanis, G., Blomkvist, V., Ulrich, R., Eriksen, C., and Theotell, T. (2005). Influence of intensive coronary care acoustics on the quality of care and physiological state of patients. International Journal of Cardiology 98(2), 267-270.

Hamilton, D. K. (2008). Evidence is found in many domains. HERD 1(3), 5-6.

Hathorn, K. and Nanda, U. (2008). A guide to evidence-based art. Concord, CA: The Center for Health Design.

Huelat, B. (2007). Healing environments: What's the proof? Alexandria, VA: Medezyn Publishing.

Joseph, A. (2006). The impact of light on outcomes in healthcare settings. Issue Paper #2. Concord, CA: The Center for Health Design.

Joseph, A. (2007). The role of the physical and social environment in promoting health, safety, and effectiveness in the healthcare workplace. Issue Paper #3. Concord, CA: The Center for Health Design.

Joye, Y. (2007). Architectural lessons from environmental psychology: The case of biophilic architecture. Review of Psychology 11(4), 305-308.

Kaiser, C. P. (2007). Careful fine art selection stimulates patient healing: Serene nature views, rather than abstract art or no art, helps heart patients recover faster. Diagnostic Imaging 2007(1), 7-8.

Katcher, A., Segal, H., and Beck. A. (1984). Comparison of contemplation and hypnosis for the reduction of anxiety and discomfort during dental surgery. American Journal of Clinical Hypnosis 27(1), 14-21.

Kemper, K. J., and Danhauer, S. C. (2005). Music as therapy. South Medical Journal 98(3), 282-8.

Malan, R., and Bredemeyer, D. (2000). Creating an architectural vision: Collecting input. Retrieved January 31, 2009, from http://www.bredemeyer.com/pdf_files/vision_input.pdf

Malenbaum, S., Keefe, F. J., Williams, A. C., Ulrich, R. S., and Sommers, T. J. (2008).

Pain in its environmental context; Implications for designing environments to enhance pain control. Pain, 134: 241-244.

Malkin, J. (2008). A visual reference for evidence-based design. Concord, CA: The Center for Health Design.

Malkin, J. (1992). Hospital interior architecture: Creating healing environments for special patient populations. New York: John Wiley.

McCullough, C. S. (2001). Creating responsive solutions to healthcare change. Indianapolis, IN: Center Nursing Press.

Mehrabian, A. (1976). Public places and private spaces. New York, NY: Basic Books One.

Moeller, N. (2005). Sound masking in healthcare environments: Solving noise problems can help promote an environment of healing. Healthcare Design 5(5), 29-35.

National Association of Children's Hospitals and Related Institutions/Center for Health Design. (2008). Evidence for innovation. Concord, CA: The Center for Health Design.

Nightingale, Florence. (1969). Notes on nursing: What it is, and what it is not. New York: Dover.

Ornstein, R., and Sobel, D. (1997). Healthy Pleasures. New York, NY: Addison-Wesley Publishing Company.

Pine, B. J., and Gilmore, J. H. (1999). The experience economy: Work is theatre & every business is a stage. Boston, MA: Harvard Business School Press.

Ries, A. and Trout, J. (2001). Positioning: The battle for your mind. New York: McGraw-Hill.

Smith, J. (2007). Design with nature. Healthcare Design 7(1), 37-41.

The Center for Health Design (2009). Definition of evidence-based design. Retrieved on May 2, 2009 from
http://www.healthdesign.org/aboutus/mission/EBD_definition.php

Ulrich, R. S. (2008). Biophilic theory and research for health design. In Kellert, S., Heerwagen, J. and Mador, M. (Eds.). Biophilic design: Theory, science and practice. New York, NY: John Wiley Press.

Ulrich, R. S. (1984). View through a window may influence recovery from surgery. Science, 224, 420-421.

Ulrich, R. S., Lunden, O., and Eltinge, J. L. (1993). Effects of exposure to nature and abstract pictures on patients recovering from heart surgery. Psychophysiology

30(S1), 7.

Ulrich, R. S., Zimring, C., Quan, X., and Joseph, A. (2006). The environments impact on stress. In Marberry, S. (Ed.). Improving healthcare with better building design. Chicago: Health Administration Press, 37-61.

Zimring, C., Augenbroe, G. L., Maalone, E. B., and Sadler, B. L. (2008). Implementing healthcare excellence: The vital role of the CEO in evidence-based design. HERD 2(3), 7-21.

4

가족 중심의 케어

― 신시아 맥클로

1956년, 내가 3살이었을 때 나는 자동차 사고로 6주 동안 병원에 입원한 적이 있었다. 나는 5명의 성인 여자들과 함께 병실을 사용했다. 늘 침대에 틀어박혀 있었고, 방에는 텔레비전조차 없었다. 부모님은 나를 방문하러 종종 올 수 있었지만, 형제들은 그럴 수 없었다. 다른 환자가 치료를 받아야 할 때면 부모님은 떠나야 했다. 병실에는 누군가가 함께 밤을 보내줄 만한 공간이 없었고, 나는 무서웠다.

1975년, 내가 19살이었을 때 나는 사랑니를 뽑느라 사흘 동안 입원한 적이 있었다. 그때는 독감이 유행하고 있었기 때문에 아무도 나와 병원에 동행할 수 없었다. 수술실 밖에서 이동용 침대에 누워있는 동안 우연히 간호사들이 수술 중 산소가 제대로 작동하지 않았다고 말하는 것을 듣고 아주 무서워졌다. 나는 마취 부작용으로 이틀 동안이나 침대에 누워있어야만 했다. 내가 스스로 일어설 수 있게 되자마자 나는 길고 차갑고 타일 벽으로 된 복도를 지나 공용 샤워장으로 보내졌다.

1992년, 내가 36살이었을 때 나는 어떤 바이러스 때문에 일주일 동안 입원한 적이 있었다. 나는 개인 병실을 사용했고, 병실에는 텔레비전도 있고 창문도 있었지만, 그 창밖으로는 벽돌 벽만 보였다. 병원 측에서는 내 건상상에 무슨 문제가 있는지를 알아내지 못했기 때문에, 아무도 문병오지 못하게 했다. 나는 외롭고 무서웠다. 병원에서의 환자 경험이 꼭 이래야만 하는 것은 아니다.

환자 케어에 가족 참여가 필요하다는 사실은 오랜 기간 무시되어 왔다. 대부분의 전통 헬스케어 시설들의 디자인에는 환자 가족의 참여를 적극적으로 고려하지 않았다. 처음부터 환자 가족들은 케어^{care}의 중심이 되지 못했다. 어떤 경우에는, 다소 귀찮고 방해가 되는 존재로 인식되기까지 하였다.

환자 케어에 가족들을 참여시키려는 진정한 첫 시도는 1960년대와 1970년대에 아기가 태어나는 모습을 지켜볼 수 있도록 분만실에 아기 아버지들이 들어오는 것을 허용한 것이었다. 부모들이 중환자실의 아이들을 방문하는 것 또한 허용되었지만, 지정된 시간에만 가능했다. 1970년대 후반부터 플레인트리^{Planetree}와 같은 케어 모델, 환자 중심 케어와 협동 케어 모델이 생겨나면서, 사랑하는 이들의 보살핌을 받고자 하는 환자의 요구가 심도 있게 다루어지기 시작했다. 이 세 가지 모델은 케어를 제공하는 직원이 아니라 케어를 받는 환자와 환자 가족을 중심으로 헬스케어를 디자인하였다.

중환자실, 신생아 중환자실, 수술 후 회복실, 응급실에서는 감염과 너무 많은 방문객들로 인한 스트레스로부터 환자를 보호해야 한다는 상식적 믿음을 바탕으로 엄격한 환자 방문 방침을 시행해 왔다. 사실, 환자 케어에 가족들의 참여가 제한된 이유는 사용 가능한 공간의 면적과 종류와 큰 연관이 있었다. 공용 병실, 개방된 형태의 중환자실과 수술 후 회복실, 커튼이 쳐진 응급실 등의 공간에서는 가족 참여가 크게 제한되었다.

2007년, 중환자 의료진을 대변하는 중환자의학회$^{Society\ of\ Critical\ Care\ Medicine}$에서는 방문 시간을 개방하는 것과 가족들의 참여를 증진시킬 것을 권장하였다 *(Landro, July 2007)*. 그러나 몇몇 병원에서는 업무 교대 시 혹은 의료진의 회진 시에는 방문을 제한한다 *(Rashid, 2006)*. 의료진의 염려에도 불구하고 가족 중심 진료는 점점 대중화되어가고 있으며, 의료진 또한 환자를 위한 환자 가족과의 조화된 케어의 혜택을 인식하기 시작했다 *(Muething, Kotagal, Schoettker, Gonzalez del Ray, & DeWitt, 2007; Sisterhen, Blaszak, Woods, & Smith, 2007)*.

플레인트리, 환자 중심 케어, 협동 케어 모델은 환자 가족 참여를 유도하는 방법에 있어서 매우 유사하다. 이 모델들이 지난 15년간의 헬스케어 시설 디자인에 미친 영향은 참으로 크다. 각 모델을 살펴보면 다음과 같다.

플레인트리 모델

플레인트리Planetree 모델은 1978년 안젤리카 테리엇Angelica Thieriot에 의해서 미국 캘리포니아 주의 샌프란시스코에서 설립되었다. 아르헨티나 출신의 테리엇은 미국에서의 병원 경험을 차갑고, 두렵고, 비인간적이라고 느꼈다. 가족들과 친구들의 따뜻한 격려나 지원으로부터 격리되어 있다고 느꼈고, 본인의 상태에 대한 충분한 정보를 받지 못한다고 느꼈다. 그녀는 환자의 신체, 정신, 영혼 모두를 다루는 통합적인 접근 방법으로 헬스케어가 조정되어야 한다고 생각했다. 이상적인 병원이란 스파와 호텔 그리고 병원의 좋은 점들을 잘 통합되어 진정한 치유의 환경이 조성된 곳이어야 한다고 그녀는 생각했다(Gaeta, Gilpin, Arneill, Nuelsen, & Frasca-Beaulieu, 2000).

플레인트리 모델은 샌프란시스코 병원San Francisco Hospital에 처음 도입된 이후로, 미국 코네티컷 주에 있는 그리핀 헬스 서비스Griffin Health Services를 통해 전국적으로 퍼져나가기 시작했다. 플레인트리 모델은 치유의 환경에서의 통합적 접근 방법이란 어떤 것인가를 보여주며, 진정한 환자 중심 케어를 위해 다음과 같은 원칙을 준수하고 있다.

- 환자는 따뜻하고 배려 받는 환경에서 정직하고 열린 의사소통을 받을 권리가 있다.
- 환자, 환자 가족들 그리고 전문 의료진은 헬스케어 팀의 일원으로서 각자 나름대로의 중요한 역할을 수행한다.
- 환자는 독립된 개인이라기보다는 가족과 지역사회 그리고 문화의 한 일원이다.
- 환자는 본인의 라이프스타일과 죽음에 대한 권리와 책임 및 결정권을 가지고 있는 개인이다.
- 환자에게 힘이 되고, 친근하며, 배려하는 환경은 높은 수준의 헬스케어 제공을 가능하게 하는 필수적인 요소이다.

- 치유의 프로세스에 있어 물리적 환경은 필수적인 요소이므로, 치유와 학습을 고취시킬 수 있으며, 환자와 가족의 참여를 증진시키도록 디자인되어야 한다.

플레인트리 모델이 처음으로 적용된 샌프란시스코 병원이 시도한 여러 가지 새로운 소비자 혜택들 가운데 하나는 의료 정보 도서관 Health Resource Library이었다. 이 도서관을 통해 시민들은 좀 더 쉽게 의학 정보를 얻고 조사 연구 서비스를 받을 수 있었다(Frampton, Gilpin, & Charmel, 2003). 이러한 서비스에 대한 소비자 반응은 매우 좋았고, 다른 헬스케어 시설들도 유사한 교육과 정보 센터를 제공해야만 하게 되었다. 그 결과, 오늘날 헬스케어 시설의 메인 로비에서는 이러한 서비스를 제공하는 공간을 흔히 볼 수 있으며, 개인 병동에서도 전자도서관이 지원된다.

다수의 플레인트리 시설에서는 환자 개인의 종교적 요구를 충족시켜주기 위해 사제가 매일 환자들을 방문을 한다. 환자가 원할 경우, 영적인 케어가 해당 종교의 사제에 의해 진행된다.

플레인트리가 제공하는 또 다른 가족 중심의 디자인 요소들 가운데에는 환자와 가족들이 직접 요리를 하고 음식을 보관할 수 있는 공간, 환자가 가족 및 친구들과 더불어 휴식을 취하고 시간을 보낼 수 있는 라운지, 환자 및 가족들과 환자를 돌봐주는 직원들 사이의 경계를 허물 수 있는 개방된 직원 업무 공간 그리고 조용하게 쉬거나 혹은 텔레비전이나 음악을 즐길 수 있는 대기실 등이 있다. 추가적 서비스로는 아로마, 애완동물, 마사지, 환경 테라피 등이 있다.

센타라 윌리암스버그 의료센터 Sentara Williamsburg Regional Medical Center는 2006년 미국 버지니아 주에 개관되었다. 환자와 환자 가족들에게 중점을 둔 플레인트리 모델을 도입함으로써, 모든 계획과 디자인 프로세스에 유연성과 기능성을 강조하였다. 건축적 요소를 통해 환자의 자율성 및 사생활 보장과 가족 참여 사이의 균형이 잘 이루어지도록 시설을 디자인하였다. 환자, 가족 및 직원들을 위한 개인적 공간과 사회적 교류를 위한 공간이 만들어졌다. 정원, 분수, 예술 작품과 폭포 등은 환자, 가족들과 직원들에게 편안함을 제공하고 치유의 힘을 가진 자연과 가깝게 교감하도록 해주었다.

환자와 가족들을 위한 생활 편의 시설은 다음과 같았다.

- 환자/가족/직원들 간 협업 데스크^{제6장의 그림 4.1 참조}
- 도서관
- 주방
- 라운지
- 실외 정원
- 실내 및 실외 식사 공간
- 다양한 활동을 할 수 있는 공간
- 특정 종교에 제한되지 않는 열린 예배당과 명상 공간
- 실내에서 산책할 수 있도록 만든 미로 형태의 도보길^{제6장의 그림 4.2 참조}
- 의료 정보 센터^{제6장의 그림 4.3 참조}
- 선물 가게

환자 중심 케어

헬스케어 환경을 개선하려는 노력의 일환으로, 1980년대 중반에 5개 병원의 관리자들이 컨소시엄을 구성하여 좀 더 효율적인 병원 운영과 자원 활용 방안을 논의하기 시작했다. 그 결과로 환자 중심 케어라는 헬스케어 서비스의 새로운 모델이 만들어졌다. 이 모델의 핵심 내용은 다음과 같다.

- 환자에게 조금 더 가까이 다가가는 서비스 제공하기
- 문서 작성의 효율화
- 치유의 환경 만들기
- 의료진이 다양한 업무를 수행할 수 있도록 훈련시키고 그들에게 의사 결정권 부여하기

(Mooer and Komras, 1993)

　환자 중심 케어 모델은 서비스 품질과 효율성 둘 다를 개선했다. 예를 들어, 네브래스카 주의 한 병원에서 실시한 컨설팅 프로젝트의 결과에 따르면, 병원 내 서비스 지연의 주된 이유는 바로 병원의 기본 인프라였다. 약제실, 방사선과, 식사, 호흡기, 문서, 환자 주문, 입원, 진료 기록, 실험실 그리고 수술실의 작업 흐름을 세부적으로 분석한 결과, 불필요한 중간 관리 과정이 제거되었고 그 결과 직원들은 이전보다 더 자율적으로 일할 수 있게 되었다. 즉, 프로세스를 간소화시키고, 더 나은 케어 제공을 가능하게 하는 신기술을 도입하고, 케어가 좀 더 환자의 침대 곁으로 다가갈 수 있도록 병동을 개조하였다. 환자를 위한 케어를 조직화하고 개별화하였다. 종합적인 치료 방식을 제공하면서 환자와 보살피는 사람 사이의 유대를 강화시켰다. 이러한 초기 연구 결과, 환자 중심의 케어는 서비스 성과를 향상시키고, 환자와 직원들의 만족도를 높였으며, 운영비용을 절감시켰고, 의료진의 생산성이 높아졌음이 입증되었다 *(Lee, 1993; Teschke, 1991)*.

　그러나 아쉽게도 환자 중심 케어 방식은 환자 가족들을 케어 프로세스에 포함하지는 않았다. 이는 환자 케어에 환자 가족의 역할을 충고자 또는 필수적인 파트너로 인식하지 않기 때문이다.

　콜로라도 주에 있는 안슈츠 입원 환자 병동(Anschutz Inpatient Pavilion)은 환자와 가족들의 신체적, 정신적, 영적인 요구가 잘 충족되도록 설계되었다. 환자 중심 케어를 지지하는 이 병원의 생활 편의 시설은 다음과 같다.

- 환자 가족이 잠잘 공간이 있는 개인 병실
- 병실에 좀 더 가까이 있도록 여기저기 흩어져 마련된 간호사실
- 환자와 가족들을 위한 도서관 서비스
- 무료 발레 주차
- 환자와 가족들을 위한 무선 키보드
- 실외 정원 (제6장의 그림 4.4 참조)

- 로비에 마련된 피아노와 난로가 있는 모임 장소^{제6장의 그림 4.5 참조}
- 환자와 방문객 각각을 위해 따로 마련된 복도*(Shepherd, 2004)*

협동 케어

협동 케어 모델은 친한 친구 혹은 가족이 환자의 케어 파트너로서 환자를 돌보는 방법을 배워 환자의 일상 활동을 돕도록 하는 것이다. 최초의 협동 케어 센터는 1979년 뉴욕대학^{New York University} 내에 설립되었다. 이 병원에서는 환자와 케어 파트너들이 가정집 같은 스위트룸에서 생활하게 되는데, 이곳에는 두 개 이상의 침대와 거실, 작은 주방, 텔레비전, 인터넷, 냉장고가 있다. 이 모델은 오늘날 장기이식, 암, 혹은 재활 환자를 치료하는 데 종종 사용된다. 신생아 중환자실에서 부모들이 아이를 보살피는 방법을 배울 때에도 이 모델은 자주 사용된다.

협동 케어 모델 이면에 있는 전략은 외래환자 케어를 최대화하고, 입원 환자의 기본적인 욕구 충족을 위해서는 환자 가족과 친구들을 활용한다는 것이다. 이 모델이 적용되면 환자의 케어 파트너에게 더 많은 책임과 통제권이 부여된다. 그 결과 퇴원 후의 달라진 케어 환경에의 적응이 훨씬 더 수월해진다는 장점이 있다.

협동 케어 모델의 또 다른 장점들을 살펴보면 다음과 같다.

- 환자 치료 결과 향상
- 빠른 회복
- 약제 사고 감소
- 낙상 사고 감소
- 병원에서 가정으로의 쉬운 전환
- 직원들의 사기 향상
- 직원 이직률 감소*(Teschke, 1990)*

네브래스카 주에 있는 라이드 장기이식 센터$^{\text{Lied Transplant Center}}$에서도 협동 케어 모델을 도입했다. 모든 환자들은 자신의 케어에 도움을 줄 가족이나 친구를 병원에 데리고 와야 한다. 이 센터는 연구, 교육, 임상 치료를 한 장소에 결합시켰다. 그 결과 다음과 같은 다양한 이점을 지니게 되었다.

- 서로 다른 분야의 사람들이 서로 잘 상호작용할 수 있는 환경을 제공한다.
- 환자와 가족들이 기초적인 간호 기술을 익히게 된다.
- 지역사회에 건강과 관련된 프로그램들이 제공된다.
- 연구 프로젝트가 병원에서 일하는 의료진에게 배분된다.

가족 중심 케어

가족 중심 케어는 환자가 가족의 일원이며 가족이 환자의 회복에 중요한 역할을 한다는 점을 전제로 하고 있다. 그러므로 가족들이 환자의 곁에서 환자의 케어에 적극 참여하도록 장려된다. 전 외과 의사인 에버렛 쿱$^{\text{C. Everett Koop}}$ 장군이 특수 관리를 필요로 하는 아이들과 가족들을 위해 가족 중심적이고 지역사회 기반의 조직화된 케어를 계획한 것이 가족 중심 케어의 시초라고 할 수 있다$^{\text{Bisseel, n.d.}}$. 가족 중심 케어의 핵심 요소는 다음과 같다.

- 어린아이를 돌봄에 있어서, 서비스 시스템과 시스템 내의 직원들은 항상 바뀔 수 있지만, 가족은 절대 변하지 않는다.
- 아이의 상태에 대한 온전하고 편견 없는 정보를 적합하고 협조적인 방식으로 가족들과 공유한다.
- 가족의 힘과 그들의 특성 및 대응 방식을 존중한다.
- 부모들 간에 서로 격려하고 의지할 수 있도록 소개해준다.

- 아이들 케어, 프로그램 개발과 실행, 방침 형성에 대한 평가 등 헬스케어의 모든 측면에서 부모와 전문 의료진 간의 협력이 장려된다.
- 헬스케어의 서비스 전달 시스템 디자인은 유연하고, 이용이 쉬우며, 가족들의 요구에 즉각적으로 반응할 수 있도록 한다.
- 가족들에게 심리적, 재정적 지원을 해주기에 적합한 방침과 프로그램을 시행한다.
- 케어 계획에는 환자와 가족들의 보다 발전하려는 욕구도 통합적으로 고려된다.

이 핵심 요소들은 이후 1994년 아동건강협회 Association for the Care of Children's Health를 통해 정제되었으며, 이제는 가족들과 전문 의료진 사이에 널리 받아들여지고 있다.

가족 중심 케어는 가족들과 전문 의료진 사이의 파트너십을 기반으로 한다. 이러한 가족 중심 케어는 원래는 특수 관리를 필요로 하는 아이들을 위한 것이었지만, 이제는 모든 헬스케어 시설 내 모든 연령대의 구성원을 위한 것이 되었다. 가족 중심 케어 환경에서 환자를 돌보는 모든 직원들은 다음과 같이 행동해야 한다.

- 가족들에게 권한을 부여하여 사랑하는 이를 돌보는 일에 파트너, 결정권자가 되게 한다.
- 각 가족의 가치, 믿음, 종교적 배경, 문화적 배경을 존중한다.
- 가족들을 교육시킴으로써 사랑하는 이의 케어에 대한 결정을 내릴 때 필요한 정보를 습득하게 한다.
- 신뢰의 환경을 조성하여 정보의 교환을 촉진시킨다.
- 환자와 가족들의 사회적, 발달적, 심리적 필요를 수용함으로써 그들을 지원한다.
- 모든 가족들의 다양한 필요와 선호를 충족시킬 수 있도록 유연하게 대처한다.
- 환자의 최선을 위하여 가족들과 협력한다.
- 사랑하는 이를 케어 하는 것에 대해 가족들을 교육시킨다.

환자와 가족 중심 케어 모델은 수많은 이점을 지니고 있다. 첫째는 더 많은 비용이

들지 않는다는 점이다. 실제로, 환자들과 방문객들은 그러한 병원의 환경에서 긴장감을 덜 느꼈고, 의사소통의 품질과 효과성 또한 향상되었다. 그 결과 많은 문제들이 해결책을 필요로 하기 이전에 이미 방지되거나 처리되었다.

환자와 가족 중심 케어 모델 도입을 위해서는 경영진들의 헌신이 요구된다. 직원들에게는 이러한 환경에서 일하는 법에 대해 배울 수 있는 충분한 시간과 교육을 제공해야 한다. 환자와 가족 중심의 시설을 계획하고, 디자인하고, 설립하는 데 드는 일시적인 큰 비용은 운영비용 절감과 지속적인 수익 향상을 통해 빠르게 회복할 수 있다(Berry, Parker, Coile, Hamilton, O'Neil, & Sadler, 2004). 가족 중심 환경의 성과는 다음과 같다.

- 병원 체류 기간 감소
- 약제 사고 감소
- 환자와 환자를 돌보는 직원들의 정보량 증가
- 낙상 사고 감소

2006년 세인트 알폰수스 지역의료센터^{Saint Alphonsus Regional Medical Center}는 가족 산부인과 센터^{Family Maternity Center}를 개관하고, 환자와 환자 가족들이 케어의 파트너가 될 수 있도록 특별히 많은 노력을 기울였다. 그러한 노력이 반영된 병실^{제6장의 그림 4.6 참조}은 다음과 같은 여섯 개의 구역으로 구성되어 있다.

1. 환자
2. 가족
3. 환자를 돌보는 직원
4. 지원
5. 위생
6. 기술

각 병실은 침대 겸용 소파와 식탁 그리고 대형 침대 등을 놓을 수 있게 디자인되었다.
이 센터의 직원들은 헬스디자인센터The Center for Health Design와 다른 앞서가는 헬스케어 기관들이 공동으로 시도한 페블Pebble 연구 프로젝트에 참가하였다. 시설 디자인이 케어의 품질과 재정적 실적에 미치는 영향에 대한 이러한 연구는 지금도 계속되고 있다.
가족 중심 케어 모델을 도입한 또 다른 좋은 예시는 2007년 테네시 주에 개관한 세인트 메리 북부의료센터St. Mary's Medical Center North이다. 환자의 안전과 환자 가족의 참여를 중심으로 하는 원칙을 기반으로 디자인된 이 센터가 제공하는 가족생활 편의 시설은 다음과 같다.

- 병실 내 식사 서비스
- 실내외 식사 공간제6장의 그림 4.7 참조
- 병실 내 수면 공간과 가족 전용 텔레비전제6장의 그림 4.8 참조
- 예배당과 명상 공간
- 24시간 방문 허용
- 이전보다 환자 가까이에 배치된 간호사실
- 환자의 침대에서 진행되는 입원 서비스
- 병실과 대기실 내 인터넷 연결(Griffith, 2007; Thomas, 2007)

신생아 중환자실에 흔히 사용되던 밝은 불빛과 소음은 신생아들에게 심장박동 수 증가, 혈압 증가, 호흡 증가, 산소포화도 감소와 같은 악영향을 미친다는 연구 결과가 나오자(Bremmer, Byers, & Kiehl, 2003), 이러한 이슈들을 해결함으로써 신생아를 위한 가족 중심적인 지원이 가능한 환경을 만들기 위한 노력이 지난 십여 년간 이루어졌고, 그 결과 개인 병실 모델이 개발되었다(Thear & Wittmann-Price, 2006; Harris, Shepley, White, Kolberg, & Harrell, 2006; Bowie, Hall, Faulkner, & Anderson, 2003; White, 2003; and Berens, 1999).
개인 병실은 신생아의 부모와 가족들에게 개인적인 공간을 제공해주며 언제든지 신생아를 볼 수 있게 해준다. 나아가 부모들이 아이를 돌보는 일에 파트너로서 참여할

수 있게 한다. 신생아 케어의 모든 측면에 가족을 포함시키는 것은 부모에게는 매우 긍정적인 경험을 제공할 뿐 아니라, 신생아 건강에도 매우 긍정적인 결과를 가져다준다.

신생아 중환자실에 도입된 개인 병실의 이점과 관련하여 가족 중심의 케어 환경에 도입되어야 할 필수 요소들은 다음과 같다 Sadler & Joseph.

- 소음 감소
- 모유 수유와 캥거루식 육아 방식에 대한 사생활 보장
- 신생아와 부모의 정보에 대한 기밀성
- 병원 감염 감소
- 병원 체류 기간 감소
- 태아의 뇌 발달 향상
- 산소, 산소호흡기, 비경구 영양법 의존 기간 감소
- 부모와 직원들의 만족도 향상

신생아 중환자실에서 근무하는 직원들은 환아 가까이에서 지켜볼 수 있기를 원하기 때문에 개인 병실을 꺼리는 경우가 많다. 두 개의 병실마다 한 개씩 배치된, 창문 달린 업무 공간과 신생아의 상태에 따라 직원에게 바로 호출이 가는 시스템은 직원들의 이러한 요구를 잘 수용해주고 있다. 이동 거리를 줄일 수 있도록 여러 곳에 흩어져 배치된 작업 공간과 핸즈프리 의사소통 시스템은 직원들이 최상의 환경에서 환자들을 돌볼 수 있게 해준다. 뉴 하노버 지역의료센터 New Hanover Regional Medical Center는 이러한 원칙에 기반을 두어 신생아 중환자실에 45개의 개인 병실을 마련하였다. 현재 이 센터의 직원들은 신생아 중환자실 내의 개인 병실과 단체 병실의 효과를 비교하고, 개인 병실에 대한 간호사들의 인식과 만족도를 조사하는 연구를 진행하고 있다.

긴장감을 완화시켜주고 더 많은 정보를 제공해줌으로써 환자와 가족들의 헬스케어 경험을 향상시킬 수 있다. 수술이 끝나기를 기다리는 가족들이나 친구들에게 수술 상황을 실시간으로 업데이트 해주는 추적 시스템은 그들의 걱정과 근심을 크게 덜어준다. 공항에

서 비행기의 출발/도착 정보를 알려주는 모니터처럼 생긴 장치가 가족 구성원이 모여 기다릴 만한 공간인 식당, 정보 센터, 대기실 등에 설치되어 있다. 각 환자에게 부여된 코드를 이용해 각 환자의 경과에 대한 정보가 이 모니터를 통해 가족 및 친구들에게 전달된다. 환자가 치료나 수술을 받는 동안에 오래 기다려야 하는 가족들이 시설 내에서 자유롭게 돌아다닐 수 있도록 작은 가족 호출기를 사용하기도 한다(O'Connor, 2007).

소비자들은 이제 그들이 과거에 경험했던 것과는 다른 헬스케어 경험을 기대한다. 1996년 이후로, 가족중심케어협회Institute for Family-Centered Care에서는 바람직한 헬스케어 시설 계획 수립을 위해 환자들과 환자 가족들로 구성된 자문위원회를 만들었다. 헬스케어 환경에 대한 환자들의 인식을 조사하는 연구 결과 또한 가족 중심 케어와 교육을 증진시키는 데 크게 기여하고 있다(Landro, August 2007; Muething, Kotagal, Schoettker, Gonzales, & DeWitt, 2007; Wall, Curtis, Cooke, & Engelberg, 2007; Douglas & Douglas, 2005).

결론

기술의 발전과 가족의 참여는 환자 케어를 위한 헬스케어 공간이 디자인되는 방식을 크게 바꾸어놓았다. 불과 10년 내지 15년 전만 해도 헬스케어 시설 관리자나 계획자들에게 치유의 환경이 제공하는 이점에 대해 설득하는 것이 매우 어려웠다. 하지만 지금은, 누구나 치유의 환경을 원하고 기대한다. 치유의 환경의 모든 것은 사생활 보장, 안전, 가족들을 위한 공간과 관련되어 있다. 안젤리카 테리엇이 묘사했던 차갑고 비인간적인 모습의 병원은, 환자와 환자 가족들 중심의, 진정한 보살핌이 제공되는 곳으로 신속하게 개선되거나 대체되고 있다. 물리적 시설과 치유 프로세스 간의 관계에 대한 연구는 지속적으로 이루어지고 있으며, 모든 헬스케어 상황에서 고려되고 있다. 성공적인 케어 프로젝트는 환자와 가족들이 가장 우선시되고, 그 다음으로는 직원들 그리고 비용은 가장 마지막으로 고려될 때 달성될 수 있다는 점을 기억해야 한다.

참고 문헌

Berens, R. (1999). Noise in the pediatric intensive care unit. Journal of Intensive Care Medicine, 14(3), 118-129.

Berry, L., Parker, D., Coile, R. C., Hamilton, D. K., O'Neil, J. D., and Sadler, W. L. (2004). The business case for better buildings. Frontiers of Health Service Management, 21(1), 3-24.

Bissell, C. (n.d.). Family-centered care. Retrieved August 1, 2007, from http://communitygateway.org/faq/fcc.html.

Bowie, P. H., Hall, R. B., Faulkner, J., and Anderson, B. (2003). Single-room infant care: Future trends in special care nursery planning and design. Neonatal Network, 22(4), 27-34.

Bremmer, P., Byers, J., and Kiehl, E. (2003). Noise and the premature infant: Physiological effects and practice implications. Journal of Obstetric, Gynecologic, and Neonatal Nursing, 32(4), 447-454.

Douglas, C. H., and Douglas, M. R. (2005). Patient-centered improvements in health-care built environments: Perspectives and design indicators. Health Expectations,8(3),264-276.

Frampton, S., Gilpin, L., and Charmel, P. (2003). Putting patients first: Designing and practicing patient-centered care. San Francisco: Jossey-Bass.

Gaeta, M., Gilpin, L., Arneill, B. P., Nuelsen, P. H., and Frasca-Beaulieu, K. (2000). Design guidelines and process for Planetree facilities. Derby, CT: Planetree.

Griffith, C. (2007, July 29). Patients to enjoy hotel-style room service. St. Mary's Medical Center North: The hospital of the future opens August 14, 2007. Special supplement. Knoxville News Sentinel, 1-15.

Harris, D. D., Shepley, M. M., White, R. D., Kolberg, K. J. and Harrell, J. W. (2006). The impact of single family room design on patients and caregivers: Executive Summary. Journal of Perinatology, 26, S38-S48.

Landro, L. (2007, July 12). ICU's new message: Welcome, families. Wall Street Journal, A1, A12.

Landro, L. (2007, August 8). Hospitals boost patients' power as advisors. Wall Street Journal, D1.

Lee, J. (1993). Physicians can benefit from a patient-focused hospital. Physician

Executive, 19(1), 36–38.

Moore, N., and Komras, H. (1993). Patient-focused healing: Integrating caring and curing in Healthcare. San Francisco: Jossey-Bass.

Muething, S. E., Kotagal, U. R., Schoettker, P. J., Gonzalez del Ray, J., and DeWitt, T. G. (2007). Family-centered bedside rounds: A new approach to patient care and teaching. Pediatrics, 119(4), 829–832.

O'Connor, M. (2007, July 16). Omaha hospitals ease waiting room anxieties: A patient's real-time progress through surgery is posted on electronic screens. Omaha World Herald, 1–2.

Rashis, M. (2006). A decade of adult intensive care unit design: A study of the physical design features of the best practice examples. Critical Care Nursing Quarterly, 29(4), 282–311.

Sadler, B. L. and Joseph, A. (2008). Evidence for Innovations: Transforming children's health through the physical environment. Executive Summary. Alexandria, VA: National Association of Children's Hospital and Related Institutions.

Shepherd, S. (Ed.). (2004). Our new hospital—The Anschutz Inpatient Pavilion. HealthBeat Newsletter: Denver, CO: University of Colorado.

Sisterhen, L. L., Blaszak, R. T., Woods, M. B., and Smith, C. E. (2007). Defining family-centered rounds. Teach, Learn, Med, 19(3), 319–322.

Teschke, D. A. (1991, October). Nebraska hospital brings services closer to patients–Bishop Clarkson Memorial Hospital–Provider Perspective. Healthcare Financial Management, 45(10), 118.

Teschke, D. A. (1990, April 1). Cooperative care units reduce patient care costs. Healthcare Financial Management, 44(4), 90.

Thear, G. and Wittman-Price, R. A. (2006). Project noise buster in the NICU: How one facility lowered noise levels when caring for preterm infants. American Journal of Nursing, 106(5), 64AA.

Thomas, L. R. (2007, August 14). Patient rooms also accommodate family members. St. Mary's Medical Center North: The hospital for the future opens August 14, 2007. Knoxville News Sentinel, 7.

Wall, R. J., Curtis, J. R., Cooke, C. R., and Engelberg, R. A. (2007, June 15). Family satisfaction in the ICU: Differences between families of survivors and non-survivors. Chest, 132(5), 1425–1433.

White, R. (2003). Individual rooms in the NICU–an evolving concept. Journal of

Perinatology, 23(Supplement 1), S22-S24.

헬스케어 벤치마킹
— 마이클 도이엘, 데브라 샌더스

벤치마킹이란 품질과 같은 특정 가치 면에서의 비교 대상 및 기준이 됨과 동시에, 그러한 기준 대비 구체적으로 무엇이 어떻게 개선되어야 할지를 파악 가능케 하는 도구이다. 즉, 우수한 타사와 비교하는 과정을 통해 타사의 장점은 배우고 자사의 단점은 줄임으로써, 더 나은 혹은 최상의 가치를 창출해내는 것을 가능하게 도와주는 도구의 역할을 해왔다. 벤치마킹의 최고 권위자인 로버트 캠프Robert Camp에 의하면, 벤치마킹이란 '나의 성취도를 최고 수준과 비교함으로써 최고 수준은 어떻게 달성될 수 있는지에 대해 배움으로써 나의 목표를 재정립하고 새로운 목표 달성을 위한 전략을 수립하고 구현하는 것'이다(Camp, 1989). 캠프가 제안한 벤치마킹의 12단계는 다음과 같다.

- 문제점을 파악한다.
- 문제점과 프로세스를 정의한다.
- 팀의 구성원을 파악한다.
- 필요한 정보의 출처를 파악한다.
- 정보를 수집한다.

- 차이점을 확인한다.
- 프로세스가 어떻게 달라져야 하는지를 결정한다.
- 성과 목표를 정한다.
- 구성원에게 알린다.
- 목표를 수정한다.
- 실행한다.
- 검토하고 재조정한다.

캠프의 12단계 벤치마킹 과정은 전략적 계획 수립의 과정에서부터 재무적 수행평가에 이르기까지, 제품 개선으로부터 프로세스 개선에 이르기까지, 매우 다양한 산업 분야와 상황에 적용되어 왔으며, 필요에 따라 변모되면서 꾸준히 진화해왔다. 어떤 산업 혹은 상황에 적용되든, 거의 공통적으로 적용되는 프로세스의 단계는 다음과 같다.

- 문제점을 파악한다.
- 원하는 성과를 결정한다.
- 최상의 기준을 정하기 위한 연구 조사를 실시한다.
- 현재의 성과를 측정한다.
- 최상의 결과를 달성하기 위한 활동 계획을 수립한다.
- 실행 후, 검토하고, 끊임없는 재검토를 통해 지속적으로 개선을 추구한다.

헬스케어 디자인에 있어서의 벤치마킹

근거 기반 디자인[EBD]들을 성공적으로 실행시키기 위해 꼭 필요한 요소들 가운데 하나가 벤치마킹이다. 성공적 근거 기반 디자인을 위한 벤치마킹 프로세스는 다음의 6가지 단계를 꼭 포함해야 한다.

1. 프로젝트를 정의하고 구체화한다.
2. 시작점(현재 상태)을 파악한다.
3. 성취하고 싶은 목표(이상적인 상태)를 설정한다.
4. 목표의 성취 가능성(성취 가능한 상태)을 파악한다.
5. 결과를 측정한다.
6. 실행 후, 배운 교훈을 공유한다.

의료 시설의 디자인이 진료 성과에 미치는 영향이 알려짐에 따라, 헬스케어 실무자들은 바람직한 의료 시설을 갖추기 위한 꾸준한 개선의 노력을 다하고 있다. 현재 상태의 문제점 및 개선점을 파악하기 위해서는 벤치마킹이 유용한 도구가 될 수 있다. 벤치마킹의 범위는 전체 시설에 대한 계획과 디자인으로 확대하여 실행해야 한다. 벤치마킹은 주로 시설의 기능과 공간에 대한 계획 수립, 개념과 구조 정립 및 최종 디자인의 확정, 전체적 시설 계획과 디자인의 다양한 이정표 설정 등의 단계에서 적극적으로 활용된다. 새로운 시설을 완성하고 운영하는 단계에서도 벤치마킹을 꾸준히 활용하여, 의도했던 목표를 제대로 달성했는지를 확인하고 지속적인 개선을 이루기 위해서는 어떤 면을 더 보완해야 하는지를 파악해야 한다.

프로젝트 구체화

효과적인 벤치마킹을 위해서는 무엇보다도 뚜렷한 목표를 설정해야 한다. 이를 위해서는 전체적인 프로젝트의 비전을 설정해야 하고, 설정된 비전의 달성을 위해 필요한 기본 원칙들을 정해야 한다. 이러한 비전과 기본 원칙은 조직의 임원진으로 구성된 추진위원회를 통해 설정해야 한다. 추진위원들은 모든 계획이 초기에 설정된 비전과 원칙에 따라 잘 진행되고 있는지를 평가할 수 있는 주요 이정표들을 만들고 검토하여야 할 뿐만 아니라, 주요 의사 결정 사항들 또한 지속적으로 검토해야 한다.

예를 들어, 환자 중심이라는 개념은 이러한 프로젝트의 주요 원칙이다. 따라서 환자 등록 과정을 중앙에 집중시킬 것인지 아니면 분산시킬 것인지와 같은 디자인 의사 결정을 내려야 할 경우, 기본 원칙이 무엇이었던가를 유념하면서 각 대안의 장단점을 평가해야 한다. 만약 이미 파악된 어떠한 대안도 환자 중심 원칙을 만족시키지 못한다면 추진위원회와 디자인 팀은 기본 원칙을 충족시킬 수 있는 다른 대안들을 지속적으로 찾아봐야 한다. 시설이 원래의 취지대로 계획되고 추진되기 위해서는 명확하게 세워진 비전과 기본 원칙이 반드시 필요하다.

시작점(현재 상태) 파악

시설을 어떤 식으로 개선하는 것이 좋을지를 결정하기 위해서는 시설의 현재 상태를 먼저 평가해야 한다. 현재 상태를 모르는 상태에서는 앞으로 만들어갈 이상적인 대안을 모색하기 매우 어렵다. '현재 상태'라는 진정한 벤치마크를 이해하지 못한 상태에서 '최상의 상태'라는 이상적인 벤치마크가 발휘할 수 있는 효과에는 한계가 있기 때문이다. 현재 상태에 대한 분명한 이해를 통해서만 진정한 개선점을 찾아낼 수 있다. 현재 상태 파악을 위해서는 시설과 프로젝트의 모든 구성 요소들을 면밀히 검토해야 한다. 기능적 및 디자인적 요소들과 환자 만족도 측정 지표들, 환자 케어^{care}의 질 그리고 진료 결과와 같은 요소들을 반드시 검토해야 한다. 지역공동체나 헬스케어 시장에 미치는 영향 그리고 역사적 배경과 같은 요소들에 대한 평가도 추가적으로 검토할 수 있다.

추후에 당면할 수 있는 여러 가지 제약 사항들을 미리 파악하고 고려하는 것도 반드시 필요하다. 예를 들어, 새로운 시설을 신축하는 경우 대비 기존 시설을 개/보수하는 경우에는 전혀 다른 이슈들이 있을 수 있다. 기존 시설 개/보수의 다양한 장점들 대비 더 많은 애로점도 있을 수 있다. 이러한 애로점들을 충분히 고려해야 한다.

예산, 특히 운영비용은 프로젝트 초기 단계에서 파악해야 하며, 그 이후 프로젝트 전반에 걸쳐 늘 고려해야 한다. 재정적 실현 가능성은 벤치마킹의 기준만큼이나 중요하기 때문에, 디자인과 실행 과정에서 내리게 되는 모든 의사 결정에 있어서 예산과 비용을 반드시 고려해야 한다. 어떤 시설 디자인의 벤치마크를 결정하는 데 있어서 손익 분석은 매우 중요하다. 이렇듯 시설의 현재 상태를 정확하게 평가하고 프로젝트의 범위와 예산, 및 비용 절감 방안을 충분히 고려한다면, 이상적인 최상의 상태에 대한 현실적인 비교가 훨씬 수월해질 것이다.

성취하고 싶은 이상적 상태 설정

벤치마킹이란 최상의 사례와의 비교 연구에 사용되는 도구인 만큼, 비교 대상이 되는 그 '이상적인 상태'를 제대로 결정하는 것은 매우 중요한 일이다. 그러한 이상적인 상태를 일단 결정하면, 현재의 상태와의 차이가 무엇인지를 잘 이해하기 위한 매우 엄밀하고도 철저한 평가가 이루어져야 한다.

이상적인 상태를 결정하기 위해서는 다양한 종류의 연구 조사가 필요하다. 높이 평가되고 있거나 효율적으로 운영되고 있는 시설을 방문하거나, 주어진 산업 내에 이미 잘 알려져 있는 다양한 결과물들을 신중히 검토해야 한다. 이미 마련된 계획과 프로그램이 어떻게 개선될 수 있는지를 꾸준히 평가하는 작업도 필요하다. 대중의 생각은 어떠한지 그리고 해당 시설과 서비스에 대한 시장 상황은 어떠한지도 고려해야 한다. 이러한 다양한 요소들이 상충될 때는 초기의 기본 원칙들을 가장 우선적으로 고려해야 한다.

성취 가능한 상태에 대한 이해

성취 가능한 상태를 결정할 때는 현재 상태의 현실성과 이상적인 상태에 대한 비전을 함께 고려해야 한다. 기능적인 면에서 반드시 필요한 시설의 면모와 프로젝트의 기본 원칙 모두를 잘 고려하는 것이 가장 바람직하다. 예를 들어, 간호대학 부속병원은 병원 시설이 교육을 위한 시설이라는 기본 원칙을 가지고 있을 수 있다. 그렇다면 기능적인 면에서 볼 때, 간호학과 학생들과 지도 교수들이 교육을 위해 필요로 하는 공간을 충분히 갖는 것이 바람직하다. 하지만 만약 해당 프로젝트가 신규 시설 신축이라기보다 기존 시설 개/보수 작업이라면, 현존하는 하부 조직의 다양한 제한 요소들 때문에 원하는 만큼의 공간을 확보하지 못할 수도 있다. 성취 가능한 상태를 이해한다는 것은 바로 이러한 상황을 현실적으로 직시하여 이상적인 상태와 현재 상태 사이의 간격을 줄이거나 없애 나가는 것이라고 할 수 있다.

결과 측정

측정은 벤치마킹 프로세스에 있어 매우 중요하며, 지속적으로 실행되어야 한다. 선정된 대안이 실행된 직후 혹은 새로운 시설로의 입주가 끝난 직후에 측정하는 것이 가장 의미 있다. 벤치마킹과 근거 기반 디자인이 정말 성공적이었는지는 품질 개선이나 효율성과 효과성의 향상이 이루어졌는지를 살펴봄으로써 알 수 있다. 즉, '새로이 창출된 공간이 디자인 된 대로의 역할을 하는가'라는 질문에 대한 대답을 살펴보면 알 수 있다. 환자 만족도와 치료 품질 지수를 측정하고 비교해야 하며, 새로운 시설 입주 이전과 이후의 임상 결과를 비교 연구해야 한다. 새로이 시행된 디자인과 계획이 사업에 미친 영향을 파악하기 위해서는 생산성과 원가 분석과 같은 경영 지표들을 측정해야 한다. 환자 및 손익에 미친 영향을 이렇게 수치화하게 되면 벤치마킹을 통해 발견된 유익한 점들을 이후에 응용하고 공유하는 일이 좀 더 수월해진다.

실행 그리고 공유

벤치마킹의 주목적은 지속적인 개선이다. 지속적 개선은 측정 가능한 결과들을 꾸준히 응용하고, 습득된 교훈들을 지속적으로 공유할 때 가능해진다. 만약 어떤 디자인 요소 혹은 프로그램이 의도되었던 성과를 이루지 못하거나, 환자 혹은 시설에 예기치 못한 부정적 영향을 끼쳤다면, 문제점이 무엇인지를 즉각 파악하고 수정해야 한다. 반면, 새로운 시설 전체 혹은 특정 부분에 나타난 성과는 헬스케어 조직 전체로 확대되어 실행할 수 있어야 한다. 이러한 지속적인 적용을 통해 환자, 직원들을 포함한 다양한 이해관계자들이 혜택을 누리게 되며, 시스템 내부에서 어느 부서는 혜택을 누리는 반면 다른 부서는 혜택을 전혀 보지 못하는 등의 불균형, 불공정의 문제도 최소화할 수 있다.

  근거 기반 디자인[EBD]를 통해 습득된 다양한 교훈의 공유를 통해 해당 분야의 발전을 도모할 수 있을 뿐만 아니라, 해당 산업 전체를 위한 새로운 벤치마크가 될 수도 있다. 나아가, 이런 식으로 디자인되고 계획 및 실행되어 제공된 시설로 인해 가능해진 의료 부문 및 운영 관리 부문의 개선점을 널리 공유하는 것은 헬스케어 시설의 안전성, 품질 그리고 경제적 부담에 대한 생각을 더 긍정적이게 하는 데 기여할 수 있다.

사례연구

벤치마킹 프로세스에 대한 폭넓은 이해를 도모할 수 있는 가장 좋은 방법은 구체적인 프로젝트 사례를 통해 세부 사항들을 살펴보는 것이다. 근거 기반 디자인 프로세스에 있어서의 벤치마킹의 중요성 또한 이러한 사례연구를 통해 잘 이해될 수 있다.

지금까지 진행되어온 헬스케어 시설 관련 벤치마킹 프로젝트들은 주로 수술, 영상 촬영, 응급 진료 혹은 전문 치료실 방문을 필요로 하는 환자들을 돌보기 위한 이동 빈도(필요한 물품과 장비를 가지러 가기 위해 직원들이 몇 번이나 왔다 갔다 했는지), 이동 거리(물품이나 장비가 있는 곳으로부터 환자가 있는 곳까지의 거리) 그리고 작업 시간(주어진 절차를 진행하거나 치료를 끝내는 데 걸리는 시간) 부문에 대해 중점적으로 이루어져왔다. 이동 거리를 줄임으로써 달성되는 업무 생산성의 개선은 수익성에 직접적인 영향을 미친다고 믿어왔기 때문이다. 이러한 프로젝트에서는 효율적인 환경을 디자인할 때, 주어진 특정 작업 시간대 동안 혹은 주어진 절차를 밟는 데 요구되는 이동 거리와 이동 빈도 차원에서의 가장 이상적인 성과와 비교해 현재의 디자인, 제안된 디자인 그리고 최종 디자인의 성과를 측정하게 된다. 성과 자료는 벤치마크 대상이 되었던 최우수 프로젝트 혹은 사례와 대비하여 평가할 수도 있다.

생산성이란 주관적인 지표일 수 있으며 어느 수준의 케어 서비스를 제공하고자 하느냐에 따라 달라질 수 있다. 추구하는 케어 서비스 모델은 환자들이 더 안전하고 더 높은 품질의 케어 환경에서 치료받는 것을 가능하게 해야 한다. 직원들의 업무 효율성도 물론 함께 고려해야 한다. 그러나 그 어떠한 경우에도 환자 치료의 성과를 업무 효율성과 타협해서는 안 된다. 즉, 한 환자를 돌보는 데 걸리는 시간이 개선됨에 따라 필요한 직원의 숫자를 줄일 수도 있지만, 그 결과 환자 치료의 성과가 조금이라도 낮아지는 일이 있어서는 안 된다.

사례연구의 정당성 확보를 위해서는 사례가 되는 시설의 크기 및 환자 케이스가 자사와 비슷해야 하며, 새롭게 확장되고 혁신적으로 실시된 관련 프로젝트 모두를 연구해 보는 것이 바람직하다. 사례연구를 통한 성과 예상은 사례의 사실성을 토대로 이루어져야 한다. 본 저서에서 제공되는 모든 벤치마킹 프로젝트들은 최근에 완료되었거나 실행되었으며 진료실, 수술실, 중환자실, 산모실 등 다양한 의료 부문을 다룬 프로젝트들이다.

트라이헬스 시스템—이윤 향상과 성과 측정 프로세스

트라이헬스TriHealth는 미국 오하이오 주 베데스다 노스Bethesda North와 굿 사마리탄 병원Good Samaritan Hospital 간 공동 협력 관계를 통해 만들어졌다. 트라이헬스는 지역 내 약 50개의 구역에서 다양한 임상 교육이나 예방 프로그램들을 제공하고 있었다.

카톨릭 헬스 이니셔티브Catholic Health Initiatives라는 시스템 하에 프로젝트에 착수한 트라이헬스 굿 사마리탄TriHealth Good Samaritan은 엄청난 자본 투자에 걸맞은 성과를 내야 한다는 압력을 받고 있었다. 그 과정에서 발생하는 우려를 가라앉히기 위해서는 이러한 투자를 정당화시킬 수 있는 방법이 필요했다. 그래서 그들은 이윤 향상 정도를 측정하고 이를 지속적으로 개선하기 위해 '이윤 향상 정도 측정 프로세스Bottom Line Improvement Measurement Process - BLIMP'를 사용하기로 했다. 특히, 새로이 개/보수된 공간을 최대한 활용하는 효율적인 환자 돌봄 서비스 모형의 개발을 통해 달성된 이윤 향상을 측정하고자 했다. 이 프로세스는 다음과 같은 4가지 핵심 요소를 포함하고 있었다.

1. 계획 원칙 평가하여 우선순위 매기기
2. 실제 계획과 프로그램 계획 비교하기
3. 이동 빈도와 이동 거리 관련 최상의 사례 발견하기
4. 미래의 헬스케어 시설 디자인 혹은 우수 사례와 비교하여 시설을 테스트하기

첫 번째 프로세스 단계는 최종 디자인을 계획 원칙에 대비하여 점수를 매기는 것이다. 이 프로젝트에는 10가지 개발 원칙이 있었는데, 장기적 발전을 위해 시설의 재배치를 고려하는 것부터, 환자와 방문자의 동선을 개선하기 위한 것 등을 포함하고 있었다. 프로젝트 참여자들이 이 10가지 원칙들에 대한 평가를 내린 결과, 최종 디자인이 10가지의 원칙들 중 네 가지 면에서는 초과 충족, 세 가지 면에서는 충족 그리고 나머지 두 가지

면에서는 부분적으로 충족했다. 부분적으로 충족된 두 가지의 원칙 중 하나는 운영위원회와 디자인 팀이 통제할 수 없는, 시설의 부동산에 관련된 사항이었다. 계획 원칙에 대한 평가는 다음의 표 5.1과 같이 이루어졌다.

표 5.1 계획 원칙의 평가

계획 원칙	미 충족	부분 충족	충족	초과 충족
계획 원칙 1:		●		
계획 원칙 2:		●		
계획 원칙 3: 통행로 재배치				●
계획 원칙 4: 교통량 조정			●	
계획 원칙 5: 건물의 건설적 해체			●	
계획 원칙 6: 새로운 방식 수용			●	
계획 원칙 7: 편의 시설 강화				●
계획 원칙 8: 병원에 도착했다는 느낌 주기				●

연구의 두 번째 단계는 본래 프로그램 계획과 최종 프로그램 계획을 비교하는 것이다. 프로그램된 모든 기능들에 있어서 전체적인 디자인 레이아웃이 임상적, 운영적, 디자인적 구성에 알맞은지 평가하였다. 16개의 프로그램들 모두가 계획된 기능에 적합하다고 평가되었다. 서류 보관실, 작업 공간, 휴게실, 환자 로커 등과 같이 본래의 프로그램을 강화시켜주는 요소들도 디자인 프로세스에 포함하였다. '이윤 향상 정도 측정 프로세스[BLIMP]' 분석 연구는 추가적인 공간 확보를 위해 원래 계획보다 더 많은 병실들을 확보하도록 해주었다.

BLIMP 연구는 공간과 관련된 부분도 분석하였다. 하나의 예로, 환자를 돌보는 직원들이 원거리의 직원들과 소통하면서, 병동에서 효율적으로 근무할 수 있는가에 대한 분석이 이루어졌다. 이들은 기존의 계획과 제안된 계획에 대한 비교 분석을 위해, 내/외과, 응급실, 중환자실, 집중 치료, 분만실 등을 직접 돌아보았다. 현존하는 H 모양의 도면을 벤치마크하고 8시간 근무 조의 3교대를 가정하여 분석을 실시한 결과, 자주 이용하는 지원실로부터 병실까지의 거리가 450미터인 경우 최적의 동선이 나온다는 결론을 얻었다. 물품들이 분산되어 있고, 지원실이 잘 분포되어 있으며, 병동의 기하학적인 곡선 디자인으로 인해 이동 거리와 횟수가 감소함을 알 수 있었다. 이러한 결과는 다양한 비용 감소를 유도하면서 이상적인 결과를 이끌어냈다.

BLIMP 연구의 마지막 단계는 시설의 상태가 미래의 헬스케어 시설 디자인Healthcare Facilities Design of the Future이나 기타 우수 사례의 기준이나 요건에 적합한가를 평가하는 것이었다. 이 평가에는 응급실, 수술실, 일반 병실, 진료실과 같은 환자 케어 공간뿐만 아니라 실험실과 약국의 주요 부서와 보조 부서까지 대상이 되었다. 연구자들은 각 분야에 대한 핵심 사항들을 먼저 파악하고 논의한 후, 17개의 핵심 사항에 대해 각각 '기준에 맞음', '복합적 결과', '기준에 맞지 않음'으로 평가하였다. 표 5.2는 제안된 시설 디자인을 미래의 헬스케어 디자인 요건에 맞추어 평가한 내용을 요약한 것이다. 17개 중 두 개의 사항만 기준에 맞지 않다고 평가되었다. 이와 같이 미래를 계획하는 면밀한 연구는 트라이헬스가 잠재적 문제들을 사전에 확인하고, 공유하고, 논의할 수 있게 해주었다. 나아가 프로젝트 초반에 내려졌던 의사 결정 과정을 뒷받침하며, 손익 분석의 결과를 늘 유념하게 하였다.

트라이헬스에서 시행한 BLIMP 연구 결과, 네 가지 프로세스는 각각 동일 산업군의 기준이나 특허를 받은 측정 기준을 충족 혹은 초과 충족시키는 것으로 평가되었다. 철저한 벤치마킹 활동을 통해 새로운 프로그램의 실시를 위해 확장된 혹은 개/보수된 공간은 최대한 확보되었고, 이윤은 극적으로 향상되었던 것이다.

위의 프로세스를 통해 뜻밖의 결과를 또 하나 얻을 수 있었는데, 이는 바로 같은 시스템 내에 있는 베데스다 북부 병원Bethesda North Hospital에서 실시된, 규모가 비슷한 프로젝트의 연구 결과를 상호 참조할 수 있었다는 사실이었다. 같은 관리자가 두 병원의 서비스 라인 모두를 담당하고 있었기 때문에, 해당 관리자는 운영 효율성 개선을 위한 새로운 운영 모델을 두 병원 모두에 적용시킬 수 있었다.

표 5.2 미래의 헬스케어 시설 디자인에 대비한 테스트

핵심 사항	테스트 결과	코멘트
적응성	X	간호 모델과 기술 장비의 변화를 수용할 수 있는 침대 배치; 부서들이 모여 있어서 적응성이 제한됨
유연성	M	의료/수술과 집중 치료 모두가 가능한 병실 크기; 고급 수술을 위해 새로운 심장내과 수술실은 소독 처리
비용 효율성	X	의료/수술 병동에는 업무 공간을 분산시키지 않음; 부서 간 업무 흐름의 개선 정도는 적당한 수준
직원 유지/ 신규 채용	M	향상된 간호 환경
환자/가족 중심	M	더 큰 병실을 통해 환자 가족들 수용
외래환자 중심	X	입원 전 검사[PAT]센터; 외과 센터; OP 접근을 용이하게 하기 위해 분산되지 않은 영상
부서 간 경계 제거	M	유사한 기능의 부서 간 통합시킴
치유의 환경/ 친환경 인증제도 LEED	M	인테리어 디자인에 치유의 환경 원칙 반영
선진 기술 수용	X	수술실의 크기는 적합하나 수술실들이 너무 인접해 있고, 부서 간 경계와 층간 높이가 적응성을 제한함
안전/보안	X	병실들이 동일한 모양을 하고 있지는 않으나 사생활은 잘 보장됨; 경치, 큰 화장실, 이상적 배치, 가족 공간이 확보됨
응급실	X	심장내과 수술실과 인접함; 전통적인 환자 등록 및 분류 절차를 사용; 확장 가능성이 제한됨; 환자에 대한 관찰 부족; 근무 교대의 유연성 부족
급성환자 침대	X	의료/수술 병동에 침대 수 부족; 환자 안전을 위해 작업 공간, 의료품, 약품, 지원실, 병실의 분산화 필요; 침대의 크기는 통일되어 있고 사생활이 보장됨

표 5.2 미래의 헬스케어 시설 디자인에 대비한 테스트 이어서

핵심 사항	테스트 결과	코멘트
응급실	X	심장내과 수술실과 인접함; 전통적인 환자 등록 및 분류 절차를 사용; 확장 가능성이 제한됨; 환자에 대한 관찰 부족; 근무 교대의 유연성 부족
급성환자 침대	X	의료/수술 병동에 침대 수 부족; 환자 안전을 위해 작업공간, 의료품, 약품, 지원실, 병실의 분산화 필요; 침대의 크기는 통일되어 있고 사생활이 보장됨
수술실	M	심장내과 수술실과 일반 수술실의 인접성 양호; 심장내과 수술실은 무균 환경으로 디자인됨; 큰 수술실은 기술 및 자동 기계장치 수용 가능; 심장내과 수술실은 수술 전/후 대기실을 공유
실험실	D	실험실은 축소 단계가 아니거나 관리 대상 장소에 위치하지 않음; 입지성이 나쁜 편
영상실	X	영상실이 분산되어 있지 않고 한곳에 집중되어 있음; 미래 선진 기술을 포용할 수 있는 능력이 제한적; 핵 약품의 사용을 점차적으로 줄일 계획 부재; 케어를 제공할 때 환자 등록 확장 능력이 제한적일 것으로 기대됨
약국	D	향후 필요 사항과 자동 기계장치에 따르는 확장을 위한 공간이 부족
지원 & 기타	X	수술 준비 검사 센터[PAT]은 효율적이지만 영상실은 구비되어 있지 않음; 등록은 중앙에 집중되어 있으나 인터넷 및 전화를 활용하지 않음; 중앙 살균 도구실이 수술실에서 멀리 떨어져 있음

테스트 결과: X=복합적 결과(Mixed), M=기준에 맞음(Meet), D=기준에 맞지 않음(Does not Meet)

뉴 레이드 병원 - 접근성, 적응성, 유연성

뉴 레이드^{New Reid} 병원^{제6장의 그림 5.1 참조}은 미국 인디애나 주에 위치한 침상 233개 규모의 비영리 병원이다. 병원 관리자는 병원의 신축 건물을 계획할 때, 이용자가 병원에 접근하기 쉽고, 병원이 새로운 환경과 변화에 잘 적응할 수 있으면서, 중요한 원칙하에 유연성을 발휘할 수 있도록 특별히 신경 썼다. 신축 건물은 지난 100년간 이용되었던 시설을 대체하는 것이었고, 지역사회에서는 신축 건물이 앞으로 또 100년간 유지되기를 기대했다.

신축 건물은 앞으로 더 이상 사용되지 않을 기존 건물로부터 몇 km 떨어진 수십만 평의 부지에 지어질 예정이었다. 넓은 부지는 많은 옵션과 기회들을 제공했지만, 그만큼의 어려움도 안고 있었다. 초기 디자인 콘셉트는 평지 위에 수평적으로 긴 모양의 저층 건물을 짓는 것이었다. 층이 낮고 수평적으로 긴 건물은 외부로부터의 접근성이 뛰어나며, 환자와 방문객들에게 부담감을 덜 줄 것이라고 예상했기 때문이었다. 이러한 건물 디자인은 병원 근처에 수직으로 나있는 고속도로 및 주요 도로와는 180도 반대였다.

이 사례의 경우, 도로와 입구, 하차 지점을 포함한 모든 것을 새로 만드는 것이었기 때문에, 병원의 다양한 이용자들이 주차장에서부터 병원의 여러 지점까지 이동할 때 소요되는 시간과 거리를 살펴보는 것이 가능했다. 도로 모양과 건물 배치에 대한 여러 옵션들 그리고 벤치마킹한 타 시설의 이동 시간과 거리를 서로 비교하고 그 비용을 측정하는 것이 가능했기 때문에, 관련 예산은 쉽게 계산될 수 있었.

표 5.3은 응급실에서 수술실, 응급실에서 중환자실, 중앙 출입구에서 가장 먼 곳에 위치한 의료실까지 등 다양한 지점간의 이동 거리를 보여준다. 수평상의 거리(미터)와 수직상의 거리(층 수) 모두가 측정되었고, 수평으로 이동할 때 소비되는 시간과 엘리베이터를 기다리는 시간(평균 30초) 그리고 엘리베이터를 타고 이동하는 시간(층당 평균 10초) 역시 측정되었다. 한 번 이동할 때 소요되는 총 시간의 평균과, 1년 동안의 이동에 대한 총 이동 거리와 총 소요 시간도 계산되었다.

최종 디자인 개선을 위해 모든 측정치들은 산업 내 표준치와 비교되었다. 이러한 과정에서 주요 원칙들은 지속적으로 재검토되고, 병원 운영과 공간 사용에 영향을 미칠 수 있는 건물의 추후 확장 계획 및 업무 처리 관행^{protocol}의 잠재적인 변화가 고려되었다.

표 5.3 이동 거리와 시간 비교

가정 사항

1. 평균 보행 거리(카트 혹은 들 것에 실렸을 경우도 포함): 1m/초
2. 평균 엘리베이터 대기 시간: 30초
3. 평균 엘리베이터 탑승 시간: 10초/층
4. 모든 이동 시간은 편도만 계산함

환자와 서비스 제공자의 이동 한 지점에서 다른 지점까지	수평 거리 (미터)	수직 시간 (초)	평균 대기 시간 (초)
1. 응급실에서 가장 먼 입원 환자실까지	318	298	30
2. 응급실에서 수술실까지	97	91	30
3. 응급실에서 촬영 진단실까지	110	103	0
4. 응급실에서 중환자실	134	126	30
5. 수술실에서 가장 먼 입원 환자실	278	261	30
6. 가장 먼 입원 환자실에서 촬영 진단실	241	226	30
7. 중앙 출입구에서 가장 먼 입원 환자실	175	164	30
8. 자재 관리실에서 가장 먼 입원 환자실	241	226	30
9. 식당에서 가장 먼 입원 환자실	287	269	30
10. 세탁실에서 가장 먼 입원 환자실	298	280	30

신축 건물 내 시설들은 이 모든 데이터와 디자인에 대한 권고 사항들을 고려하여 최종 확정, 배치되었다. 이러한 과정을 통해 계획 팀과 디자인 팀은 저층 건물과 고층 건물이 함께 연결된 건축물을 만들어냈다. 주차장에서 출입구까지 걸리는 시간에 대한 원래 조건을 충족시키기 위해, 이 시설에 필요한 다양한 서비스 요건들이 여러 개의 출입구를 통해 충족되도록 특별히 신경 써야 했다. 즉, 특별한 배려가 필요한 출입자들을 위한 출입구도 마련해야 했고 입원 환자들이 이용할 수 있는 출입구도 마련해야 했다.

수직 거리 (층)	수직 거리 (초)	누적 이동 시간 (초)	누적 이동 시간 (분)	누적 이동 횟수 (1년)	누적 이동 시간 (시간)
2	20	348	5.80	6,838	661
1	10	131	2.18		
0	0	103	1.71		
1	10	166	2.77		
1	10	301	5.01	2,000	167
2	20	276	4.60		
2	20	214	3.57		
3	30	286	4.77		
3	30	329	5.49	201,000	18,961
3	30	340	5.66		

　　기존의 연구에서 입증된 바 있는 '입원 병동은 곡선의 형태로 만드는 것이 효율성을 높이고 공간의 면적을 최대한 활용할 수 있다는 사실'을 그대로 적용하였다. 나비 모양의 입원 병동은 분리된 업무용 엘리베이터와 방문객용 엘리베이터가 측면에 배치되었고, 이는 보기에도 좋으면서 프로젝트의 핵심 원칙인 접근성과 적응성을 실용적으로 잘 반영한 것으로 평가되었다.

애드버킷 굿 사마리탄 - 효율성 모델

애드버킷 굿 사마리탄Advocate Good Samaritan은 미국 시카고 주의 애드버킷 헬스케어Advocate Healthcare 시스템의 일부이다. 교외에 위치한 이 중증외상센터는 1960년대에 개원한 이래로 꾸준히 성장해왔다. 그러나 수술 서비스는 더디게 진전이 진행되었다. 다양한 종류의 수술과 전문 시술을 필요로 하는 시설의 이용자는 입원 환자 대 외래환자 비율이 거의 50대 50으로 구성되었다.

수술 시설을 만들고 운영하려면 매우 큰 비용이 드는데, 외과 전문의들과 직원들이 이러한 시설을 제대로 활용하지 못한다면 매우 비효율적인 일이다. 만반의 준비를 갖춘 수술실이 100퍼센트 활용되지 않는다면, 1분에도 수백만 원의 비용이 허비될 수 있는 것이다. 굿 사마리탄의 수술실 추가 프로젝트는 좀 더 효율성 높은 모델을 실현하였고, 환자들에게도 더 안전한 의료 환경을 제공할 수 있게 하였다.

프로젝트 담당자들은 먼저, 1년에 250일 동안 일하고 8시간 근무하는 경우 과연 몇 개의 수술 진행이 가능한지 가늠해보았다. 하루에 한 병실에서 평균 네 번의 수술이 있다고 가정하고, 앞에서 언급한 것과 같은 50대 50 비율과 가장 효과적인 수술과 수술 간 시간(다음 수술 준비 시간)을 고려하였다. 그 결과 1년에 한 수술실에서 875개의 케이스를 담당하는 것으로 벤치마킹 기준을 정하였고, 이 기준과 업계 최고를 대표하는 기존 프로젝트들과의 비교를 실시하였다.

계획 팀은 먼저, 현존 시설의 디자인을 프로그래밍 단계에서 기획되었던 초기 디자인 대비 분석했고, 이어서 현재 디자인을 업계 최고의 디자인 및 디자인 팀원들이 경험한 디자인과 비교해보았다. 그 결과 중증외상센터인 굿 사마리탄이 담당하게 되는 모든 특수 케이스와 대표적인 수술 케이스들을 잘 수용할 수 있는 통합적인 디자인이 만들어졌다. 디자인 팀은 수술 시설 내의 효율성을 높일 수 있는 다양한 기법들까지 개발하였다. 비품 캐비닛을 자주 다니는 곳에 설치하고, 멸균 환경 안팎으로 드나드는 횟수를 줄이기 위해 특수 제작된 온장고와 업무 공간을 만듦으로써 업무에 필요한 이동 거리를 최소화함과 동시에 감염 가능성도 감소시킬 수 있었다. 효율성과 활용성에 집중한 결과, 이동 거리 최대 12미터 내에서 모든 케이스를 해결하게 되었고, 멸균 용품, 의료진, 보조원들의 움직임을 개선할 수 있는 최고의 기술들을 도입하게 되었다.

표 5.4에 보이는 바와 같이, 굿 사마리탄의 수술 시설은 벤치마킹 기준인 1년에 875개의 케이스를 초과 달성하였고, 타 병원 대비 수술실이 10개밖에 되지 않는 최악의 경우를 가정하더라도 1년에 한 수술실에서 887개의 케이스를 처리할 수 있는 것으로 나타났다. 디자인 단계 내내 진행된 벤치마킹 연구는 기존에 계획했던 기준을 초과 충족시키는 더 좋은 디자인과 장비 선택을 가능하게 하였다.

표 5.4 경쟁사와 대비된 수술 서비스 벤치마크

	병원 1	병원 2	병원 3	애드버킷 굿 사마리탄
수술실	17	12	26	10
입원 환자/외래환자 비율	50/50	49/50	49/51	50/50
다음 수술 준비 시간	20	20	27	20
1년 동안의 수술 케이스 수	859	917	871	887

이러한 결과를 통해, 새로운 수술 환경이 효율성만 증가시킨 것이 아니라 다양한 편익의 제공을 가능하게 했다는 것을 알 수 있었다. 시설에 도입된 선진 기술은 녹화 및 문서 기록의 품질을 향상시켜주었고, 자주 다니는 곳에 설치된 비품 캐비닛은 멸균 공간이 침범되는 횟수를 크게 줄여주었다. 우수 사례 도입을 통해 고품질의 결과를 더욱 개선하였을 뿐만 아니라 효율성까지 향상시킬 수 있다면 윈-윈을 이루어냈다고 감히 말할 수 있을 것이다.

벤치마킹의 혜택

헬스케어 벤치마킹은 현재의 프로그램과 디자인을 기존에 존재하거나, 제안되었거나, 이상적이라고 평가되는 프로그램 및 디자인과의 비교 분석을 통해 여러 가지 혜택을 제공한다. 첫 번째는 재무 성과 향상과 비용 절감이다. 운영 계획 시 제시된 벤치마크 기준을 충족 혹은 초과 충족시킴으로써 더욱 효과적이고 효율적인 운영을 통해 달성될 수 있는 성과이다. 헬스케어 시설 운영자들은 벤치마킹 연구를 통해 지출에 대한 투자 수익률을 구체적으로 가늠해볼 수 있다. 경영진들은 헬스케어 시설에 사용된 모든 투자 금액의 가치가 입증되기를 바란다. 철저한 벤치마킹 테스트는 개선된 디자인과 프로그램의 가치를 실질적으로 보여줄 수 있다.

　벤치마킹은 환자 케어의 품질 개선에도 직접적, 간접적으로 도움이 된다. 환자에 대한 케어와 서비스의 품질을 지속적으로 측정함으로써, 환자의 만족도와 같은 평가 지표에 영향을 주는 요소를 발견하거나, 프로젝트의 주요 원칙에 상응하는 개선 사항들을 발견해낼 수 있기 때문이다. 가장 중요한 것은, 벤치마킹 연구는 환자 케어에 있어서 개선 결과를 직접적으로 이끌어낼 수 있다는 것이다. 우수 사례 기준에 맞추어 시설을 디자인하고 계획한다면, 환자의 낙상 사고나 약품 관련된 오류까지도 줄일 수 있다. 벤치마킹은 이러한 결과물들을 포착하고, 이해하고, 공유하고, 지속적으로 개선시켜나가는 것을 가능하게 해준다.

결론

벤치마킹이란 현재의 업무 처리 방법, 제품, 프로세스 등을 동일 산업 내 최고의 것과 끊임없이 비교하는 것으로서, 다양한 산업과 분야에서 폭 넓게 적용되어 왔다. 헬스케어 분야의 벤치마킹 프로세스에는 다음의 6가지 단계가 꼭 포함된다.

1. 프로젝트를 정의하고 구체화한다.
2. 시작점을 파악한다.
3. 성취하고 싶은 목표를 결정한다.
4. 목표의 성취 가능성을 파악한다.
5. 결과를 측정한다.
6. 실행 후, 배운 교훈을 공유한다.

현재의 상태를 파악하고 비교하는 프로세스는 궁극적으로 새로운 헬스케어 시설의 계획과 디자인을 개선시킨다. 물론 여기에는 예산과 중요한 기본 원칙들과 같은 여러 요소들이 고려되어야 한다.

사례연구는 헬스케어 시설의 계획과 디자인에 벤치마킹을 응용하였을 때 얻을 수 있는 더 나은 결과, 수치화할 수 있는 결과들을 보여준다. 벤치마킹의 장점은 투자 수익률을 실증하고, 활용성과 효율성을 증진시키고, 환자 만족도를 향상시키며, 환자의 치료 결과를 개선하는 데 큰 도움을 준다는 것이다.

참고 문헌

Camp, R. (1989). The search for industry best practices that lead to superior performance. Milwaukee, WI: ASQC Quality Press.

6

헬스케어의 효율성

— 바바라 파일, 팸 리치터

헬스케어의 업무 프로세스를 재평가하고 새롭게 디자인해야 하는 이유는 무엇일까? 그동안 각종 문제들, 병목현상, 또는 비효율적인 측면들을 해결하고 개선하기 위한 다양한 대책이 마련되고 필요한 시스템이 개발되어 왔지만, 많은 경우 비효율성과 낭비를 증가시키는 결과를 낳았을 뿐이다. 예를 들어, 필요한 정보를 쉽게 찾을 수 있게 하기 위해서 추가적인 복사본을 만들어놓는 대책은 자원의 근심한 낭비를 초래하였다. 응급 시에 사용해야 하는 장비들은 보이지 않는 곳에 잘 보관해둔다고 하다가, 막상 그 물건을 필요로 할 때는 찾지 못해 제대로 사용하지 못하는 경우도 많다. 직원들이 병실과 물품실에 오가는 수고를 덜기 위해 지나치게 많은 의료품들이나 침대 시트를 병실에 쌓아두는 경우가 많은데, 이 물건들이 제때 사용되지 않아 결국 버려지게 되는 일도 빈번하다. 엘리베이터로 물건을 다른 층으로 이동하는 것이 같은 층 내의 다른 장소로 이동하는 것보다 더 빠를 수도 있는데 그러한 인식을 미처 못 하여 발생하는 비효율성도 있다. 기존의 엘리베이터가 너무 낡고, 느리고, 작았기 때문에 일어났던 일들인데, 새로운 엘리베이터가 설치되었음에도 불구하고 예전의 방식을 그대로 따랐기 때문에 생긴 비효율성의 예이다. 따라서 새로운 시설 계획 단계에는 새로운 업무 방식들도 함께 논의되어야 한다.

　새로운 헬스케어 시설 계획자는 향후 최소 10~15년간 동안에는 효율적인 서비스 전달이 가능하고 또한 그 이후의 미래 고객들의 욕구와 기대에 부응할 수 있는 공간과 흐름을 창조해야 한다. 그러기 위해서는 초기 단계에서 상당한 노력을 기울여야 한다. 경영 팀과 디자인 팀에게 정말 중요한 과제는, 당장 이 일이 어떻게 해결될 것인가를 계획하는 것이 아니라, 미래에 이 일이 어떻게 진행될지를 마음속으로 그려보는 것이다. 선진 기술이 업무 프로세스와 흐름에 어떤 영향을 미칠 것인가에 대한 분석과 계획이 반드시 이루어져야 한다. 이러한 계획을 세울 때 디자인 팀은, 헬스케어 시설의 큰 규모와 복잡성을 고려하여, 시설의 모든 면을 보기보다는 규모가 크고 정말 중요한 업무들의 흐름에 우선순위를 두고 일을 진행해야 한다. 업무에 대한 새로운 정의를 내리고, 세부 사항을 결정하고, 재설계하는 프로세스가 시설을 디자인하는 일과 동시에 진행되기도 하는데, 이는 각 팀이 효율적인 작업 환경을 만들어낸다는 동일한 목표를 향해 함께 일한다면 충분히 가능한 일이다.

　프로세스 개선을 통해 품질 향상을 추구하는 식스 시그마$^{six\ sigma}$ 팀이 계획 팀, 건축 디자인 팀과 함께 작업한 사례는 미국 네브래스카 의료센터$^{The\ Nebraska\ Medical\ Center}$에서 찾아볼 수 있다. 이들은 기존의 일반 병실이 있는 층에 성인 중환자실을 추가하는 개/보수 작업을 추진하였다. 계획 팀이 이 프로젝트에 필요한 공간이 얼마나 되는지를 결정하는 동안에, 관련 분야 전문가들과 의료진은 식스 시그마 분야의 최고 전문가들인 블랙벨트들의 지도하에 필요한 공간의 위치와 크기를 결정하는 데 큰 영향을 미치는 주요 업무 프로세스들을 분석하였다. 이렇게 관련 업무들을 동시에 진행함으로써 공간 디자인 작업을 빠르게 진행시켜 전체 프로젝트를 빨리 끝낼 수 있었다. 이 과정 전체에 중환자실 관련 전문가가 함께 참여하여 작업함으로써, 직원과 환자 모두에게 매우 효율적이면서도 친화적인 근무 환경을 만들어낼 수 있었다.

　이렇게 헬스케어 시설의 효율성에 신경을 쓸 수밖에 없는 주요 이유는 인력 부족 때문이다. 베이비부머들로 구성된 경제활동 인력들은 곧 은퇴를 앞두고 있는데, 이들이 고령화되면서 쇠약해지면 가까운 미래에 필요한 보건 인력이 턱없이 부족해질 것으로 예상된다. 미 연방 정부가 수행한 연구에 의하면, 2020년까지 환자 대비 부족한 간호 인력의 수는 101만 6900명 혹은 36퍼센트에 달할 것으로 예상된다(Biviano et al., 2004). 따라서 기존의 인력은 더 많은 노력을 쏟지 않고도 더 많은 일들을 해낼 수 있어야 한다. 헬스케어 연구 및 품질 연구소 Agency for Healthcare Research and Quality 의 연구 결과에 의하면, 간호사 대비 환자의 비율이 낮아질수록, 아주 치명적이지는 않지만 매우 부정적인 결과가 야기된다(Hickam et al., 2003). 따라서 효율적인 근무 환경을 제공하는 것은 간호사 채용 및 보유를 위한 핵심 요건이 될 것으로 예상된다.

효율적인 근무 환경이 필요한 또 다른 이유는 헬스 서비스 과정에서 발생할 수 있는 다양한 실수를 예방하고 줄여나가야 하기 때문이다. 환자 안전 개선을 위해서는 무엇보다도 헬스케어 전문 의료진의 근무 환경을 개선해야 한다(Baker et al., 2004). 연구 결과에 의하면, 환자의 침상 곁에서 더 많은 시간을 보내는 간호사들은 의료 실수를 덜 하게 되고(Gatmaitman & Morgan, 2006), 환자의 체류 기간을 감소시킬 수도 있다고 한다(Brown & Moreland, 2007).

효율적인 근무 환경 디자인하기

효율적인 근무 환경 디자인을 위한 프로세스는 언제 그리고 어떻게 시작되는 것일까? 외부 컨설턴트를 고용하는 것이 한 방법이다. 비슷한 과정을 거쳐 간 다른 헬스케어 조직의 관리자를 통하거나, 출판된 연구 자료를 참고하는 것도 좋은 방법이다.

보다 효율적인 환경을 만들기 위해 관리자는 먼저 현재 상황을 잘 이해해야 한다. 간호사들이 입원 환자 병동에서 어떻게 시간을 보내는지를 조사한 연구에 의하면, 간호사가 환자를 돌보는 시간은 근무 시간의 19.3퍼센트밖에 되지 않는 81분, 필요한 물품을 가지러 가기 위한 시간은 36분, 다양한 치료 보조 작업 시간이 86분, 서류 작업 시간은 근무 시간의 무려 25퍼센트나 차지했으며, 하루에 평균 5킬로미터를 걸어 다녔다(Hendrich et al., 2008). 이러한 결과는 간호사들이 환자와 더 많은 시간을 보낼 수 있고, 근무

중 이동 거리를 줄일 수 있는 환경을 만들어야 할 필요성을 잘 보여준다.

프로세스 개선 활동이나 더 나은 건물 디자인이 직원 효율을 개선하는 데 도움을 줄 수는 있지만, 기술 도입을 통해서 더 많은 것을 성취할 수도 있다. 선진 기술은 헬스케어 업무가 수행되는 현재 방식과 앞으로의 방식까지 크게 바꾸어놓았다. 전자 의료 기록과 컴퓨터를 통한 의료진의 처방 전달 방식은, 간호사들이 처방전을 만드는 등의 다양한 서류 작업에 쓰는 시간들을 제거해주었다. 차트를 두는 선반도 더 이상 쓸모가 없게 되었다. 환자 정보는 기술 장비를 통해 실시간으로 얻을 수 있고, 다양한 테스트 결과도 관련 장비를 통해 바로 알 수 있고, 환자 상태 정보 또한 간호사가 침상에서 휴대용 단말기를 이용하여 바로 입력할 수 있다. 환자의 개인 정보 및 보험 정보는 환자가 가정의 컴퓨터에서 직접 입력할 수도 있고, 환자가 헬스케어 시설에 도착했을 때 키오스크를 통해 신분증을 읽힐 수도 있다. 이러한 기술 활용이 헬스케어 시설 디자인에 어떤 영향을 미치는지와, 로봇을 비롯한 다양한 선진 기술을 시설에 어떻게 적용할 것인가에 대한 논의는 시설 계획 초기 단계에서 이루어져야만 한다.

2008년 12월에 미국 캘리포니아헬스케어협회(California HealthCare Foundation)는 헬스케어 정보 기술과 같은 기술이 간호사의 근무 환경, 환자 케어(care)의 안전성, 효율성, 품질에 미치는 영향에 대한 조사 결과를 발표하였다(Turisco & Rhoads, 2008). 이 보고서에는 무선통신 시스템, 실시간 위치 파악 시스템, 배달 로봇, 작업 흐름 관리 시스템, 무선 환자 감시, 바코드가 있는 전자 약품 관리, 전자 문서 시스템 그리고 쌍방향 환자 시스템 같은 기술들에 대한 검토 결과가 실려 있다. 이 보고서에 의하면, 이러한 기술들이 다양한 의료 시스템들과 연결되었을 때, 간호사들의 업무 처리 혹은 환자 케어 방식에 큰 변화와 발전이 있을 수 있다.

헬스케어 시설 관리자들은 시설 평가 시, 조직 내부의 품질 및 프로세스 개선 전담 팀으로부터 도움 받을 수 있다. 환자 만족도 조사 결과를 통해 어떤 서비스 측면들을 개선해야 할지 잘 파악할 수 있을 것이다. 가장 바쁜 운영 시간대에 핵심 부서들을 살짝 둘러본다면 어떤 부서들이 추가 지원을 필요로 하는지도 쉽게 파악할 수 있을 것이다.

대부분의 헬스케어 시설의 경우, 응급실이나 외래 진료센터를 통해 환자들이 시설로

들어오게 된다. 이러한 고객 진입 지점들의 업무 프로세스는 지속적으로 재평가되고 재디자인될 여지가 많으며, 헬스케어 시설 내 다른 부서의 업무 프로세스 디자인에도 큰 영향을 미치게 된다.

신기술

기계가 인간의 육체노동을 대체해주면서 인간사의 효율성이 놀랍게 개선되었다. 그러나 헬스케어 서비스의 경우 사람들이 수행해야 할 업무가 많기 때문에 여전히 매우 노동 집약적이며 업무 성과에는 편차가 크다. 헬스케어의 경우 아주 몇 가지 작업들만 기계화 혹은 자동화되었으며, 의료 서비스 환경을 개선하고자 하는 노력은 이제 와서야 막 시작되고 있다. 프로세스 개선을 통해 달성된 헬스케어 시설의 효율성이 더욱 개선될 수 있도록 기술적 해결책은 꾸준히 모색되어야 한다. 공간에 미치는 기술의 영향은 매우 지대할 수도 있다. 효율적인 헬스케어 시설의 디자인에 있어서 의사소통, 직원과 자료 추적 그리고 로봇 시스템 등은 매우 중요한 역할을 한다.

의사소통 시스템

인터넷 전화(Voice over Internet Protocol, VoIP) 같은 무선통신 시스템은 예전보다 훨씬 더 많이 이동하며 업무를 수행해야 하는 직원들로 하여금 즉각적이고 효율적으로 의사소통을 할 수 있게 해준다. 하나의 무선 핸즈프리 장치는 전화기와 삐삐 같은 여러 개의 통신 장치들을 대신한다. 간호사들은 전화기가 있는 중앙 업무실로 이동할 필요 없이 팀 멤버들과 소통할 수 있다. 의료진이 환자를 직접 보살피는 시간과 프로세스상의 효율이 증가했으며, 이로 인해 의료진의 스트레스 수준은 감소되고, 환자와 의료진의 만족도는 향상되었다. 이러한 무선 의사소통 시스템은 진료 관련 프로그램, 센서, 환자 모니터 장비 그리고 간호사 호출 시스템과 통합될 수도 있다.

환자 및 자료 추적

네비케어^{NaviCare}와 어워릭스^{Awarix} 같은 환자 추적 시스템이나 작업 흐름 관리 시스템은 다양한 정보원으로부터 정보를 수집하여 환자를 돌보는 직원들에게 중요한 사항들을 알려준다. 이러한 시스템들은 '실시간 화이트보드'를 통해 직원들에게 정보를 제공해줌으로써 환자가 필요로 하는 케어, 임박한 테스트 결과, 환자의 위치, 눈에 띄는 처방 그리고 다른 상황들에 대해 기민하게 대처할 수 있도록 해준다. 이처럼 필요한 정보를 쉽게 얻을 수 있으면, 정보를 요구하고 획득하는 데 걸리는 시간을 줄일 수 있게 됨으로써 환자들을 더 신속하게 돌볼 수 있다. 환자 추적 시스템은 병실을 배정하는 책임자에게도 매우 유용한 도구이다. 효율적이고 효과적인 침상 배치는 최적의 침상 활용도를 성취하게 하고, 배치가 지연되거나 우회하게 되는 상황을 초래하는 병목현상을 제거해준다.

바코드

바코드는 자산, 환자 그리고 약품을 확인하고 추적하기 위해 사용된다. 많은 병원들이 처음에는 실수를 줄이고 서류 작업의 정확도를 높이기 위해 약품 관리에 바코드를 이용했다. 약품 실수로 인한 추가 경비는 미국에서만 매년 약 20억 달러에 달한다고 한다 *(Kohn, 2000)*. 바코드는 약품 관리뿐만 아니라 재고 관리와 환자 추적에도 사용될 수 있다. 바코드 스캐너는 노트북, 소형 컴퓨터, 혹은 환자 침상에 가져갈 수 있는 다른 휴대용 장치와도 통합될 수 있다. 직원들은 이러한 기술을 실용적으로 활용하여 더 효율적으로 일할 수 있다.

무선주파수 인식 장치

무선주파수 인식 장치^{RFID}는 무선 기술을 사용하여 제품의 시리얼 넘버를 태그에서 스캐너로 사람의 개입 없이 전달해준다. 원격측정을 위해 안테나를 사용하는 것과 유사하게, 스캐너는 시설 전체에 간헐적으로 배치된다. 그러면 중앙의 스캐너를 통해 직원과 보급품 위치를 알 수 있게 된다. 이러한 기술은 바코드 재고 추적 시스템을 대체할 수도 있다. 왜냐하면 무선주파수 인식 장치에는 즉각적이고 자동직인 자료 습득 기능이 있어서,

약품 실수와 직원들의 이동 시간을 줄이고 효과적으로 재고를 통제할 수 있기 때문이다.

헬스케어 로봇

원격의료 로봇, 수술 보조 로봇, 텔레로봇 그리고 서비스 로봇들은 헬스케어 시설에서 점점 더 대중적으로 활용되고 있다 *(Cohen, 2008)*. 원격의료 로봇은 진단과 치료를 위해 환자 정보를 수집하여 멀리 떨어져 있는 의사들에게 전달한다. 원격의료 로봇의 사용이 빈번한 분야는 바로 지방의 응급실에서 뇌졸중 원거리 상담을 하는 경우이다. 다빈치 수술 시스템^{da Vinci Surgical System} 같은 수술 보조 로봇은 3-D 영상을 사용하여 최소 절개수술에 이용된다 *(Tsui & Yanco, 2007)*. 텔레로봇의 경우 외과 의사들이 다른 지역에 있는 환자들을 수술하는 데 사용될 수 있는지에 대해 테스트되고 있는 중이다. 서비스 로봇은 약품과 장비를 비롯한 보급품을 가져오거나, 시설의 더러워진 침대 시트나 쓰레기를 운반하는 데 쓰인다. 물건을 나르는 일에 로봇을 사용하면, 직원들은 환자를 돌보는 데 더 많은 시간을 쓸 수 있다. 이를 위해서는 로봇이 활용될 수 있는 건물 디자인이 필요하다는 사실이 기억되어야 한다.

보고에 의하면, 간호사들은 환자에 대한 서류 작업을 위해 2~3시간의 근무시간을 쓴다고 한다 *(Poissant et al., 2005)*. 글씨를 손으로 쓰는 것은 비효율성뿐만 아니라 기록의 가독성과 완벽성에 대한 우려를 불러일으킨다. 그에 비해 전자 의료 기록은 장점들이 참 많다. 하지만 의료진의 전자 기록 활용도와 효율성을 향상시키기 위해서는 이동식이며, 사용하기 쉬운 기술이 동반되어야 한다. 손에 들고 다니는 무선 장치와 태블릿은 간호사가 침상에서 환자의 케어를 마치자마자 그 내용을 기록할 수 있도록 해준다. 장비를 이용한 실시간 자료 입력은 그 정보를 전달하는 데 간호사가 할애하는 시간도 줄여주며, 그 결과 효율성과 정확성이 향상된다. 다양한 응용 소프트웨어가 개발됨에 따라, 이러한 소프트웨어가 잘 활용될 수 있도록 시설이 디자인되어야 한다.

환자 또한 개인의 삶 속에서도 다양한 기술을 사용하므로, 이러한 환자의 기술에 대한 관심과 능력을 기반으로 하여 환자와 시설 간의 쌍방향 기술이 시설 디자인에 적용되고 있다. 시설에서 제공되는 다중 매체와 의사소통 시스템에는 개인화된 환자 교육 프로그램, 유선방송의 오락프로 선택, 인터넷 접속, 영화 선택, 비디오게임, 음식 서비스 주문, 객실 관리, 만족도 조사 등이 포함된다. 환자와 시설 간의 쌍방향 기술이 활용되고 있는 또 다른 예는 접수와 정보 안내 키오스크이다. 접수 키오스크는 공항이나 호텔에서 체크인, 체크아웃, 스케줄을 예약할 때 사용되는 키오스크과 비슷한 기능을 제공한다. 방문객이나 환자가 직접 눌러보며 사용할 수 있는 건물 안내 지도는 로비에 설치된다. 이러한 기술은 고객에게 편의를 제공함과 동시에 직원들로 하여금 더 중요한 다른 서비스들에 집중할 수 있도록 해준다. 이렇게 다양한 기술의 도입은 시설 내에 필요한 공간을 줄여줌으로써 시설의 디자인에도 큰 영향을 미친다.

헬스케어 시설 디자인에 있어서, 기술적 기반에 대한 계획은 향후의 혁신적 변화를 충분히 지원해줄 수 있어야 한다. 디자인의 궁극적인 목표는 진료 시스템과 빌딩 시스템의 온전한 통합이라고 할 수 있다 *(Koch, 2007)*. 따라서 신기술 도입으로 생기게 될 빈 공간에 대한 추가적인 계획을 세워야 한다. 기술의 도입을 통해 필요한 공간이 대폭 줄어든 대표적 사례는, 전자 의료 기록을 사용함으로써 의료 기록 보관 공간이 거의 필요하지 않게 되었다는 것이다.

프로세스 개선의 역사

1990년대에 헬스케어 기관에서 광범위하게 사용되었던 전사적 품질 경영^{Total Quality Management, TQM}이나 지속적 품질 개선^{Continuous Quality Improvement, CQI} 프로그램은 오늘날의 식스 시그마, 린 식스 시그마 그리고 린 헬스케어 프로그램으로 진화하였다. 이러한 프로그램들은 다양한 산업 분야에서의 다양한 성공 사례에 기초하여 개발된 것이다.

더 적은 자원을 사용하고 보다 안전한 환경을 유지하면서, 같거나 더 적은 시간 내에 더 높은 품질의 제품 혹은 서비스를 생산해내는 것은 매우 중요한 일이다. 이 문제에 대한 답을 찾고자 다양한 산업에서 엄청난 노력을 투자하였고, 많은 산업공학자들과 경영 컨설턴트들이 20세기 내내 애써왔다. 프레드릭 테일러^{Frederick W. Taylor}, 윌리엄 에드워

즈 데밍(William Edwards Deming), 필립 크로스비(Phillip Crosby) 그리고 조지프 주란(Joseph Juran)과 같은 학자들이 대표적 인물들이다.

식스 시그마는 통계분석 기술, 문제 해결, 품질 원칙을 사용하여 결함이나 오류의 횟수를 현 수준에서 100만 분의 3.4 수준으로 줄이는 것을 목표로 한다(Trusko et al., 2007). 린 식스 시그마를 통해 주기와 프로세스 속도 향상 그리고 가치에 대한 개념이 추가되었다. 고객을 위한 가치를 창출해내는 모든 활동은 부가가치 활동이라고 불린다. 린의 목표는 비부가가치 단계나 낭비를 제거하여, 시작부터 끝까지 가치 창출 흐름이 방해받지 않게 함으로써 프로세스 속도를 증대시키는 것이다. 이를 통해 고객 만족을 달성할 수 있다(Trusko et al., 2007).

식스 시그마가 제조 프로세스에 더 많이 활용된 반면, 린은 헬스케어를 비롯한 서비스산업에 더 많이 적용되어 왔다. 식스 시그마와 린은 모두 지속적인 개선을 위한 기업문화를 촉진하여, 낭비를 없애고, 프로세스 시간을 줄이며, 비용을 절감하고, 직원들을 효율적으로 활용하며, 표준화를 통해 가장 좋은 업무 방법을 찾아내고자 한다.

헬스케어에서 낭비가 일어나고 있다는 것을 확인하는 작업은 린 프로세스의 일부분이다. 라이커와 마이어(Liker & Meier, 2006)는 제조 프로세스에서의 비부가가치 활동, 즉 낭비의 주된 여덟 가지 유형을 다음과 같이 설명하였다.

1. 과잉생산: 과잉생산은 필요 이상의 양을 만들어 내거나 필요 이상으로 빠르게 일해야 하는 결과를 초래한다. 헬스케어의 경우, 사용되지 않는 검사 보고서를 인쇄하거나 불필요한 검사실 방문을 하도록 하는 것이 과잉생산의 두 가지 사례가 될 수 있다.
2. 결함: 작업에서의 결함은 반복이나 재작업을 하게 만든다. 예를 들어 부정확한 처방 입력, 약품 실수 그리고 부적절한 샘플로 인한 재채혈 등은 재작업을 야기한다.
3. 대기: 모든 과정에서 지연되는 것은 대기라고 할 수 있다. 환자가 의사나 검사 결과를 기다리거나, 일을 마치고 집에 가는 차를 기다리는 것 등이 지연의 사례들이다.
4. 교통 혹은 운송: 많은 환자 이송과 검사실로 샘플을 가지고 걸어가는 간호사는 불필요한 운송의 사례이다.

5. 과잉 업무 처리 혹은 부정확한 업무 처리: 과다한 업무 처리는 불필요하거나 반복되는 작업 흐름을 야기한다. 환자에게 매번 기본 정보를 묻는 것이나 청구서를 매번 인쇄하는 것은 과잉 업무 처리의 좋은 예이다.
6. 초과 재고: 필요한 양보다 더 많은 비품, 침구류, 약 재고품은 초과 재고의 사례이다.
7. 불필요한 움직임: 엉뚱한 곳에 갖다 둔 장비를 찾기 위한 과다한 거리 이동을 하거나 무질서로 인해 직원들이 지나치게 많은 이동을 하게 한다.
8. 활용되지 않는 직원의 창의성: 아이디어들을 브레인스토밍하고 나서 그것들을 사용하지 않는 것은 창의성을 활용하지 않는 사례이다(p. 35-36).

린의 콘셉트를 헬스케어 제공자와 고객에게 잘 적용시킨다면 환자와 직원의 만족도는 향상시키고 비용은 절감하는 결과를 얻을 수 있다. 가장 효율적으로 디자인된 프로세스는 환자를 돌보는 전 과정에 걸쳐 불필요한 단계들을 제거함으로써 개선된 진료 성과를 가능하게 할 뿐만 아니라 자원의 활용도 또한 향상시킬 수 있다. 헬스케어 시설이 더 조직화되고 질서 정연해짐에 따라 바람직하지 않은 사건 발생 건수, 불필요한 의료진의 이동 거리 그리고 필요한 재고의 양을 줄임으로써 의료진과 환자 모두에게 더 안전한 곳이 마련될 수 있다.

프로세스 개선 도구들

대부분의 헬스케어 관리자들은 프로세스 개선 계획을 이미 세워두고 있어, 필요에 따라 신속하게 팀을 구성하여 디자인 팀과 더불어 일할 수 있다. 디자인 팀들은 이러한 계획 과정에서 흔히 사용되는 프로세스 개선 도구를 이용하여 조직별, 부서별 작업 흐름 개선을 위한 재작업을 시작할 수 있다. 프로세스 개선 도구들은 다음과 같다.

- 프로세스 흐름도

- 스파게티 다이어그램
- 가치 흐름 지도
- 시뮬레이션 모델링
- 5S 시각 통제
- A3 문제 해결

프로세스 흐름도

흐름도의 첫 단계는 고객의 관점에서 핵심 프로세스를 확인하는 것이다.

- 어디에서 어떻게 고객들이 프로세스에 들어오는가?
- 시설 내에서 고객들에게 어떤 일들이 일어나는가?
- 병동에서는 고객들에게 어떤 일들이 일어나는가?
- 고객들은 얼마나 오랜 지연과 대기를 경험하는가?
- 얼마나 많은 서로 다른 부서들 혹은 직원들을 거쳐야 하는가?
- 이것이 하나의 프로세스인가 아니면 여러 단계의 프로세스인가?
- 어떤 의사 결정 포인트가 있는가?
- 고객들은 어떤 경로를 통해 프로세스를 빠져나가는가?

현재 프로세스의 확인을 통해, 향후의 운영과 흐름이 어떻게 개선될 수 있을지 그리고 효율성 개선을 위해서는 시설 내에 어떤 변화가 필요한지를 파악할 수 있다. 부서별 흐름도의 사례는 그림 6.1과 같다.

흐름도(프로세스 차트 혹은 프로세스 지도)는 핵심 프로세스의 처음부터 끝까지의 각 단계를 문서화한다. 컨설턴트들이 종종 이용하는 방법은 각 단계를 포스트잇 용지에 적어서(필요에 따라 위치 이동을 쉽게 하기 위해서) 그것을 발생 순서대로 더 큰 면(벽이나 화이트보드)에 붙이는 것이다. 이렇게 하면서 프로세스 내 의사 결정 포인트가 확인되고, 중요한 노선이 파악된다.

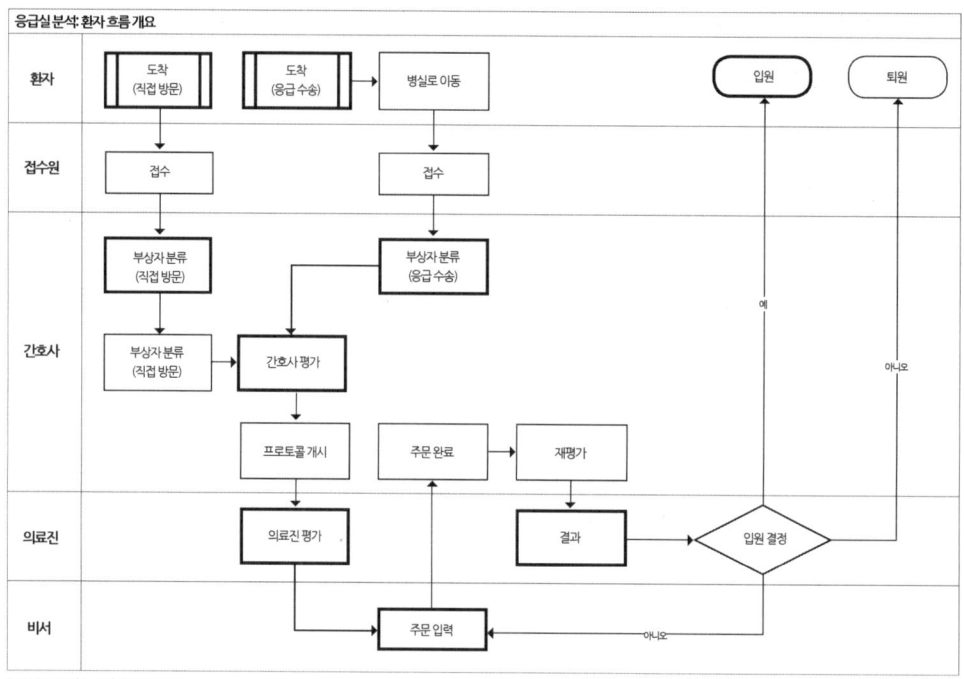

그림 6.1 부서별 흐름도

　　이상적으로는 모든 부서와 근무 조의 대표들이 관련 프로세스의 흐름을 확인하고 구체화하는 것이 바람직하다. 흐름도를 통해 과잉 단계, 불필요한 단계, 차선책, 대기 시간, 부서 간 관계 등을 확인할 수 있고, 이 모든 것이 포함된 총체적이면서도 구체적인 프로세스 정리를 할 수 있게 된다. 그 다음 단계는 이상적인 프로세스가 무엇인지를 결정하는 것이다. 헬스기관 내 다양한 업무들이 여러 부서들과 서로 연동되어 진행된다는 것을 고려할 때, 한 부서의 프로세스를 분석하고 디자인할 때 관련된 다른 부서의 프로세스들도 추가적으로 고려하는 것이 바람직할 수 있다. 예를 들어, 어떤 병원에서는 여분의 검사실이 환자의 흐름과 프로세스 소요 시간을 개선해줄 것이라고 판단하여 검사실의 규모를 늘리고자 하였다. 환자 상황을 볼 때 검사실이 더 필요하다는 사실은 쉽게 확인할 수 있었지만, 프로젝트 팀은 그 자료에만 기반을 두지 않고, 미래지향적으로 검사실을 늘이기 위해서, 환자들이 검사실에 도착하고 치료받는 과정에 대한 구체적인 흐름도를 구성하고 분석하였다.

　그림 6.1에 묘사된 프로세스와 관련된 프로젝트 팀은 이 흐름도를 통해 이상적인 응급실 공간을 디자인하기 위해서는 두 개의 핵심 단계인 접수와 부상자 분류를 더 세부적으로 분석할 필요가 있다는 것을 확인할 수 있었다. 그들은 응급실 간호사들이 환자를 어디서 어떻게 분류해야 하는 것이 좋은지와 같은 운영 관련 의사 결정을 내려야 했고, 침상에서 환자 접수를 받는 것이 부서의 흐름에 어떤 영향을 주는지에 대해 이해하고 실행 의사 결정을 내려야 했다. 이와 더불어, 외래환자들이 키오스크를 사용하여 접수를 하는 것도 논의해야 했다. 이 모든 의사 결정 하나하나가 응급실과 접수부서의 크기 및 위치에 영향을 미치게 된다. 새로이 제안된 접수 프로세스 흐름은 그림 6.2와 같다.

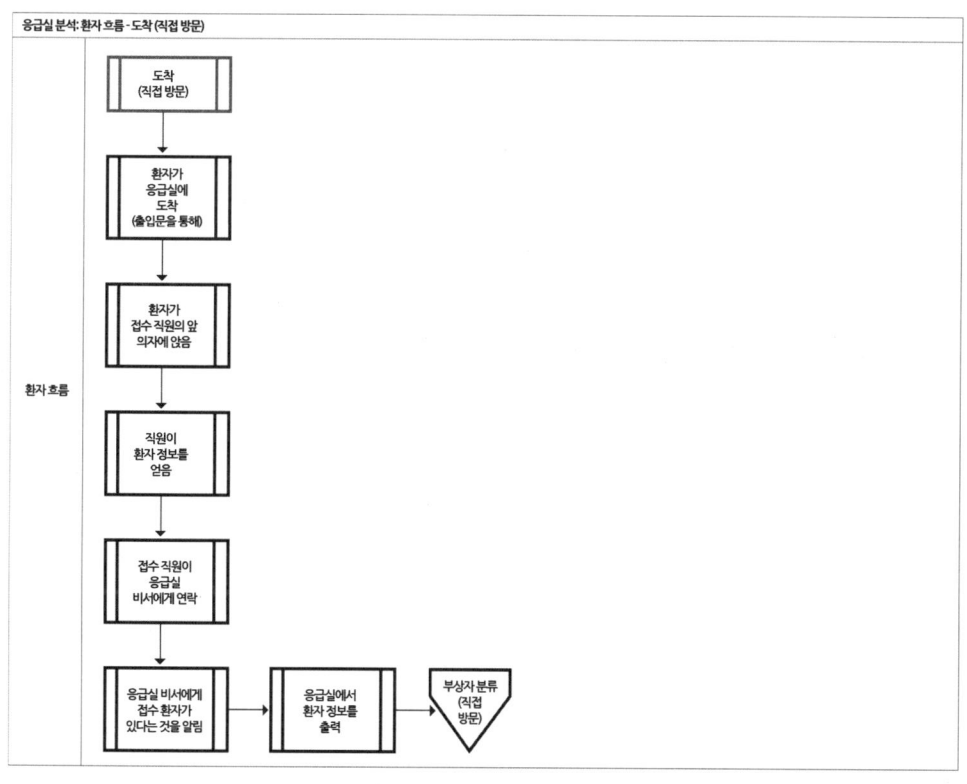

그림 6.2 새로운 접수 프로세스

스파게티 다이어그램

직원들이 부서 내 흐름을 잘 이해하도록 도와줄 수 있는 쉬운 방법은 스파게티 다이어그램을 작성해보는 것이다. 이 도구는 비효율적인 배치, 불필요한 이동 거리 그리고 직원들에게 있어 낭비된 시간과 움직임을 확인하고 시각화하도록 도와준다. 궁극적으로는 가장 효율적 운영을 위한 '최적의 상태'를 찾도록 도와주는 것이다.

첫 번째 단계는 부서의 다이어그램이나 평면도를 만드는 것이다. 하루 동안의 관찰 내용이 다이어그램 한 장에 기록되는 것이다. 직원이 이동을 할 때마다 다른 색깔로 선을 그려야 하며, 이동한 횟수, 이동에 걸린 시간, 부수적인 이동 그리고 지체한 내용도 기록해야 한다. 이 정보는 변화를 평가하는 기초가 된다.

예를 들어, 스파게티 다이어그램은 새 클리닉의 초기 디자인에 이용될 수 있다. 초기 평면도가 완성되면 건축 팀은 통행의 흐름을 확인하기 위해 의료진과 함께 작업을 시작한다. 환자를 직접 케어하는 의료진을 먼저 고려하고, 근무 조원들의 활동이 어떻게 진행될 것인지를 고려한다. 그리고 나서는 다른 의료진의 활동들이 첫 흐름도 위에 겹쳐진다. 최종적으로는 디자인 팀과 의료진이 제안된 배치, 흐름 그리고 수집된 자료를 평가하고 방의 위치에 대한 결정을 내린다.

그림 6.3은 클리닉에서의 의료진 이동 양상을 보여주는 스파게티 다이어그램이다.

가치 흐름 지도

가치 흐름 지도는 고객의 요구를 최종 제품 혹은 서비스로 전환시키는 과정에서 발생하는 재작업, 지체, 대기 시간까지 포함하는 모든 프로세스 단계를 정의하는 린 도구이다. 이 도구는 프로세스를 고객의 관점에서 검토하고, 직원들로 하여금 부서 간 의사소통과 상호작용을 비롯한 전체의 프로세스를 볼 수 있도록 도와준다.

가치 흐름의 지도는 프로세스 흐름도만큼 상세하지는 않다. 가치 흐름 지도의 목표는 '현재의 상태'의 모든 낭비와 비부가가치 단계를 제거하여 더 빠르고 더 유연한 프로세스, 즉 바람직한 '미래의 상태'에 도달하게 하는 것이다. 가치 흐름 지도는 개별적인 프로세스 단계를 살펴보기 전에 전체적인 흐름부터 개선하도록 도와준다.

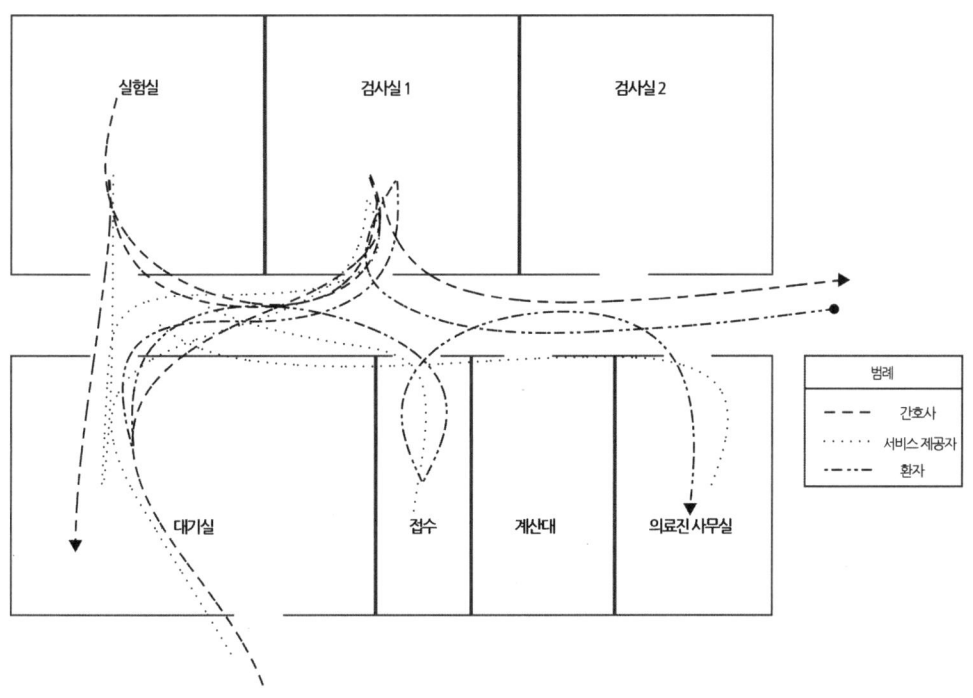

그림 6.3 클리닉의 직원 이동 스파게티 다이어그램

외래환자 접수 공간 디자인에 사용한 현재 상태와 미래 상태 지도의 사례는 그림 6.4와 그림 6.5에 보이는 바와 같다. 이 그림들은 환자와 정보의 흐름, 업무 연결성, 표면화된 문제점 그리고 흐름에 영향을 주는 모든 유별난 단계들을 확인시켜주는 가치 흐름 지도의 핵심 구성 요소들을 잘 보여준다. 가치 흐름을 향상시키는 린 원칙들 가운데 하나는 장비나 특정 과제 수행실을 하나의 '셀'이나 흐름선 위에 위치시키는 것이다. 이렇게 하면 제품이나 서비스 흐름이 어떤 좁은 공간으로 되돌아가는 일 없이 처음부터 끝까지 물 흐르듯 흐를 수 있게 해준다. 이러한 개념을 잘 적용할 수 있는 이상적인 곳은 응급 병동, 임상 실험실 그리고 입원 환자 약제실이다.

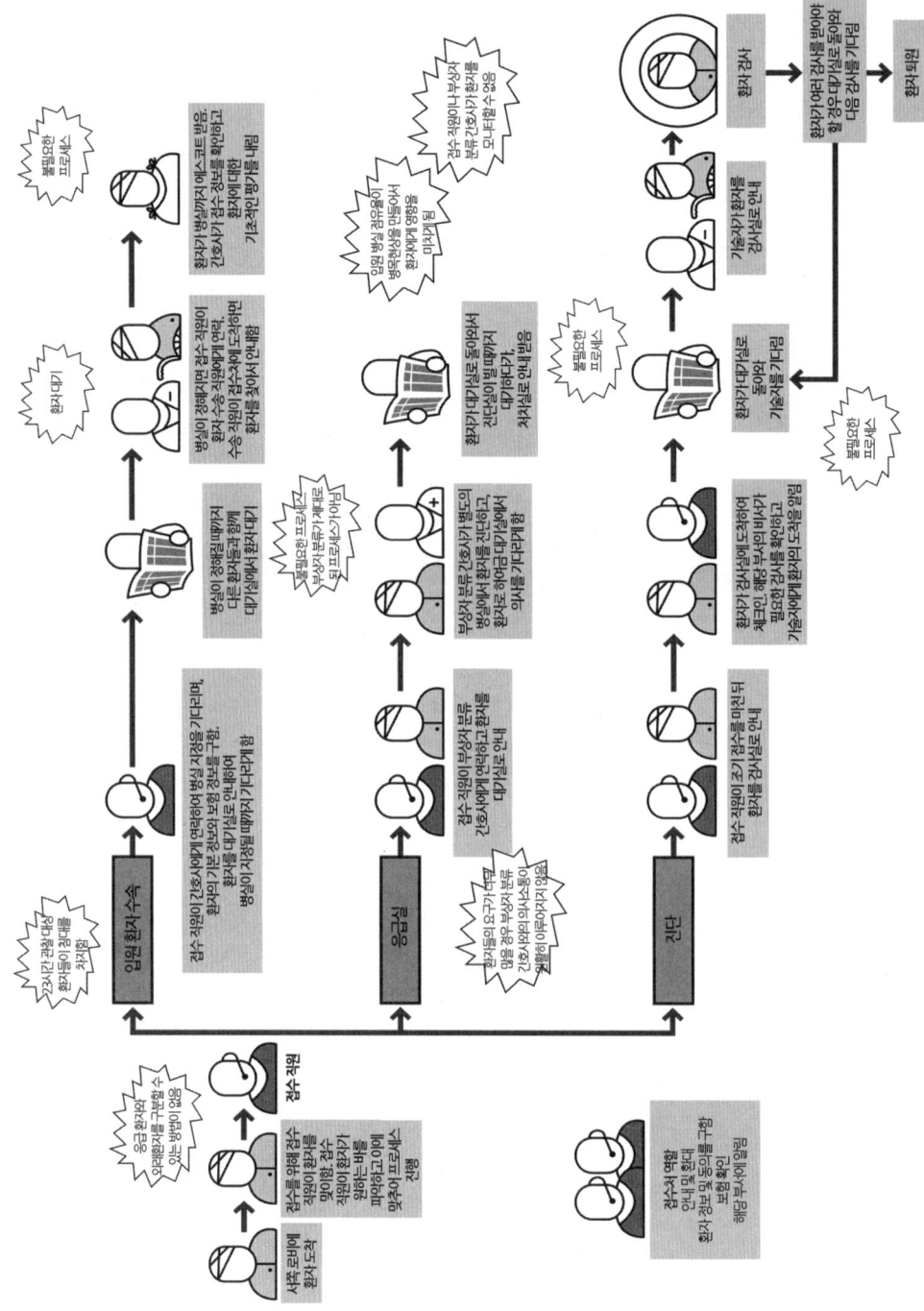

그림 6.4 현재 상태의 가치 흐름 지도

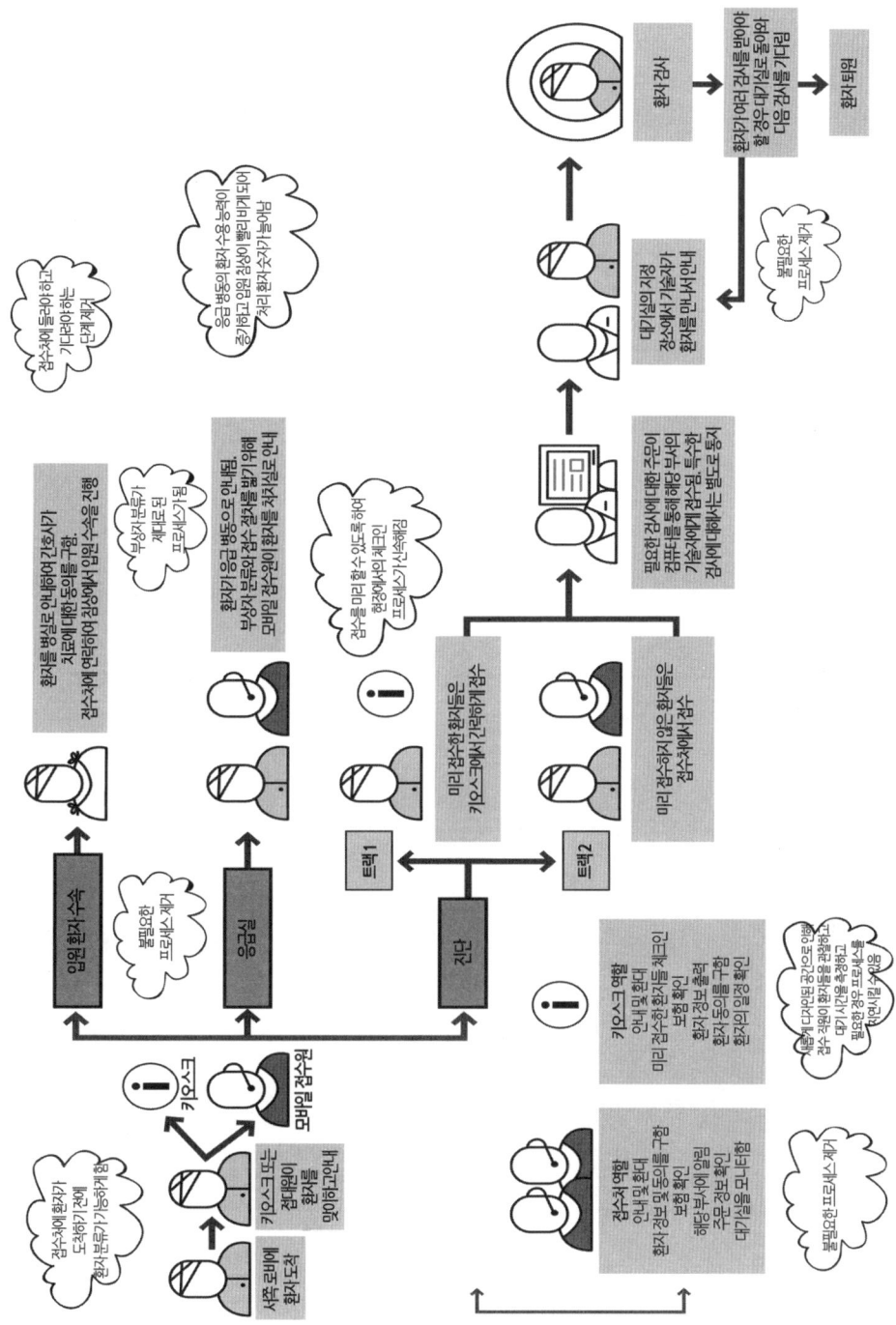

그림 6.5 바람직한 미래의 가치 흐름 지도

시뮬레이션 모델링

요즘 나오는 시뮬레이션 소프트웨어 패키지는 이동 거리와 대기 시간 및 프로세스 시간의 측정뿐만 아니라 프로세스 흐름도, 스파게티 다이어그램 그리고 가치 흐름 지도 작성도 쉽게 해준다. 이러한 시뮬레이션 소프트웨어는 2-D나 3-D 애니메이션을 이용하여 부서별 흐름을 보여준다. 레빗^{Revit}과 같은 건축용 소프트웨어와 함께 사용되면 프로세스나 레이아웃 변화의 효과도 보여줄 수도 있다. 이러한 패키지에 포함된 프로그램들은 수정된 프로세스 요소들의 효과를 평가하는 기능도 가지고 있다. 이러한 자원들을 활용하여 임상 팀과 디자인 팀은 지원업무 공간을 어디에 위치시키는 것이 가장 좋은지를 결정할 수 있다.

5S—업무 현장의 시각적 경영

5S 방법론은 다음과 같은 단계들로 구성된다.

- 분류^{Sort}: 잘 사용되지 않거나 불필요한 품목들을 제거한다.
- 바로 잡기^{Straighten}: '모든 것을 둘 자리를 마련하고 모든 것을 제자리에' 둘 수 있도록 품목을 조직화하고 라벨을 붙인다.
- 광내기^{Shine}: 청결하게 하고 청결을 유지하는 방법을 찾는다.
- 표준화^{Standardize}: 영역을 유지하면서 위 세 단계를 모니터할 시스템을 개발한다.
- 유지^{Sustain}: 조직의 규율을 유지하기 위해 정기적으로 점검한다.

5S는 린 프로세스 개선 도구로서 이행하기 쉽고 빠르며, 일반적으로 직원들이 가장 먼저 시도하는 것들 가운데 하나이다. 프로세스 계획과 디자인 초기 단계에서 직원들이 업무 현장을 청소하고, 조직하고, 표준화하는 일들을 해준다면, 물품이나 장비 보관을 위한 불필요한 공간을 없애거나 줄일 수 있을 것이다. 5S 방법론은 책상 위나 서랍 같은 아주 작은 공간부터 가장 넓은 부서에까지 적용될 수 있으며 대체로 즉각적인 효과를 발휘할 수 있다.

5S 프로그램은 물품을 쉽게 찾고, 없어진 품목으로 인한 비용을 줄이고, 제대로 배치되지 않은 물건들을 찾는 데 걸리는 시간을 줄임으로써 즐겁고, 깔끔하고, 불만이 적은 일터를 만들어준다.

A3 문제 해결 보고서

A3 문제 해결 보고서는 프로세스 개선 문제를 확인하기 위해 사용되는 또 다른 린 도구이다. 이 도구가 제대로 사용되기 위해서는 문제 해결 프로세스가 최대한 간단명료하도록 만들어져야 한다. A3 양식에 포함되는 다섯 가지 핵심 영역은 다음과 같다.

- 현재의 상황 묘사(현재의 가치 흐름 지도가 포함될 수 있음)
- 근본 원인 분석을 포함한 모든 참고가 될 만한 통계 분석 제공
- 계획된 개선 사항 실행안 구체화시키기(미래의 가치 흐름 지도가 포함될 수 있음)
- 목표한 결과의 혜택과 비용 확인
- 미래에 수행될 작업 단계에 대한 개요 작성

A3 문제 해결 프로세스를 잘 이용한 사례로는 미국 텍사스 주의 베일러 의료센터$^{Baylor\ Medical\ Center}$에서 실행된 응급실 교체 계획을 들 수 있다.

2006년도에, 이 기관의 응급실에 대한 낮은 환자 만족도는 프로세스 내 발생하는 여러 가지 지연 현상과 환자와의 부적절한 의사소통 때문이라고 확인되었다. 직원들은 환자 프로세스 개선을 위한 다양한 변화를 시도하기 시작했다. 2007년 5월에 해당 부서는 '최상의 상태로 끌어올리기'라는 이름의 서비스 및 효율성 개선 계획을 도입했다. 이 계획은 환자가 응급실에 도착해서 의사를 만날 때까지 걸리는 시간, 즉 '입구부터 의사에게까지 가는 시간'을 줄이기 위한 것이었다. 이 프로젝트를 시작한지 8주가 되자, 환자 만족도는 향상되었고 입구에서 의사한테까지 가는 시간이 40퍼센트 단축되었다. 2008년 말 경에는 기다리다 지쳐서 치료를 받지 않고 떠나는 환자의 비율이 5.4퍼센트에서 0.5퍼센트로 감소하였다. 이러한 결과는 미국 전국 평균인 2퍼센트$_{(Powell,\ 2008)}$ 대비

탁월한 수치였다. 이렇게 환자 만족을 크게 향상시킨 공로로 베일러 직원들은 2008년에 두 개의 큰 상을 수상하였다.

그 외 도구들

헬스케어 환경 개선에 활용되는 또 다른 도구들로는 동시 프로세싱과 실물 모형이 있다.

동시 프로세싱

매사추세츠 종합병원^{Massachusetts General Hospital}과 의학 혁신 기술 센터^{Center for Medicine and Innovative Technology}는 동시 프로세싱을 성공적으로 적용하여 효율성은 더 높이고 낭비는 줄이는 성과를 달성했다. 현재의 문제가 무엇인지를 확인한 후에 그들은 더 많은 수술이 가능하도록 하는 '미래의 수술실'을 개발했다. 그들은 동시 프로세싱을 가능하게 하는 마취 유도실을 갖춘 새로운 수술실을 계획하였다. 한 환자가 수술을 받고 있는 동안 다른 환자는 마취 유도실에서 자신의 수술을 위한 준비 절차를 거치게 되는 것이다^{그림 6.6 참조}. 이러한 프로세스는 수술실이 다음 환자를 맞이할 준비가 완료된 시점부터 실제로 다음 수술이 시작할 때까지 걸리는 시간을 최소화함으로써 시간 낭비를 줄여준다^(Sokal et al., 2006).

공간 실물 모형

헬스케어 컨설턴트들과 디자이너들은 일반적으로 시설 관리자들에게 병실의 실물 모형을 활용할 것을 권장한다. 병실과 병동과 같은 공간의 규모 및 레이아웃의 기능성과 효율성을 테스트하고, 직원/환자/환자 가족들의 이동을 시각화하고, 장비의 크기와 배치를 결정하는 데 모형이 매우 유용하기 때문이다. 대부분의 의료 장비 회사들은 테스트 기간 동안 장비를 제공하여, 해당 시설 내에서 장비가 어떻게 작용하는지 의료진이 확인할 수 있게 해준다. 모형은 검사실과 영상실뿐 아니라 성인 병실과 소아 병실에도 적용될 수 있다. 이 단계에서 의료진이 투입된다면 최종 결정이 나기 전에 논의와 토론을 거쳐 더 나은 디자인이 나올 수 있다. 모형 병실은 카드보드지 같은 재료로 만들 수 있다.

2.1 인디애나 주 리치몬드 시에 위치한 리이드 병원 로비에 설치된 추상예술 작품
© 2008 Jeffrey Jacobs Photography Inc.

2.2 미시간 주 와이오밍 시에 위치한 메트로 헬스 병원의 실내에 사용된 색채의 대비 © 2007 Wayne Cable

2.3 메트로 헬스 병원의 대기실(다양한 형태의 좌석 배치)
© 2007 Jeffrey Jacobs Photography Inc.

2.4 아이다호 주 보아스 시에 위치한 세인트 알폰수스 지역의료센터에 사용된 길 안내용 단서(층별로 다른 찻주전자를 심벌로 사용) © VanceFox.com

2.5 세인트 알폰수스 지역의료센터의 로비에 사용된 특별한 장식 © VanceFox.com

2.6 너쳐 바이 스틸케이스의 헬스케어 가구인 SYNC 라인의 제품들

2.7 HDR이 디자인하고 아키텍스 인터내셔널이 제안한 레머데이(Remedé) 직물 컬렉션 *Photo by David Kogan*

2.8 피터 페퍼 제품회사의 제품들
© *Joe Carlson Photography*

2.9 버지니아 주 윌리엄스버그 시에 위치한 대체 병원인 센타라 윌리엄스버그 지역의료센터
Photo © VanceFox.com

2.10 센타라 윌리엄스버그 지역의료센터 © *VanceFox.com*

2.11 위스콘신 주 매디슨 시에 위치한 미국가족아동병원의 로비 © *2007 Ballogg Photography Inc.*

2.12 미국가족아동병원에 사용된 우유병 모양의 조명 기구 © *2007 Ballogg Photography Inc.*

2.13 미국가족아동병원에 사용된 웅웅거리는 벌레 모양의 조명 기구 © *2007 Ballogg Photography Inc.*

2.14 미국가족아동병원의 바닥 장식
© 2007 Ballogg Photography Inc.

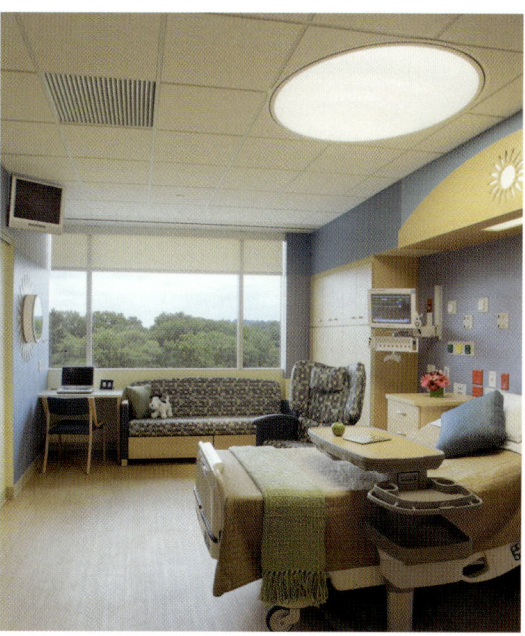

2.15 미국가족아동병원의 환자 대기실에 마련된 환자 가족들을 위한 공간
© 2007 Ballogg Photography Inc.

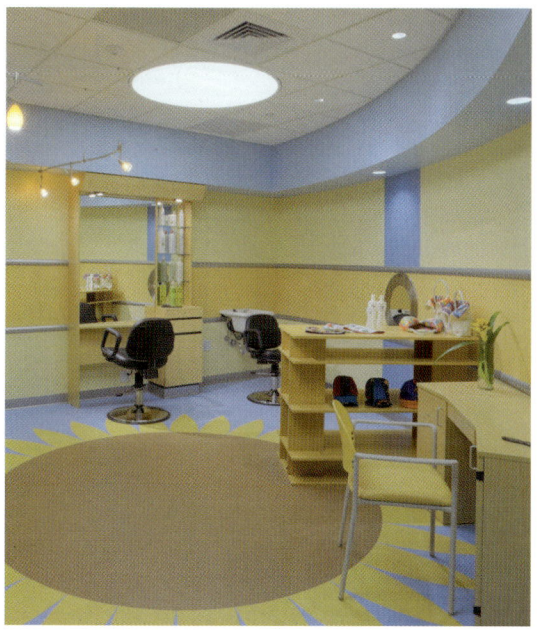

2.16 미국가족아동병원 내에 마련된 긍정적 이미지 센터
© 2007 Ballogg Photography Inc.

2.17 세인트 알폰수스 지역의료센터에 설치된 조각 작품들 © VanceFox.com

2.18 세인트 알폰수스 지역의료센터 내의 대기실
© VanceFox.com

3.1 세인트 알폰수스 지역의료센터에 마련된 비즈니스 센터 © VanceFox.com

3.2 네브라스카 주 오마하 시에 위치한 어린이병원 및 의료센터의 로비 © Tom Kessler Photography

3.3 위스콘신 주 워와토사 시에 위치한 위스콘신 심장병원의 로비 © Mark Ballogg@Steinkamp/Ballogg

3.4 센타라 윌리암스버그 지역의료센터 내에 설치된 인공폭포 © VanceFox.com

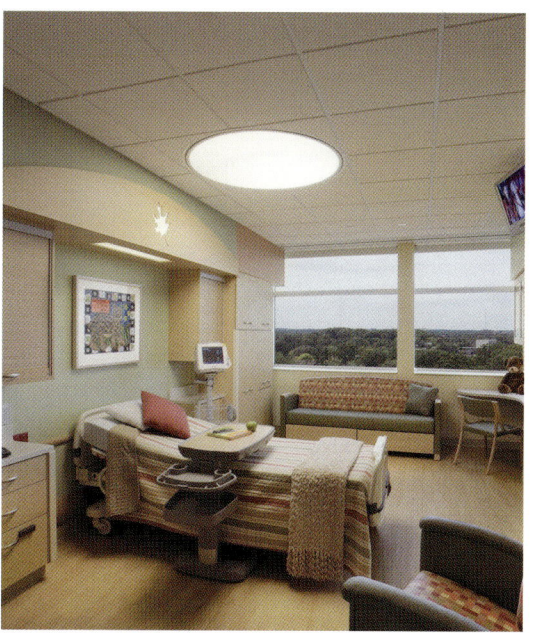

3.5 미국가족아동병원 내에 마련된 소아환자 입원실 © 2007 Ballogg Photography Inc.

3.6 센타라 윌리암스버그 지역의료센터 내의 접수실 © VanceFox.com

3.7 노스캐롤라이나 주 윌밍턴 시에 위치한 뉴 하노버 지역의료센터 베티 카메론 여성&어린이 병원에 마련된 환자 가족들을 위한 자원센터 © 2009 Mark Trew

3.8 센타라 윌리엄스버그 지역의료센터 내에 마련된 정원 예배실 © VanceFox.com

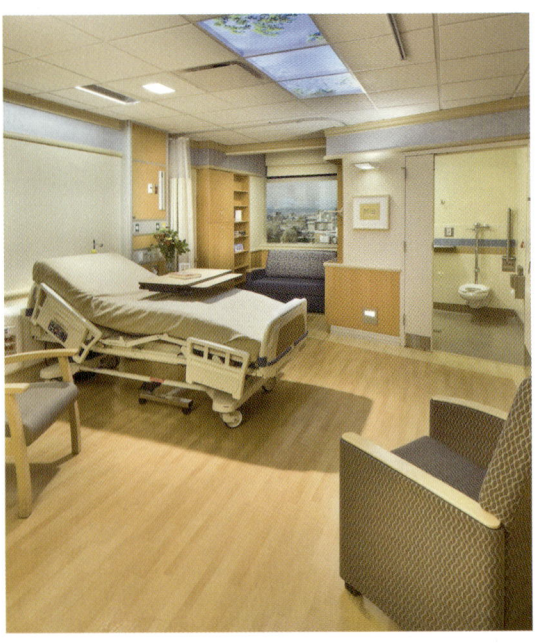

3.9 네바다 주 리노 시에 위치한 리나운 지역의료센터의 환자 입원실 © VanceFox.com

3.10 텍사스 주 그레이프바인 시에 위치한 베일러 지역의료센터의 분산된 간호사 업무 공간 © VanceFox.com

3.11 캘리포니아 주 파사데나 시에 위치한 헌팅턴 기념 병원에 설치된 분수대 © VanceFox.com

3.12 플로리다 주 탐파 시에 위치한 조니 브리드 알자이머 센터 겸 연구센터에 설치된 예술 작품
© DaveMoorePhoto.com

3.13 뉴 하노버 지역의료센터 베티 카메론 여성&어린이 병원에 설치된 예술 작품 © 2009 Mark Trew

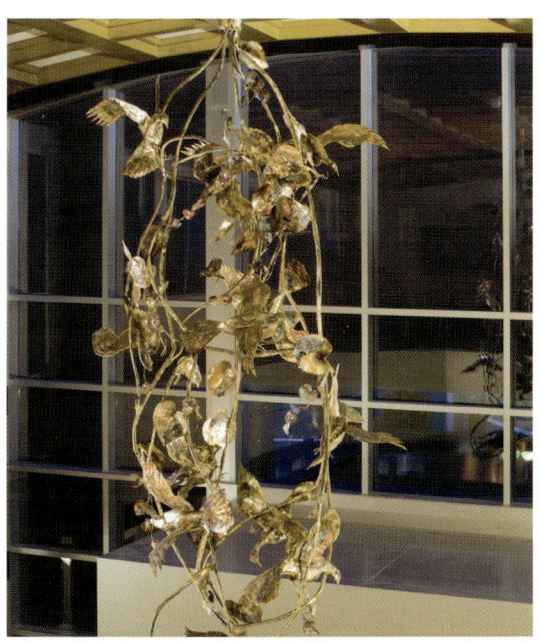

3.14 테네시 주 파웰 시에 위치한 세인트 메리 북부 의료센터에 설치된 예술 작품
© Peter Vanderwarker

3.15 뉴 하노버 지역의료센터 베티 카메론 여성&어린이 병원의 로비 © 2009 Mark Trew

3.16 뉴 하노버 지역의료센터 베티 카메론 여성&어린이 병원에 사용된 층 안내 표시판 © *HDR stock photo*

3.17 뉴 하노버 지역의료센터 베티 카메론 여성&어린이 병원의 로비와 선물가게 © *2009 Mark Trew*

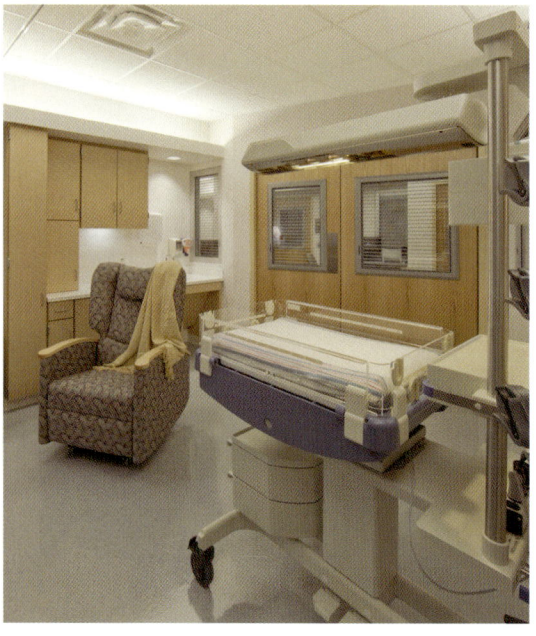

3.18 뉴 하노버 지역의료센터 베티 카메론 여성&어린이 병원에 마련된 야외 휴식 공간 © *2009 Mark Trew*

3.19 뉴 하노버 지역의료센터 베티 카메론 여성&어린이 병원의 신경외과 중환자실 © *2009 Mark Trew*

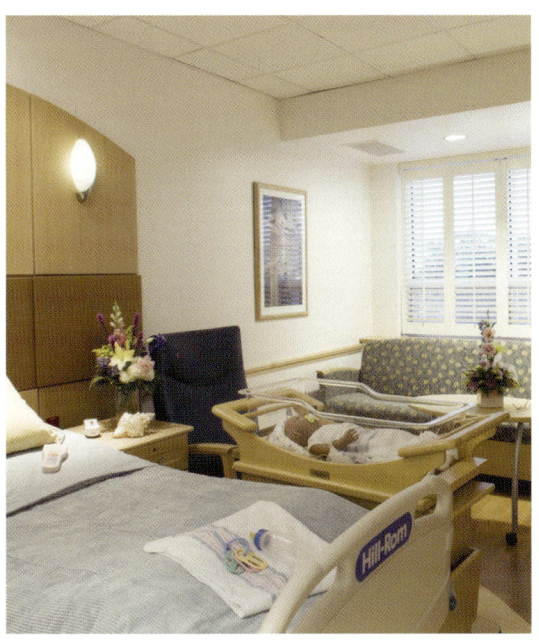

3.20 뉴 하노버 지역의료센터 베티 카메론 여성&어린이 병원의 모자 입원실
© 2008 Anne Gummerson Photography

3.21 뉴 하노버 지역의료센터 베티 카메론 여성&어린이 병원에 사용된 길 안내용의 벽화
© 2008 Anne Gummerson Photography

3.22 뉴 하노버 지역의료센터 수술센터 내에 마련된 간병인을 위한 업무 공간
© 2008 Anne Gummerson Photography

3.23 뉴 하노버 지역의료센터 수술센터의 로비
© 2008 Anne Gummerson Photography

4.1 센타라 윌리암스버그 지역의료센터의 환자/직원들 간 협업을 위한 공간 © VanceFox.com

4.2 센타라 윌리암스버그 지역의료센터에 마련된 실내 산책용으로 만든 미로 형태의 도보길 © VanceFox.com

4.3 센타라 윌리암스버그 지역의료센터 내에 마련된 도서관 © VanceFox.com

4.4 콜로라도 주 오로라 시에 위치한 콜로라도 주립 대학병원의 안슈츠 환자 병동 내에 마련된 정원 © Tom Kessler Photography

4.5 콜로라도 주립대학병원의 안슈츠 환자 병동의 로비
© *James H. Berchert Photography*

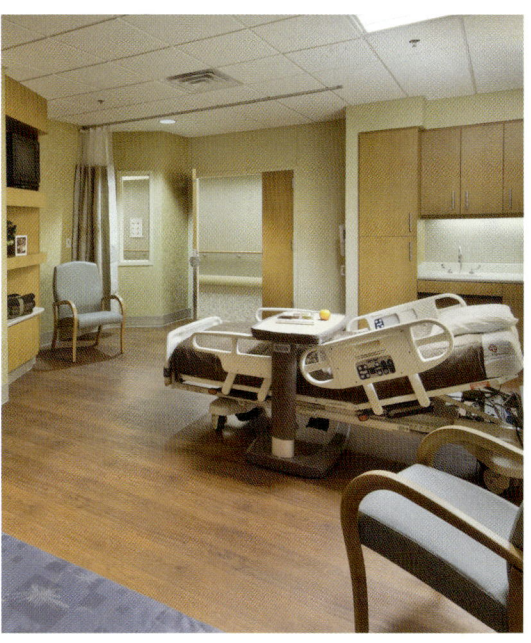

4.6 세인트 알폰수스 지역의료센터에 마련된 가족 스위트룸 © *VanceFox.com*

4.7 세인트 메리 북의료센터에 마련된 야외 식당
© *Peter Vanderwarker*

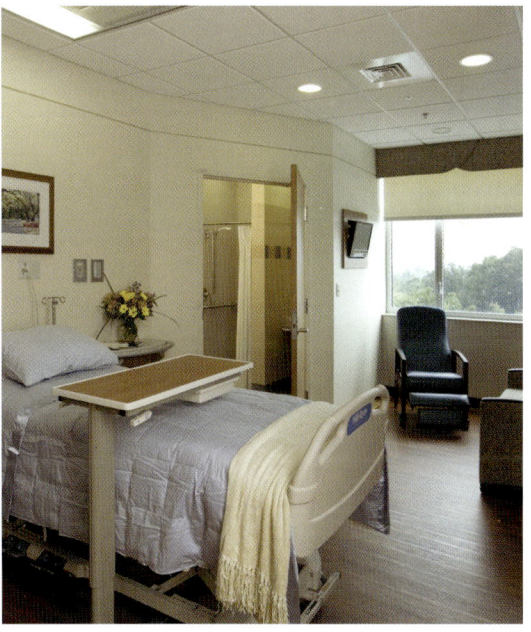

4.8 세인트 메리 북의료센터의 환자입원실 내에 마련된 가족을 위한 공간 © *Peter Vanderwarker*

5.1 리이드 병원 © *2008 Jeffrey Jacobs Photography Inc.*

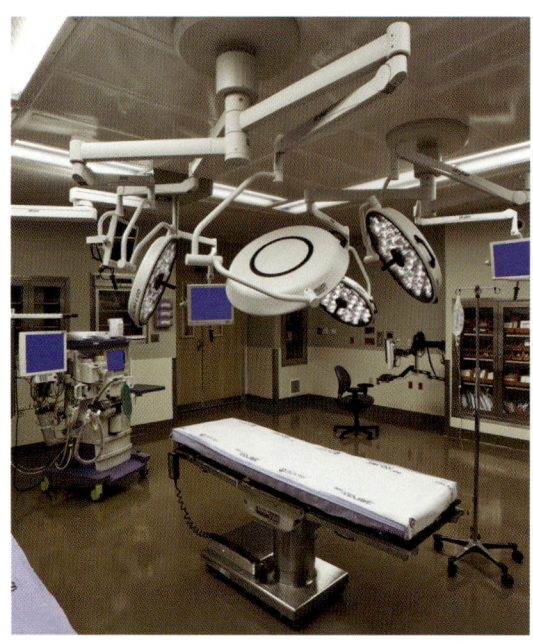

5.2 일리노이 주 다우너스그로브 시에 위치한 애드버킷 굿 사마리탄 병원의 수술실
© *2008 www.balloggphoto.com*

6.1 네브라스카 주 오마하 시에 위치한 감리교 헬스 시스템 여성병원의 화장실 실물 모형
© *2007 Andrew Marinkovich/Malone & Company*

6.2 감리교 헬스 시스템 여성병원의 산후회복실 실물 모형 © *2007 Andrew Marinkovich/Malone & Company*

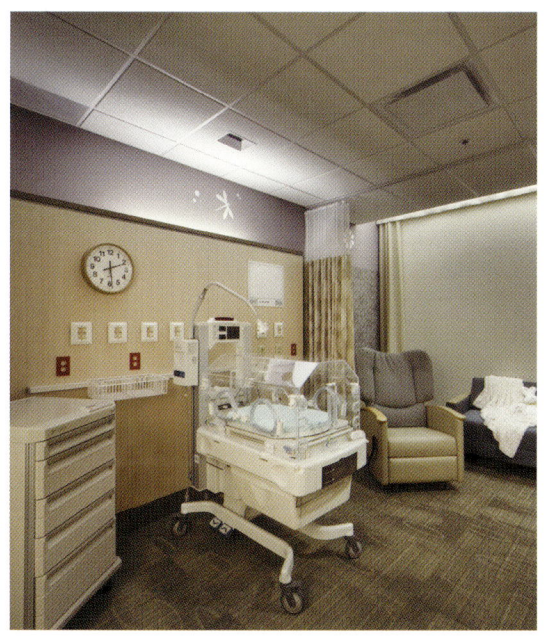

6.3 감리교 헬스 시스템 여성병원의 신경외과 중환자실 실물 모형
© *2007 Andrew Marinkovich/Malone & Company*

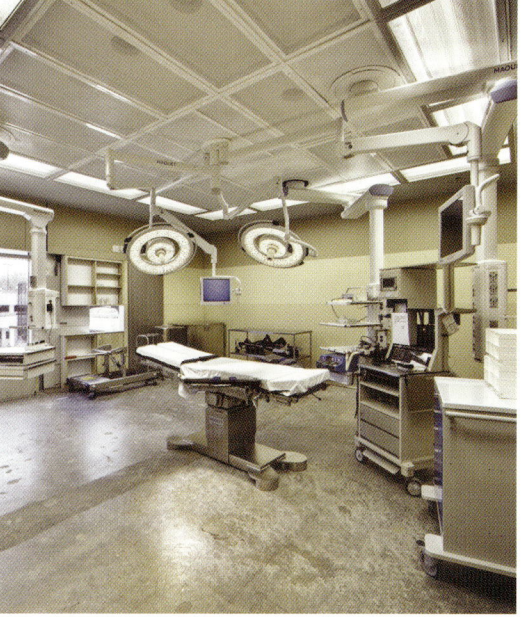

6.4 감리교 헬스 시스템 여성병원의 제왕절개 수술실 실물 모형
© *2007 Andrew Marinkovich/Malone & Company*

7.1 메트로 헬스 병원의 정원
© *2007 Jeffrey Jacobs Photography*

7.2 메트로 헬스 병원의 정원에서 바라본 환자 입원실
© *2007 Jeffrey Jacobs Photography*

7.3 메트로 헬스 병원의 로비 © *2007 Jeffrey Jacobs Photography*

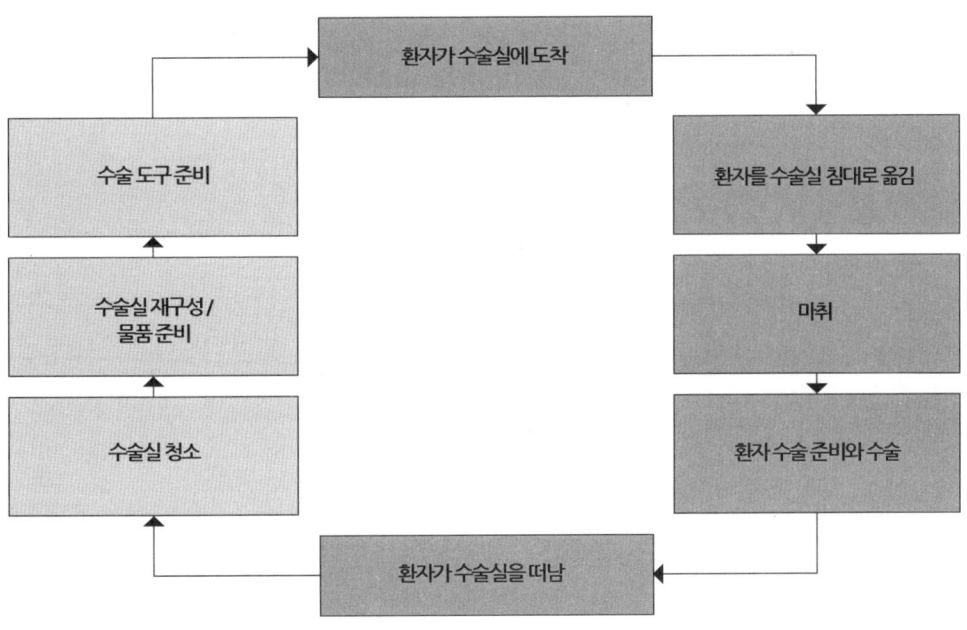

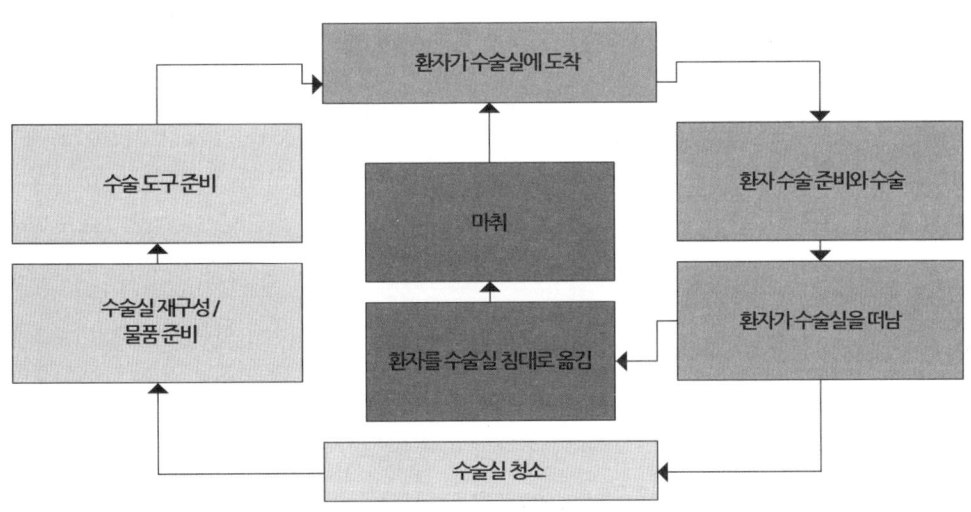

그림 6.6 수술실의 순차적 흐름과 동시 흐름 비교

디자인의 표준화

린 프로세스의 핵심 가운데 하나는 표준화이다. 프로세스와 디자인이 더 많이 표준화되면 될수록 직원들은 더 쉽고 효율적으로 환경에 적응하고 능력을 발휘할 수 있을 것이다. 예를 들어, 표준화된 병실에서 일하는 직원들은 장비와 비품을 어디에서 찾을 수 있는지 항상 알고 있다. 의료진은 환자를 똑같은 방식으로 다루고 똑같은 순서로 관찰 및 평가할 수 있다. 약품 확인 및 관리도 항상 같은 방식으로 할 수 있으며, 환자 케어 기록도 모든 방의 같은 위치에서 같은 시스템으로 할 수 있다. 따라서 낭비되는 시간과 실수 빈도가 근본적으로 줄어들게 된다. 그림 6.7은 표준화된 병실의 다이어그램이다.

이는 환자 케어 병동의 표준화된 평면도에도 동일하게 적용된다. 비즈니스 센터, 여러 곳에 분산되어 위치한 업무 공간들, 시청각실, 회의실, 사무실, 물품 및 장비 보관 구역, 오물 처리와 시설 관리실이 모든 층의 같은 위치에 배치되는 것이다. 이 표준화된 디자인은 의사들과 직원들이 시설 안에서 더욱 쉽고 효율적으로 이동할 수 있게 해준다. 각 병동에 비품을 전달하는 직원들도 표준화된 환경에서는 훨씬 더 효율적으로 일할 수 있다. 나아가, 표준화는 디자인 프로세스 비용을 절감해주며, 향후의 면적 확장이나 서비스 추가를 더욱 용이하게 해준다. 그림 6.8은 표준화된 36개 침상 환자 병동이다.

한 환자가 한 병동에서 다른 병동으로 이동될 때마다 그 환자의 체류 기간은 대략 반나절 가량 늘어난다(Hendrich, Fay & Sorrells, 2004). 게다가 환자 이송 중에 환자 물품이 분실되기도 하고, 무거운 침대를 밀다가 직원이 부상당하기도 하고, 환자와 가족의 만족도는 떨어지고, 그 환자가 새로운 장소에 완전히 자리 잡을 때까지 치료도 지연된다. 어떤 병원들은 이러한 결과를 우려하여 환자들을 입원 기간 내내 처음 배정되었던 방에 머물게 하고, 환자 상태의 심각성 정도에 따라 직원이 신축성 있게 변화되는 프로세스를 시행해왔다acuity flexible staffing. 심장병, 화상, 외상 같은 전문 서비스는 이런 식의 케어 형식과 잘 어울린다. 그러나 이 모델로 전환한 일부의 경우에는 시행과 유지가 어렵다고 하는데, 이는 주로 직원 배치 능력의 문제로 야기된다(Evans, Pati, and Harvey, 2008; Rawlings & White, 2005). 환자 상태의 심각성 정도에 따라 직원 수준이 신축성 있게 변화될 수 있는 병실 형태는 환자에게 다양한 장점을 제공하므로, 대표 간호사는 환자의 심각성에 따라 직원이 유연하게 대처하도록 허용하면서 환자가 같은 방에서 계속 머무를 수 있게 하는 직원 배치 모형을 고려할 필요가 있다.

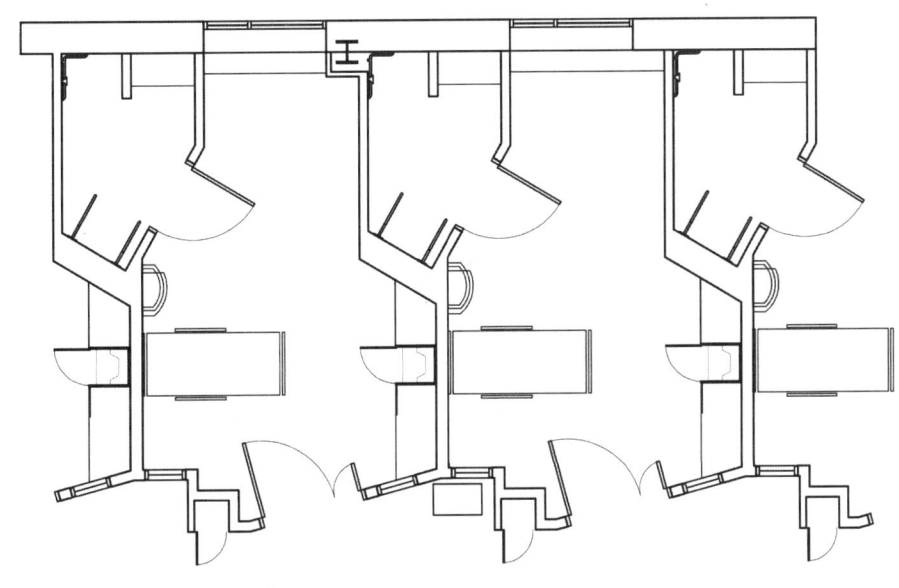

그림 6.7 표준화된 병실 다이어그램

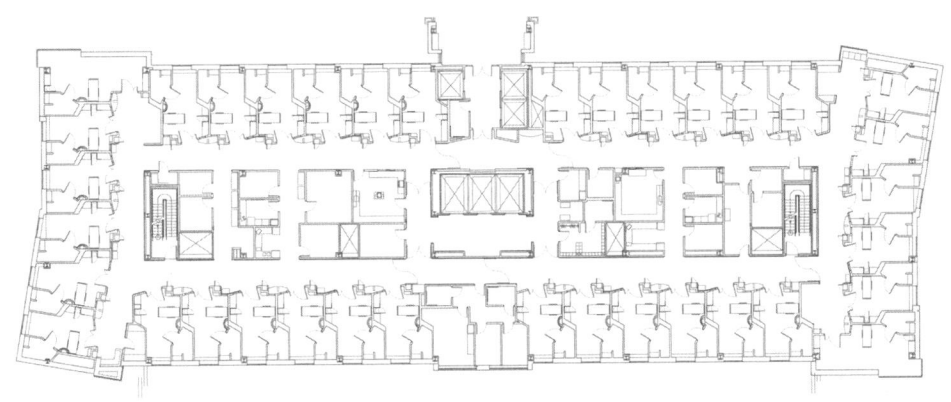

그림 6.8 표준화된 36개 침상의 환자 병동

환자 중심적이고 다양한 서비스가 제공되는 헬스케어 환경에서 환자를 돌보는 직원들이 더 효율적으로 일하는 데 있어 디자인이 어떻게 일조할 수 있을지에 대해 헬스케어 관리자들은 고민해야 한다. 간호사를 비롯한, 환자를 돌보는 다양한 직원들이 정보를 얻기 위해 중앙의 간호사실로 갈 필요가 더 이상 없다. 왜냐하면 그 정보는 환자의 침대 맡에 전자 의료 기록electronic medical record, EMR 형태로 놓여 있기 때문이다. 그러므로 디자인하는 과정에서 디자이너들은 환자를 돌보는 직원들이 환자와 더불어 하는 모든 상호작용을 검토해야 하고, 그들에게 도움이 가장 필요한 근무 영역을 고려해야 한다.

각각의 병실 밖에 또는 두 병실 사이에 분산되어 배치된 작은 작업실들은 환자를 돌보는 직원들이 환자를 관찰하고 케어하는 일들을 효율적으로 수행할 수 있게 해준다. 여기저기 추가적으로 배치된 공동 작업실은 여러 명의 직원들이 협동하여 환자 케어를 할 수 있는 공간을 제공해준다.

분산된 케어 모델에서는 직원 효율성을 도모하기 위해 비품과 약품이 환자 근처에 있어야 한다. 환자 케어에 필요한 물품을 보관하기 위해 보관 시설이 간호사/환자 병실 바로 옆에 위치하고 있다. 이러한 시설들은 직원들이 병실에 들어가지 않고 비품을 넣고 뺄 수 있도록 복도 쪽에서 문이 열리게 되어 있다. 비품들은 복도 쪽에서, 어떤 경우에는 병실의 문을 통해 꺼낼 수 있다. 지나다니는 곳에 위치하는 이 저장소에는 침구류, 매일 사용하는 약품과 빨래 바구니가 보관될 수 있다. 린 시설의 직원들은 저장해두는 비품의 재고 수준을 결정하기 위해 5S 방법을 사용한다.

프로세스 개선 사례

개조되거나 교체된 시설 내 프로세스 개선을 위한 린 계획 관련 사례들을 소개하면 다음과 같다.

개조 시설

미국 중서부의 한 병원은 심장질환 분과와 방사선부의 개/보수를 계획하던 중에 린 계획을 이행하기로 했다. 이 계획을 수행하기 위해서는 급성심근경색으로 심장질환부서에 입원한 환자와 영상부에서 복부 CT 촬영을 필요로 하는 환자와 관련된 현재와 미래 흐름도를 만들어야 했다. 그 과정에서 환자의 사생활 보장 부족, 비효율적인 직원의 흐름 그리고 기술의 수용을 허락하지 않는 구식 부서 등의 문제점들이 확인되었다. 두 부서의 직원들은 근무 영역을 조직화하고 물품 재고를 줄이기 위해 5S 도구를 사용했다. 디자이너들은 환자뿐만 아니라 직원들의 이동 거리도 확인하기 위해서, 개조된 부서를 위해 제시된 평면도를 스파게티 다이어그램을 이용하여 분석하였다. 그 결과로 개조된 부서의 이동 시간을 크게 향상시킬 수 있었다. 도뇨관 삽입 실험실에서 간호사와 기술자들의 이동 시간은 33퍼센트 감소하였고, 영상 기술자들의 경우에는 50퍼센트나 감소하였다. 더불어 실험실 활용도도 개선되었고, 환자 구역의 재배치를 통해 환자의 이동 시간도 개선시킬 수 있었다.

교체 시설

병원을 새로 짓거나 병원 시설을 교체하는 경우에 린 디자인이 가장 잘 활용될 수 있다. 2008년, 미국 버지니아 주의 센타라 프린세스 앤 병원Sentara Princess Anne Hospital의 직원들은 새 병원 계획 프로세스를 잘 경험했다. 응급 센터에 대한 계획으로 1년에 6000명의 환자를 케어하는 것에 관한 계획이다. 병원 행정부의 목표는 직원들의 이동 시간을 줄이고 효율성을 향상시킴과 동시에 환자 처리 인원을 최대화하는 것이었다.

이들은 흐름도와 부서별 평면도를 이용하여 환자와 직원 통로 지도를 만들었다. 응급실에 환자가 도착하면 직원들은 초기의 '신속 평가'에 이어 환자의 침상 옆에서 부상자 분류를 시행했다. 처음에는 전통적인 환자 분류실을 계획하였다. 그러나 그 방은 한창 바쁜 피크타임에만 주로 이용될 것이기 때문에, 더 많은 환자들을 신속히 돌보기 위해 준대기실을 계획했다. 이곳에는 퇴원할 준비는 되었으나 최종 검사 결과를 기다리고 있는 환자들을 수용하여, 주 치료실의 활용도를 높게 유지하면서 동시에 환자 처리 인원을 최대화할 수 있었다. 2시간 이상 지켜볼 필요가 있는 환자들은 응급 센터 가까이에 있는 중환자 병실에 배치하였다. 계획을 세우는 과정에서 프로젝트 팀은 검사 표본을 어디에 두고 검사 결과를 어디에서 처리해야 할 것인지와 영상 촬영실에 대한 인접성 및 접근 문제 등을 다루었다. 이러한 모든 활동들의 최종 목표는 환자와 직원의 흐름을 최적화하고 직원의 이동 거리와 환자의 대기 시간을 줄이는 것이었다.

결론

안전과 품질을 보장하는 헬스케어 디자인을 달성하기 위해 관리자들은 직원들이 어떻게 시간을 보내는지 알아야 하고, 프로세스를 개선해야 하며, 기술 활용을 통해 직원들이 더 효율적, 효과적으로 일할 수 있도록 돕는 방법에 대해 고민하고 적절한 의사 결정을 해야 한다. 컨설턴트는 멋진 공간을 계획하고 건축가는 이를 디자인할 수 있다. 그러나 이러한 프로젝트의 성공은 얼마나 많은 직원들이 얼마나 적극적으로 보다 나은 환자 케어 환경을 만들기 위한 의사 결정에 참여하느냐에 달려 있다.

참고 문헌

Baker, G. R., Norton, P. G., Flintoft, V., Blais, R., Brown, A., Cox, J. et al. (2004). The Canadian adverse events study: the incidence of adverse events among hospital patients in Canada. Canadian Medical Association Journal, 170(11), 1678-86.

Biviano, M. B., Tise, S., Fritz, M., & Spencer, W. (2004). What is behind HRSAs projected supply, demand, and shortage of registered nurses? Retrieved on January 19, 2009 from http://bhpr.hrsa.gov/healthworkforce/reports/behindrnprojections/index.htm

Brown, K., & Moreland, S. (2007, March). Evidence-based design for building a world-class heart hospital. Healthcare Design, 7(2), pp. 24-32.

Cohen, N. (2008, February) SG2 Customized Intelligence: Service robots update. Skokie,

ILSG2.

Evans, J., Pati, D., & Harvey, T. (2009). Rethinking acuity adaptability. HealthcareDesign 8(4), pp. 22-25.

Gatmaitan, A. & Morgan, N. (2006). Design meets the bottom line. Healthcare Design, 6(7), pp 28-32.

Hendrich, A. Chow, M., Skierczynski, B., & Lu, Z. (2008). A 36-hospital time and motion study: How do medical-surgical nurses spend their time? The permanente Journal, 12(3), pp. 25-34.

Hendrich, A., Fay, J., & Sorrells, A. (2004). Effects of acruity-adaptable rooms on flow of patients and delivery of care. American Journal of Critical Care, 13(1), pp. 35-45.

Hickam, D. H., Severance, S., Feldstein, A. Leslie, R., Gorman, P., Schuldheis, S. et al. (2003, April). The effect of Healthcare working conditions on patient safety. Evidence Report/Technology Assessment Number 74. (Prepared by Oregon Health & Science University under Contact No. 290-97-0018.) AHRQ Publication No. 03-E, Rockville, MD: Agency for Healthcare Research and Quality.

Koch, T. (2007). Integration dreaming. Healthcare Design, 7(9), pp. 10-12.

Kohn, L. T., Corrigan, T. M., & Donaldson, M.S., (Eds.) and Committee on Quality of Healthcare in America. (2000). Institute of medicine: To err is human: building a safer health system. Washington, DC: National Academy Press.

Liker, J. T. & Meier, D. (2006). The Toyota way fieldbook: A practical guide for implementing Toyota's 4P. New York: McGraw Hill.

Poissant, L., Pereira, J., Tamblyn, R., & Kawasumi, Y. (2005). The impact of electronic health records on time efficiency of physicians and nurses: A systematic review. Journal of the American Medical Informatics Association, 12(5), pp. 505-516.

Powell, K. (2008, April). A measure of success: Baylor Regional Medical Center at Grapevine score big in patient satisfaction. Quality Texas Foundation Update. Dallas, TX: Quality Texas Foundation.

Rawlings, S. & White, D. (2005). Beyond the universal patient room: Universality is taking on new meanings as healthcare design evolves. Healthcare Design, 5(2), pp. 46-50.

Sokal, S. M., Craft, D., Chang, Y., Sandberg, W. S., & Berger, D. L. (2006). Maximizing operating room and recovery room capacity in an era of constrained resources, Archives of Surgery, 141(4), pp. 389-395.

Trusko, B. E., Pexton, C., Harrington, H. J., & Gupta, P. (2007). Improving healthcare quality and cost with Six Sigma. New York: FT Press.

Tsui, K. M. & Yanco, H. A. (2007). Assistive, rehabilitation, and surgical robots from the perspective of medical and healthcare professionals. Retrieved on January 19, 2009, from http://cc.msnscache.com/cache.aspx?q=assitive+rehabilitation+and+surgical+robots&d=7

Turisco, F. & Rhoads, J. (2008, December). Equipped for efficiency: Improving nursing care through technology. Oakland, CA: California HealthCare Foundation.

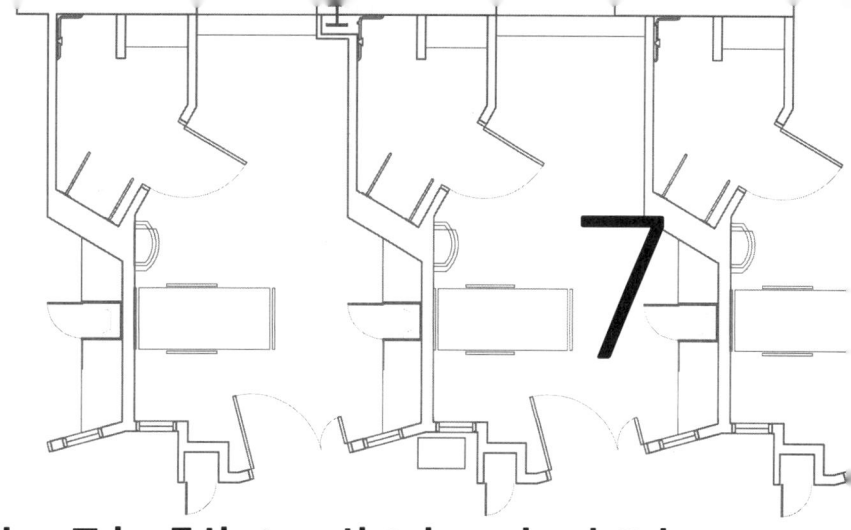

지속 가능한 헬스케어 디자인

— 미카엘라 위트만

지구상의 모든 산업은 지구로부터 무엇인가를 채취하여 사용하고, 어떤 형태의 폐기물을 지구에 남김으로써 지구 환경에 지울 수 없는 발자취를 남긴다. 헬스케어 산업이 환경에 미치는 영향 또한 지대하다. 헬스케어 산업은 어떤 식으로든 해를 가하지 않는다는 원칙을 가장 중요시하지만, 헬스케어 시설의 디자인과 운영 현실은 이러한 원칙과 상충된다. 예를 들면, 헬스케어 시설이 미국 내 가장 큰 에너지를 소비하고 있고, 그 결과 많은 온실가스를 배출하고 기후 변화를 일으킨다. 헬스케어 시설은 또한 미국 내 최대 폐기물 생산자들 가운데 하나이다. 게다가 그 폐기물의 일부는 유독하기까지 하다. 결과적으로 보면, 헬스케어 산업은 자신이 해결하려고 존재하는 바로 그 문제점을 스스로 야기한다는 모순을 안고 있다(Guenther & Vittori, 2008).

유해적 요소가 없는 헬스케어를 실현해보겠다는 취지로 설립된 무해 헬스케어 Healthcare without Harm 조직의 공동 상임이사인 개리 코헨 Gary Cohen 은 다음과 같이 역설한다.

일반 대중의 질병을 예방하기 위해서는 먼저 그런 질병들과 환경 간의 관련성을 이해해야 한다. 대중이 환경성 질환에 걸리는 것을 줄이기 위해서는 다양한 각도에서의 노력이 필요하다. 이 문제는 무엇보다도 과학으로써 해결해야 하는데, 이 이슈를 진정으로 이해해야 하는 분야는 바로 헬스케어이다. 이는 헬스케어가 이런 질병을 치유하는 비즈니스이기 때문이다. 헬스케어 종사자들은 우선 헬스케어 시설부터 깨끗하게 관리해야 할 책임이 있다. 21세기에 들어와서 그 중요성이 더욱 더 부각되고 있는 것은 헬스케어 시설들이 운영 과정에서 어쩔 수 없이 배출하게 되는, 질환을 야기할 수 있는 유해 물질을 가능한 한 최소화하는 것이다. 나아가 헬스케어 시설들은 환자들이 또 다른 질병을 일으키거나 다른 병에 감염에 되지 않도록 하여, 진정으로 치유를 증진시키는 환경, 즉 고성능의 치유 환경으로 변모되어야 한다(Pioneer Team Blog, 2008a).

이렇게만 한다면 헬스케어 전체의 패러다임은 변할 수 있다. 2007년 헬스케어 관련 총 지출액은 국내 총생산의 17퍼센트를 차지했다(Keehan et al., 2008). 이렇게 큰 비중을 차지하는 헬스케어 산업의 시설 변화는 환경 개선에 지대한 영향을 가져올 수 있다.

현재 헬스케어 산업의 녹색화에 많은 관심이 쏠리고 있다. 미국병원협회American Hospital Association와 〈헬스 시설 경영Health Facilities Management〉 잡지에서 수행한 설문 조사 결과에 의하면, 지속 가능한 건축물(디자인, 건축, 빌딩 오퍼레이션) 전략을 헬스케어 환경에 적극적으로 적용하는 것이 매우 중요하다는 인식이 공유되고 있다. 2008년 봄에 수행된 이 설문 조사의 목적 가운데 하나는 헬스케어 시설의 에너지 효율성 프로그램과 시설 유지 보수 결과의 지속 가능성을 향한 노력 정도를 측정하는 것이었다(Carpenter, 2008).

응답자들은 병원들이 시도하는 최근의 다양한 노력들 가운데 에너지 관련 노력을 가장 중요시 여기고 있었다. 더 환경 친화적이 되기 위해 병원들이 취하는 가장 흔한 조치는 에너지 감사단을 수행하는 것(59퍼센트)이었고, 다음으로는 장비와 가전제품을 교체하거나 신제품 구매를 할 때 에너지 효율이 높은 제품을 선택하는 것(52퍼센트)이었다. 직원, 환자 그리고 지역공동체가 더불어 환경 친화적인 행위 실천을 홍보 하고(49퍼센트), 환경 친화적인 제품을 구매하고(46퍼센트), 시설 시스템을 전문가에게 위탁해서 점검 받고 개선하는 것(커미셔닝을 사용하는 것, 41퍼센트) 등이 그 뒤를 이었다.

이 장에서는 이러한 사항들 및 지속 가능한 건축물 원칙과 관련된 이슈들에 대해 생각해보고자 한다. 구체적으로는 신체적, 심리적 웰빙^well-being 보호와 관련된 지속 가능 디자인 원칙을 헬스케어 시설에 적용할 수 있는 방법을 논의해보고자 한다.

인위적으로 만들어진 환경이 인간 건강에 미치는 영향

건물은 살아 있는 시스템이라고 할 수 있다. 모든 건물은 지속적으로 지구의 자원을 이용하고, 끊임없이 폐기물을 생성시킨다. 어떤 종류의 건물이든 스스로 혹은 저절로 유지될 수는 없다.

이러한 이슈는 화학제품으로 넘쳐나는 공간들로 가득한 헬스케어 시설에서 더욱 심각하다. 화학약품은 대부분의 의료 장치, 장비, 컴퓨터, 복사기, 건물의 바닥, 벽, 천장 그리고 환자들이 검사받고, 앉고, 잠자는 가구들의 자재 속에 다 들어가 있다. 건물 사용자들은 화학적으로 오염된 건물과 가구 표면과의 접촉을 통해 그리고 실내 공기 속 화학 농축물로 인해, 화학물질에 끊임없이 노출된다. 이러한 화학물질 가운데 많은 것들이 인간의 건강에 해를 끼치며 환경오염을 야기한다(Silas, Hansen & Lent, 2007).

헬스케어 산업에만 국한되는 것은 아니지만, 위와 같은 문제들로 인해 새 건물 증후군, 건물 관련 질병 그리고 다중 화학 민감성 상태로 분류될 수 있는 수많은 질병들이 생겨날 수 있다.

- 새 건물 증후군^Sick Building Syndrome, SBS은, 건물 사용자가 건물에서 보낸 시간 동안 공기 중의 다양한 휘발성 유기화합물에 노출됨으로 인해 극심한 건강과 안정 관련 부정적 효과를 경험하는 것을 의미한다. 그러나 이에 대한 구체적인 질병이나 원인은 확인되지 않는다. 이러한 현상은 특정 방이나 구역에 국한되어 발생할 수도 있고, 건물 전체에 퍼져 발생할 수도 있다.
- 건물 관련 질병^Building-Related Illness, BRI이란 공기로 전파되는 건물의 휘발성 유기화합물 오염 물질이 질병의 원인이고, 진단 가능한 질병의 증상이 확인 될 때 사용되는 용어이

다(미국 환경 보호 기관).
- 환경과 관련된 질병의 또 다른 형태는 다중 화학 민감성$^{Multiple\ Chemical\ Sensitivity,\ MCS}$이다. 이러한 민감성을 지닌 사람이 다양한 종류의 휘발성 유기화합물 가운데 하나에라도 노출되면 여러 증상이 나타난다. 화학물질 유출로 인해 직접적으로 노출되는 경우가 있는 반면, 다량의 화학물질에 단기적으로 노출되거나, 환기가 잘 안 되는 사무실의 경우와 같이 독성이 약한 화학물질에 지속적으로 노출되는 경우도 있다. MSC가 있는 사람들이 이러한 노출을 경험할 경우 보통 사람들은 견뎌낼 수 있는 수준의 화학물질에도 반응을 일으키게 된다.

헬스케어 시설은 치유의 공간이다. 따라서 환경적 질병이 절대로 생겨나서는 안 된다. 그러나 일반 사무실 직원들과 마찬가지로 환자들과 의료진도 BRI의 피해자가 되곤 한다. 미국의 한 국가기관에서 실시한 연구에 의하면, 제조 부문을 제외하고는 직무로 인해 생기는 천식이 가장 많이 발생하는 분야가 헬스케어 산업이라고 한다(BusinessWeek, 2008).

헬스케어 시설의 실내 환경 관련 가장 염려되는 이슈는 바로 감염이다. 환자들의 약해진 면역 체계는 전염성 질병에 더욱 민감하기 때문이다. 의료 케어^{care}를 받는 도중에 다른 질병에 감염되어 사망에 이르는 환자들의 수가 자동차 사고로 사망하는 사람의 수보다 많다는 사실을 보면(Institute of Medicine, 1999), 감염을 통제하는 것이 얼마나 중요한지 알 수 있다.

지속 가능한 헬스케어 디자인의 이점

지속 가능한 헬스케어 디자인의 단기적 목표는 인위적으로 만들어진 환경이 사람의 건강에 미치는 악영향에 대한 다양한 이슈들을 파악하는 것이며, 장기적 목표는 건물이 이용자들의 원기를 회복시키고 육체적, 감정적 그리고 영적인 웰빙까지 가져다줄 수 있는 공간이 되도록 하는 것이다. 헬스케어 시설이 유해 물질을 처리하고 소각하는 과정에서 토양과 공기 중에 방출하는 오염 물질을 줄이면, 지역 주민들의 건강에 미치는 잠재적인 악영향 또한 줄일 수 있다. 지속 가능한 헬스케어 디자인이 헬스케어 시설과 그 이용자들에게 제공하는 다양한 이점들을 살펴보면 많은 요소들이 서로 밀접하게 관련되어 있음을 알 수 있다. 대표적인 이점들로는 치유 결과의 개선, 환자와 직원들의 안전 개선, 환자와 직원의 만족도 향상, 지역사회에서의 이미지와 지역사회 구성원의 로열티 개선, 비용 절감 그리고 생산성 향상 등을 들 수 있다.

환자 치료 결과와 안전 개선

다양한 지속 가능한 디자인 전략들이 소개됨에 따라, 녹색 빌딩의 운영이 환자의 치료 결과를 개선시킨다는 많은 증거들 또한 소개되고 있다. 한 사례연구에서는 자연광이 비치는 병실에서 지내는 우울증 환자의 평균 입원 기간은 16.9일인 반면 어두운 병실에서 지낸 환자의 경우는 19.5일이었다고 한다 (Beauchemin & Hays, 1996). 한국의 인하대학교에서 실시한 유사한 연구에서도 산부인과 환자들의 입원 기간이 자연광이 비치는 병실에서 41퍼센트 감소했다는 결과가 나왔다 (Benya, 2007). 병실의 환기율을 높임으로써 원내 감염률을 크게 줄였다는 결과 또한 보고되었다 (BusinessWeek, 2008).

직원 안전 개선

지속 가능한 디자인은 시설 내에서 근무하는 직원들의 안전과도 관련이 깊다. 간호사들이 근무 중에 화학물질, 약품, 방사능에 노출되는 경우를 조사하기 위해 미국의 50개 주에서 1500명의 간호사들을 대상으로 실시된 설문 조사 결과, 이러한 노출의 기간과 강도가 암, 천식, 유산, 아이의 선천적 기형 등과 같은 심각한 건강 문제를 야기할 수 있다는 문제점이 발견되었다 (Environmental Working Group, 2007).

설문 조사 결과는 간호사들이 접하게 되는 화학물질이 아주 독한 것은 아니지만 그 접촉이 거의 매일 반복해서 일어나기 때문에 매우 심각하다는 사실을 보여주었다. 간호사들이 노출되는 여러 가지 유해 물질로는 약품, 마취용 가스, 소독용 화학물질,

방사능, 라텍스, 청소용 화학물질과 피부 소독 물질의 잔여물 그리고 심지어 깨진 의료 기구에서 나오는 수은 등이 있다. 현재로서는, 화학물질을 접촉, 주입, 흡입하게 되면서 받게 되는 복합적인 악영향으로부터 간호사들을 보호해줄 수 있는 근무 환경 안전 규칙이 제대로 세워져 있지 않는 실정이다.

환자와 직원의 만족도와 웰빙 향상

지속 가능한 디자인과 운영 방침을 도입한 건물 이용자들의 만족도가 높다는 것은 수많은 연구들에 의해 입증되었다. 이러한 결과는 향상된 실내 공기의 질, 자연환경과의 교감, 자연광과 경치 그리고 전반적인 근무 환경에 대해 개선된 인식과 높은 연관이 있는 것으로 나타났다 *(Heerwagen, 2000)*.

한 환경심리학자의 연구에 따르면, 건강 의료 모델에는 행동적, 사회적, 심리적, 정신적 프로세스가 통합된다고 한다. 따라서 헬스케어 시설 또한 건강과 웰빙의 모델이 되어야 하는 것이다. 그러나 녹색 빌딩의 요소들은 대체로 인지적, 심리사회적 웰빙에 영향을 미치는 것으로 보인다. 한 예로, 자연을 가까이 접하고 햇볕을 쬐는 것은 감정적 기능을 향상시켜준다 *(Heerwagen, 2000)*.

긍정적인 감정이란 인지적 흐름, 즉 어떤 일에 깊게 참여하는 것과 연관되어 있다고 할 수 있다. 녹지가 있는 실내 및 실외의 휴식 공간과 같은 요소들은 사회적 교류와 개인의 소속감을 높여주는 효과를 지니고 있다. 사회적 교류와 소속감은 조직의 큰 관심사인 조직에 대한 개인의 애착과 관련이 깊다. 미국과 유럽에서 진행된 다양한 연구들은 건물의 특징과 웰빙 결과 간의 관련성을 잘 보여주고 있다. 그 한 예가 표 7.1 *(Heerwagen, 2000)*에 소개된다.

지속 가능한 디자인을 도입하는 헬스케어 시설들은 환경을 잘 관리한다는 긍정적인 메시지를 지역사회에 전달하게 되며, 지역사회와 많은 것을 공유하게 된다. 자연환경을 존중하는 것은 같은 환경을 공유하고 있는 구성원을 존중하는 것이라고 해석된다. 따라서 이러한 노력은 헬스케어 시설에 대한 지역사회의 호의, 좋은 이미지, 로열티 향상 등의 무형이지만 매우 가치 있는 자산을 만들어내는 것인 것이다.

표 7.1 건물 특징과 웰빙 결과 간의 관련성

건강적 차원	건물 디자인 특징
신체적 웰빙	내부 청소 및 관리 냉난방 및 환기장치 운영과 관리 환기 상태 온도 상태 자재 선택 공조 환경의 개인적 통제
심리사회적 웰빙	일광 자연광 창문을 통해 보이는 경치 자연과의 접촉 사회적 교류를 위한 공간 혼잡하지 않음 방음을 통한 사생활 보장 공조 환경의 개인적 통제
신경인지학적 웰빙	온도 상태 환기 상태 인테리어 청소 및 관리 자재 선택 공조 환경의 개인적 통제 업무에 적합한 조도 천장의 전등이나 창문을 통한 빛이 지나치게 눈부시지 않음 창문을 통해 보이는 경치 인지된 시각적 거리 자연과의 접촉

최적화된 운영을 통한 비용 절감

지속 가능한 디자인은 장기적 관점에서 접근해야 한다. 지속 가능한 건물은 유연하고,

장기 사용 가능하며, 높은 성과를 낼 수 있도록 디자인된다. 따라서 운영 유지를 최적화하도록 디자인된 건물은 장기적으로는 운영비용을 감소시켜주는 효과가 있다.

생산성 향상

건물 건축에 들어가는 투자비용과 그 건물을 30년간 운영하는 것 간의 관계는 1대 10대 200의 비율로 설명된다. 건물 건축 후 첫 30년 동안은 공사에 들어간 자금 1달러마다 10달러의 운영비(에너지와 유지 관련 비용) 그리고 200달러의 인건비(헬스케어 직원들 임금)가 쓰인다는 것이다. 이렇게 높은 비중의 인건비를 볼 때, 지속 가능한 건물을 디자인하고 운영하게 되면 장기적으로는 인건비 절감을 통한 재정적 혜택을 얻을 수 있다는 점을 시사한다.

지속 가능한 디자인 요소들

지속 가능한 헬스케어 시설을 가능하게 하는 핵심 관리 요소로 실내 공기 질, 자재 및 자원, 일광, 자연과의 접촉, 청소 도구 및 청소 방법 그리고 음식 서비스를 들 수 있다.

실내 공기 질

미국 환경보호 정부기관의 조사 결과에 의하면 미국인들은 평균 하루의 90퍼센트의 시간을 실내에서 보낸다고 한다. 이 시간 동안 사람들은 외부에서 실내로 유입된 공기를 숨 쉬게 되는데, 이 공기는 이미 수많은 화학물질, 포름알데히드, 오존으로 오염되어 있다. 이미 오염되어 유입된 이 공기는 건물 자재와 가구, 건물 이용자의 옷과 개인 물품으로부터 나오는 화학물질과 오염 물질 그리고 사무실 장비와 청소 도구로부터 뿜어져 나오는 화학물질과 오존으로 인해 더 많이 오염된다.

즉, 실내 공기는 화학물질의 잡탕이라고 할 수 있다. 공기 속에는 건물 자재, 내용물, 청소 도구로부터 나오는 휘발성 유기화합물, 발화 지연제, 살충제, 가소제로부터 나오는

반 휘발성 유기화합물, 곰팡이로부터 나오는 미생물, 일산화탄소나 이산화질소 같은 무기 화학물질 그리고 연료를 연소시키거나 건물 이용자가 다양한 활동을 할 때 발생하는 온갖 오염 물질들이 뒤섞여 있는 것이다. 최근 연구에 의하면, 외부로부터 유입된 오존이 실내의 휘발성 유기화합물에 반응하여 반 휘발성 유기화합물 및 포름알데히드를 생성해 내는 2차 화학반응 또한 사람의 건강에 나쁜 영향을 미치기 때문에 간과할 수 없는 요소라고 한다*(Bernheim, 2008)*.

좋은 실내 공기의 질을 유지하기 위해 드는 노력은 매우 복잡하지만, 다음 네 가지 기본 디자인 원칙을 잘 시행한다면 건강한 실내 환경을 만드는 데 큰 도움을 얻을 수 있을 것이다*(Bernheim, 2008)*.

- 원천 통제: 실내 공기 속에 섞여 있는 화학물질을 감소시킨다면 실내로 유입된 실외 공기의 오염 가능성도 줄어들기 때문에, 해로운 화학물질에 건물 이용자들이 노출되는 것을 줄일 수 있다. 휘발성 유기화합물이 낮은 자재를 선택하는 것이 우선되어야 할 일이고, 더욱 중요한 것은 되도록이면 나쁜 요소를 적게 뿜어내는 물질을 사용하는 것이다. 연구 결과에 의하면 몇몇 종류의 건물 자재나 특정 페인트에서는 여전히 휘발성 유기화합물과 포름알데히드가 나온다고 한다.
- 환기 디자인: 만약 건물이 자연적으로 환기가 되고 있다면, 실외 공기 품질에 특별한 주의를 기울여야 한다. 축적된 온실가스와 높아지는 외부의 온도는 실외 공기에 오존을 축적시킨다. 해당 지역 주변의 공기 품질과 오존량은 그 공기가 인간이 호흡하기에 그리고 인간의 건강에 유해하지 않은지를 결정하는 척도이다. 창문에 추가해서 혹은 창문을 대신해서 기계 시스템을 사용할 경우, 적합한 여과장치, 환기율, 가습에 대해서도 고려해야 한다.
- 건물 및 실내 공기 품질 커미셔닝: 에너지 효율성 보장을 위해 사용하는 커미셔닝은 공기 품질과 건물 사용자의 편안함을 향상시켜줄 수 있다. 커미셔닝은 기계와 전자 시스템을 테스트하고 평가하여, 시스템이 제대로 설치되고 효율적으로 운영되도록 보장해주는 프로세스이다. 건물에 대한 주기적인 리커미셔닝은 건물의 상태를 지속적

으로 미세하게 조정하고, 공기 품질 및 효율성 관련 문제를 확인할 수 있게 해준다. 공기 품질 테스트는 건물 사용 이전, 건물이 완공되고 입주되기까지의 시간 전후 그리고 건물 사용 이후 시점에서 반드시 시행되어야 한다.

- 건물 유지 관리: 필터를 제때 교체하며 기계 시스템을 관리하고 환경 친화적인 청소 용품을 사용하는 것은 건물 자산을 보호해주며 동시에 공기 품질과 건물 이용자의 건강을 장기적으로 크게 향상시켜주는 효과를 지닌다.

자재 및 자원

건물의 건축과 운영에는 상당한 양의 부산물과 폐기물을 생성해내는 많은 양의 자재가 들어간다. 시설의 디자인 시점에서 자재의 수명 주기가 미치는 영향을 감소시켜줄 수 있는 자재나 자원을 사용하도록 결정하는 것이 중요하다.

지금까지는 시설 마감재의 선택 기준에 비용, 심미성, 내구성 및 유지와 관련된 측면만이 포함되었으며, 제품의 수명 주기 그리고 제품이 사용되는 동안 제품의 수명이 환경이나 사람에게 미칠 영향은 거의 고려되지 않았다. 자재의 수명 주기를 분석하려면 자재의 생산, 운반, 사용, 재사용이나 폐기에 대한 평가가 필요하기 때문에, 모든 자재의 진정한 수명 주기를 분석한다는 것은 매우 어려운 일이다. 그럼에도 불구하고, 자재가 실내 공기에 미치는 영향이나, 자재의 내구성과 같은 측면이 간과되어서는 안 된다. 자재의 교체 시에도 폐기물을 줄이고 불필요한 비용이 들어가지 않는 자재, 즉 내구성이 있으며 유지하기에 편리한 자재를 선택하는 것이 중요하다.

건물 이용자와 자연환경에 이로운 자재 이용에 대한 계획은 전체 시설 계획에 통합될 수 있다. 이미 재활용 된 혹은 재활용 될 수 있는 자재는 자원 소비와 폐기물을 감소시키고, 휘발성 유기화합물 방출량이 적거나 없는 자재는 실내 공기 품질에 악영향을 미치지 않으므로 바람직하다. 신속하게 재생 가능한 자원으로 만든 바이오 기반 자재를 사용하는 것도 바람직하다. 환경적 악영향을 최소화하는 자재에 대한 종합적인 구체화 전략이 표 7.2(Rossi & Lent, 2006)에 소개되어 있다.

표 7.2 헬스케어 시설에서의 친환경 자재 선택 원칙

기준 1: 스톡홀름 협약에서 규정한 잔류성 유기오염 물질^{POPs}을 생성할 수 있는 자재는 사용하지 않는다.

기준 2: 고위험 화학물질을 포함하거나 방출하는 자재는 사용하지 않는다.
- 다음 물질을 함유하는 자재는 사용하지 않는다.
  - 잔류성, 생물농축성, 독성 화학물질^{PBTs}
  - 고잔류성, 고생물농축성^{vPvB} 화학물질
- 다음 물질을 함유하는 자재는 되도록 사용하지 않는다.
  - 발암물질
  - 돌연변이 유발원
  - 생식 또는 발달 독성 물질
  - 신경성 독성 물질
  - 환경호르몬
- 기준치의 휘발성 유기화합물을 배출하는 자재는 되도록 사용하지 않는다.

기준 3: 환경을 보호하는 바이오 기반 자재 및 재활용된 혹은 재활용 가능한 자재를 사용한다.
- 다음과 같은 바이오 기반 자재들을 되도록 사용한다.
  - 재배하는 과정에서 유전자 변형 생물을 사용하지 않은 것
  - 재배하는 과정에서 발암물질, 돌연변이 유발원, 생식 독성 물질, 환경호르몬을 포함한 살충제를 사용하지 않은 것
  - 토양 및 생태계 보호를 인증 받은 것
  - 농산물에 건강하고 안전한 영양분을 제공해주는 퇴비가 될 수 있는 것
- 소비자 사용 후 재활용이 가장 많이 되는 자재를 되도록 사용한다.
- 쉽게 재사용 및 재활용되어 비슷한 혹은 더 높은 가치의 제품으로 만들어질 수 있으며, 자재를 회수해가는 기반 시설이 갖추어진 자재를 되도록 사용한다.

기준 4: 기준 2에 명시된 자재를 포함하여, 고위험 화학물질로 만들어진 자재는 사용하지 않는다.

자재가 야기할 수 있는 잠재적인 악영향은 아주 심각할 수도 있다. 예를 들어 수은, 화학 시약, 카드뮴, 프탈레이트 등은 환경과 사람의 건강에 잠재적인 위협이 된다. 헬스케어 시설에서 광범위하게 사용되는 가장 흔한 자재는 폴리염화비닐과 수은이다.

병원 건축과 병원에서 사용되는 수많은 물건에는 비닐이 사용되고 있다. 비닐 사용에는 크게 두 가지 문제점이 있다. 첫째는 비닐을 만들고 태우는 과정에서 발암물질로 알려진 다이옥신이 생성될 수 있다는 것이고, 둘째는 비닐로 된 의료 기구에서 프탈레이트의 일종이 침출될 수 있다는 것인데, 이는 선천적 기형과 연관되어 있다(HCWH, 2008d).

미국 식품의약청FDA에서는 특정 환자들에게 디에틸헥실프탈레이트DEHP를 함유하는 장치를 사용하지 말고, 그 대체재를 사용할 것을 헬스케어 기관들에게 권고했다. 해당되는 특정 환자들에는 임신한 여성, 모유 수유를 하는 여성, 갓난 아이, 사춘기 전 남성, 심장 우회 혈액투석을 받는 중인 환자 그리고 심장이식수술을 앞두고 있는 환자가 포함된다(HCWH, 2008a).

폴리염화비닐에 대한 우려는 새로운 대체재에 대한 관심을 불러일으키고 있다. 비닐 사용을 없애려는 헬스케어 관리자들은 비닐이 함유되지 않은 새로운 제품을 생산하는 제조업자들과 긴밀한 협력 관계를 유지한다. 비닐 제품과 같은 자재에 대한 의존도를 줄이기 위해 다음과 같은 행동 방침들이 권고되고 있다.

- 비닐 사용 감소에 대한 조직 전반적인 방침을 세울 것
- 비닐이 함유된 의료 용품과 건물 자재를 확인하는 검사를 시행할 것
- 의료 용품과 건물 자재로는 비닐이 들어가지 않은 대체재를 찾을 것
- 조직 전체에서 비닐 사용을 줄일 것

헬스케어 환경에서 쉽게 볼 수 있는 또 다른 화학물질인 수은은 건강을 위협하는 물질로서 세심한 주의가 요구된다. 수은은 신경계의 발달과 기능에 심각한 영향을 미치는 독성 물질이다. 수은은 잔류성, 생물농축성, 독성 화학물질로 분류된다. '잔류성'이란 환경에 절대 분해되지 않는다는 것, '생물농축성'이란 살아 있는 세포에 축적되며 대사 작용이 일어나거나 신체로부터 분비되지 않는다는 것을 의미하며, '독성'이란 뇌와 심장 손상과 같은 독성 효과를 지닌다는 것을 뜻한다(Healthcare EPP Network, 2000).

표 7.3 건강에 영향을 미치는 건물 디자인 요소

건강의 차원	매우 중요함	다소 중요함	중요하지 않음/ 고려 사항 아님
적은 에너지 비용	78%	20%	2%
실내 환경의 품질	65%	30%	5%
장기적 비용 혜택/지속 가능성	59%	35%	6%
금융 혜택 프로그램 이용 가능	47%	40%	13%
환경을 위한 일	46%	43%	11%
지역사회에 미치는 긍정적 영향	44%	46%	10%
병원의 미션과 부합	44%	43%	13%
환경적/사회적 책임	41%	48%	11%
지역/주의 요구 사항	28%	41%	31%

출처: 헬스 시설 관리/ ASHE 2008 녹색 디자인과 운영 설문 조사

과거에 수은은 의료 산업에서 널리 사용되는 물질이었다. 수은은 혈압 모니터, 온도계, 식도 확장기, 비장에 삽입하는 감압 튜브, 조직 고정액 및 염색액에 사용되었다. 또한 청소 용품, 전등, 배터리, 모터 및 기타 전자 기기에서도 많이 사용되었다. 수은이 의료 시설이나 다른 곳으로부터 방출되어 자연환경, 특히 물에 들어갈 경우, 수은은 미생물 또는 화학반응을 통해 가장 높은 독성을 지니는 메틸수은으로 변하게 된다. 메틸수은은 어류, 야생동물 그리고 인간의 살아 있는 세포에 가장 쉽게 농축되는 수은의 형태이다 *(National Association of Physicians for the Environment, 2000)*.

수은을 기반으로 하는 의료 용품을 더욱 안전하고 적당한 가격의 제품으로 대체하려는 노력이 전 세계적으로 이루어지고 있다. 이러한 움직임의 목표는 10년 안에 전 세계의 수은온도계와 혈압 측정기의 70퍼센트 이상을 디지털 또는 수은을 사용하지 않는 아네로

이드 제품으로 대체하는 것이다(HCWH, 2008b).

　몇몇 국가에서는 이미 수은 대체재의 사용을 의무화시키는 절차를 밟고 있다. 미국에서는 이제 수은온도계를 찾아볼 수 없으며, 유럽 연합과 대만에서는 수은온도계의 사용을 전면적으로 금지시켰다. 필리핀은 수은을 사용하는 모든 의료 기구를 2010년까지 단계적으로 없앨 것을 의무화했고, 중남미의 수백 개의 병원에서도 대체재 사용을 늘려가고 있다(HCWH, 2008b). 건물 디자인의 다양한 요소와 건강 차원과의 관계는 표 7.3에 잘 나와 있다.

　독성 물질 제거에 대한 논의는 의료 기구와 장비를 넘어 더 넓게 확장되어야 한다. 해로운 화학물질은 헬스케어 시설 건축에 사용된 자재 그리고 인테리어 전반에 사용된 직물, 가구, 비품에도 존재한다. 예를 들어, 폴리염화비닐은 배관, 외장용 자재, 지붕 재료, 바닥, 벽 외피, 소파 등의 덮개 그리고 커튼에 흔히 사용된다. 요소포름알데히드는 발암물질로서 일반적인 건축용 합판, 문, 절연 처리된 섬유유리, 페인트, 접착제 그리고 밀폐제에 흔히 사용된다.

　유해한 화학물질로 만들어진 제품과 그 대체제로 만들어진 제품을 구분하는 것은 매우 복잡하고 어려운 일이다. 모든 건물 자재가 건강에 미치는 영향을 확인시켜주는 기준과 인증 프로그램을 이용한다면 이 일이 조금 더 수월해질 수 있을 것이다. 구매력이 있는 헬스케어 조직은 건강에 이로운 건물 자재 대체재를 개발하도록 제조업체에게 적극 요청하기도 한다.

일광

자연광 이용은 낮 시간 동안의 전기 사용량을 줄임으로써 에너지와 비용을 절약해주며, 건물 사용자들의 기운을 북돋아준다. 일광을 잘 조절하면서 좋은 경치 확보와 눈부심 현상 제어까지 한다면, 효과적이며 자연 친화적인 인테리어의 최고를 달성하는 것이 된다(Bonda & Sosnowchik, 2006).

　자연광이 비치는 공간이 건강에 얼마나 중요한지는 이미 잘 알려져 있다. 일광은 박테리아와 바이러스를 자연스럽게 억제함으로써 질병 제어에 기여한다. 병원에서는 약제에 내성을 가지는 포도상 구균과 같은 원내 감염이 사망의 주된 원인이 되고 있는데, 일광이 잘 들어오는 병원의 병동에서는 이러한 문제가 덜 발생한다고 보고되었다 (Benya, 2007).

일광은 비타민D 결핍 또한 예방해준다. 인간은 비타민D의 90퍼센트를 햇볕으로부터 받는데, 실내에서 주로 생활하는 사람들은 햇볕을 쬘 일이 적어 면역 체계가 약해진다. 또한 일광은 임상우울증을 예방해주는 효과가 있다. 2020년에는 환자 사망과 장애의 주된 원인이 심혈관 질병에 이어 임상우울증일 것으로 예측되므로, 일광이 얼마나 중요한 치료제가 될 수 있는지를 알 수 있다 (Murray & Lopez, 1996). 병원이라는 통제 가능한 환경에서 측정한 결과, 햇살이 비치는 공간의 환자들은 우울증을 덜 겪고 더 빨리 회복하는 것으로 나타났다 (Benya, 2007).

자연과의 접촉

환자 그룹과 환자가 아닌 그룹 모두의 경우에 특정 자연경관을 잠깐 보기만 해도 스트레스가 현저히 줄어든다는 연구 결과가 있다 (Ulrich, 1999). 기분 개선과 생리적 변화에는 혈압 저하와 심장박동 수 감소가 관련된다. 자연경관을 오랫동안 지켜봄으로써 환자가 차분해졌을 뿐만 아니라 의료 결과에도 지대한 영향을 미쳤다고 보고하는 연구 결과도 있다. 벽돌 벽만 바라본 환자들 대비 침대 쪽에 창문이 있어 외부의 경치를 바라볼 수 있었던 수술 환자들은 훨씬 빨리 회복했다 (Ulrich, 1984).

미국 하버드 대학교의 곤충학자인 윌슨[Wilson]은, 인간은 자연에서 진화해왔기 때문에 태생적으로 생명에 대한 사랑을 가지고 있으며, 자연 세계와 비슷한 환경에서 가장 잘살 것이라는 이론을 제시했다 (Wilson & Kellert, 1995). 약 15년 뒤, 윌슨의 동료들은 자연적 경험이 실제이든 상징적이든 간에 사람으로부터 긍정적인 반응을 이끌어낸다는 사실을 보여주었다. 이들은 생명애적인 원칙과 은은한 디자인을 조합할 때 회복을 촉진하는 환경적 디자인과 진정한 지속 가능성을 달성할 수 있을 것이라고 주장했다. 헬스케어 환경에서의 생명애적 디자인이란 환경적 특징(자연적 자재나 식물) 또는 자연적 모양이나 형태(식물적 모티브)를 사용하는 것이며, 이는 통증 감소와 같은 결과를 가져온다 (Kellert,

Heerwagen, & Mador, 2008).

미국 에모리 대학교의 프럼킨^{Frumkin} 박사 역시 자연이 건강에 미치는 긍정적인 효과를 옹호했다. 프럼킨 박사에 의하면 건강에 이로운 네 가지 종류의 자연과의 접촉에는 동물과의 접촉, 식물과의 접촉, 자연경관을 바라보는 것과 야생의 자연과의 접촉이 있다고 한다. 이것은 약물을 포함하는 일반적인 의학 치료법과는 달리, 약물을 사용하지 않는 치료 및 예방법이라고 할 수 있다(Science Blog, 2004).

자연과 환자의 건강 개선 간 관련성에 대해 진행되어온 많은 연구는 헬스케어 시설에 치유의 정원이나 녹색 지붕과 같은 요소들이 증가하도록 하는 촉진제 역할을 해왔다. 헬스케어 환경에 있어 치유의 정원이라는 콘셉트는 1000년도 더 된 것이지만, 헬스케어 관리자들은 건물과 기술 관련 비용을 줄여야 한다는 부담 때문에 치유의 정원을 불필요한 디자인 요소로 여겼다. 그 결과 치유의 정원 활용도는 낮아지는 추세였다. 그러나 자연이 환자와 직원들에게 미치는 회복력이 인정을 받게 되면서 관리자들은 그들이 가졌던 생각을 다시 한 번 돌아보고 있다. 간호사들의 스트레스를 줄여주기 위한 휴식 공간, 특히 외부 공간, 정원, 조경 등은 좋은 간호사들을 유치하고 보유하는 데 있어서 매우 중요한 요소로 작용하기도 한다(Commission for Architecture & the Built Environment, 2004).

청소 도구 및 방법

통상적인 청소 용품에 사용되는 화학물질은 나쁜 실내 공기의 주범이다. 따라서 청소 도구와 청소 방법이 건강에 미치는 악영향을 줄이는 방향으로 노력하는 것은 환경 친화적인 병원에게는 매우 중요한 일이다.

녹색 청소란 청소 도구와 청소 행위로 인한 위험으로부터 직원과 환경을 보호하면서, 청결함을 유지하고 개선시키며, 감염 방지를 도와주는 과정이다. 녹색 청소란 단순히 한 가지 제품을 다른 제품으로 교체하는 것이 아니라, 전반적으로 품질 높은 청소에 초점을 맞춘 원칙들의 폭 넓은 집합을 의미한다. 표준화된 원칙들, 효과적인 청소 도구와 화학물질, 청소 도중과 이후의 환기량 증대, 통일된 쓰레기 처리 시스템, 통합적인 직원 교육, 적합한 보호 장비 그리고 혈액이나 체액이 흘러나왔을 때 어떻게 대응하고 청소하는가에 대한 분명한 지침과 관행이 필요한 것이다. 녹색 청소에는 지속적인 성과 평가와 개선책 마련 또한 포함된다(Practice Greenhealth, 2009).

식음료 서비스

2007년 미국 헬스케어 시장의 식음료 총 지출액은 약 13억 달러였다(National Society for Healthcare Foodservice Management, 2008). 병원은 치유의 장소이기 때문에, 관리자들은 사람과 환경에 이로운 음식을 제공하고자 한다. 식재료를 공급받는 방법은 매우 다양하며, 어떻게 공급받느냐가 영양, 질병 위험, 공중위생, 환경위생 그리고 사회적 및 경제적 웰빙에 큰 영향을 미친다. 이러한 결과들은 서로 복잡하게 연관되어 있다. 음식이 어떻게 재배되어 어떻게 포장, 배송, 소비, 버려지느냐와 관련된 의사 결정은 생태학적으로 그리고 개개인의 건강에 큰 영향을 미친다(Sattler & Hall, 2007).

헬스케어 관리자들은 더욱 환경 친화적으로 생산되고 환자, 직원, 방문객들에게 더욱 건강한 음식을 제공하기 위해 식자재 구매 방법을 바꿔가고 있다. 하루에 9000끼도 넘는 식사를 제공하는 시설들을 비롯한 미국 21개 주의 127개 헬스케어 시설들의 관리자들은 영양가 높고 보다 환경 친화적인 현지 음식을 공급받겠다는 서약을 했다. 이 서약을 한 병원 관리자들은 헬스케어 음식비용이 곧 예방의학에 대한 투자임을 인식했다(HCWH, 2008c).

이렇게 맺어진 건강 음식 서약은 헬스케어 산업이 환자, 지역사회와 환경의 건강을 증진시키기 위해 거쳐야 할 절차들에 대해 잘 설명하고 있다. 이 서약의 보고서에는 회원 시설들이 사용하고 있는 구매 절차를 구체적으로 보여주고 있다. 이 절차에 대한 한 예시는 다음과 같다.

- 80개 시설(전체 회원의 70퍼센트)은 필요한 양의 40퍼센트를 현지에서 구매한다.
- 90개 이상의 시설(전체 회원의 80퍼센트)은 가축 성장호르몬^{rBGH}을 사용하지 않은 우유를 구매한다. 가축 성장호르몬이란 미국과 일부 국가에서 젖소의 성장과 산유를 촉진하기 위해 젖소에 투여하는 합성호르몬이다(HCWH, 2008b).

- 모든 시설은 신선한 과일과 채소의 제공 정도를 늘렸다.
- 50개 시설(전체 회원의 44퍼센트)은 항생제와 성장호르몬을 필요 이상으로 처방하지 않고 사육된 고기만을 구매한다.

유해적 요소가 없는 헬스케어를 추구하는 조직인 '헬스케어 위다우트 함'의 공동 상임이사인 코헨은 다음과 같이 말한다.

음식과 건강은 아주 밀접하게 관련되어 있다. 병원에서는 음료 제공 서비스를 건강한 음식과 건강한 삶 간의 중요한 관계를 사람들에게 교육할 수 있는 기회로 삼아야 한다. 병원이 그 지역사회의 환경 친화적인 유기농 농업을 지원해줄 수 있다면, 지역사회에 대한 혜택을 연장시키는 효과를 누릴 수 있다. 병원의 경우, 구매력을 이용하여 환경 친화적인 농업을 지원함으로써 환경에 미치는 악영향의 정도를 줄일 수 있다. 이는 우리 사회에서 널리 행해져야 할 음식 생산 관련 변화이다 (Pioneer Team Blog, 2008a).

지속 가능한 헬스케어 디자인을 방해하는 장애물

비록 많은 헬스케어 관리자들이 지속 가능한 디자인의 이점들을 이해하고 있지만, 이러한 디자인이 제공할 수 있는 이점들을 다 이해하고 받아들이지는 못하고 있다. 이러한 망설임의 주된 원인은 두 가지이다. 첫째는 비용 측면이고, 둘째는 지속 가능한 디자인에 대한 프로젝트를 처음부터 끝까지 이해하고 지지해줄 수 있는 리더십의 부재라는 리더십 측면이다.

비용

녹색 헬스케어에 대한 설문 조사 결과에 의하면, 비용에 대한 걱정 때문에 많은 관리자들이 지속 가능 디자인의 적극적 도입을 주저하고 있다고 한다. 높은 초기 비용(78퍼센트),

기존의 자재와 시스템 대비 추가적으로 늘어나는 비용(73퍼센트), 투자와 지출 간 우선순위 결정 문제(72퍼센트), 투자에 대한 즉각적인 수익을 인지할 수 없다는 문제(47퍼센트) 등이 비용과 관련된 응답이었다. 즉, 많은 설문 응답자들은 친환경적인 행보를 가로막는 가장 큰 장벽은 돈이라고 생각하고 있었다.

수많은 전문가들이 친환경 관련 노력은 재정적으로 안전한 투자라고 주장하지만 환경 친화적인 건물에 대한 건설비용은 통상 비용보다 1~7퍼센트가 더 높기 때문에 병원 관리자들은 이러한 추가 투자에 대한 결정을 쉽게 내리지 못한다. 그러나 디자인의 초기 단계에서부터 지속 가능한 디자인 목표가 잘 반영되어 각 특징들이 서로 잘 뒷받침 해줄 수만 있다면 친환경 시설이 반드시 더 많은 비용을 필요로 하는 것은 아니라고 주장하는 헬스케어 관리자들도 있다. 이들은 높은 초기 비용을 투자비용으로 봐야 하며 친환경 병원은 에너지를 30퍼센트 덜 사용하며 환자 결과 개선과 입원 기간 단축을 가져오기 때문에 초기 비용은 장기적으로는 만회가 가능하다고 주장한다 *(Carpenter, 2008)*.

리더십

녹색 헬스케어에 대한 설문 조사 결과에 의하면, 녹색 프로세스 결정에 있어 가장 핵심적 요소는 병원의 리더들이라고 한다. 응답자들은 또한 병원 건설 및 개/보수 프로젝트에 대한 친환경적 노력의 추진에 중요한 역할을 하는 요인들은 시설 경영자(75퍼센트), 건축/디자인 팀(51퍼센트), 행정(46퍼센트), 환경적 서비스(24퍼센트) 그리고 건강과 안전 부서(20퍼센트)라고 답했다 *(Carpenter, 2008)*.

'헬스케어 위다우트 함'의 공동 상임이사인 코헨은 "가장 큰 변화를 만들어낸 헬스케어 시스템에는 언제나 이사진의 지원이 있었다."고 말한다. 최고경영자가 변화를 만들어 내자는 목표를 일단 공표하고 나면, 나머지 시스템은 하나의 목표를 위해 함께 움직이며, 이미 만들어져 있는 환경이든, 구매든, 운영이든 간에, 구성원은 변화를 만들어낼 의무를 느끼게 된다 *(Pioneer Team Blogs, 2008a)*.

점점 더 많은 헬스케어 시설의 리더들이 그들의 업무 환경에 지속 가능 모델을 도입하고자 노력하고 있다. 이러한 리더들은 대체로 디자인, 건설, 운영 방침에 영향을 미칠 수 있는 시설 경영 부서에서 근무했던 경험이 있는 경우가 많다.

간호사들은 지난 수년 간 병원의 지속 가능성 실천을 위해 단결해 왔다. 이들은 지속 가능성을 추구하기 위한 지침서와 환경적 건강을 촉진하기 위한 교육 프로그램 등을 개발했다*(Sattler & Hall, 2007)*. 루미너리 프로젝트 Luminary Project 보고서에는 간호사들이 환경 문제를 얼마나 창의적으로 그리고 전략적으로 바라보고 있으며, 그들이 안전한 병원과 깨끗한 공기의 지역사회를 만들기 위해 어떠한 노력을 기울이고 있는지에 대한 이야기들이 잘 소개되어 있다*(Luminary Project, 2005)*.

통합적 디자인 프로세스

지속 가능하고 친환경적이며 성능이 우수한 건물이란 세상을 더 나은 곳으로 만들기 위해 디자인, 건설 그리고 운영되는 건물이라고 할 수 있다. 이러한 건물은 다양한 전문가들 간의 공동 작업을 통해 완성될 수 있으며, 인간을 보살피고, 환경 자산을 회복시키고, 영감을 제공함으로써 환경을 개선해나간다. 지속 가능한 건물을 짓고, 유지, 관리하는 것은 환경에 대한 우리의 책무이다. 이러한 노력이 성공적일 때에는 건물이 지역사회, 나아가 세계에 미치는 부정적 영향이 최소화됨으로써 지구 건강 유지에 긍정적 기여를 하게 된다.

오랫동안 지속 가능한 디자인이 되려면 관련 이슈들이 프로젝트 초반부터 빠짐없이 고려되어야 하며, '통합적 건물 프로세스'라는 과정을 통해 건물 유지 기간에도 관련 이슈들이 지속적으로 고려되어야 한다. '통합적 건물 프로세스'란 건물 관리에 대한 현재의 실행 원칙을 따름과 동시에 다양한 팀들 간의 협동을 강조하면서, 프로젝트 초기에 수행해야 하는 디자인 작업에 좀 더 초점을 두는 것이다. 통합적 건물 프로세스의 여섯 단계는 다음과 같다.

1. 프로젝트 정의: 첫 단계에서는 프로젝트 대상이 되는 시설 관련 미션, 비전, 목표,

시설의 위치 관련 상황이 잘 이해되어야 한다. 대상이 되는 건물에 적용 가능한 요소들은 무엇이며 지속 가능성을 향상시키기 위해서 무엇을 해야 하는지 등과 관련하여 좋은 본보기가 될 수 있는 건물에 대한 정보를 수집하고 활용해야 한다.

2. 지속 가능한 건물을 짓기 위한 통합적 전략 정의: 시설 관리자와 프로젝트 팀은 함께 일하는 동안 워크숍과 같은 집중 세션을 열어 가능한 통합 전략들을 찾아야 한다. 좀 더 쉽게 해결책을 찾아내기 위해서는 관련 이슈들을 부지 계획, 에너지, 실내 환경과 공기의 품질, 자원, 사회적 차원 등으로 분류하여 전략을 정리하는 것이 바람직하다.

3. 건물의 지속 가능성 측정: 지속 가능한 건물에 대한 통합 전략이 어느 정도까지 성공할 수 있는지에 대한 평가가 이루어져야 한다. 이러한 평가는 기존의 성과 측정법, 제3자가 실시하는 지속 가능한 건물의 평가 시스템 그리고 다양한 친환경 자재 인증 등을 통해 이루어질 수 있다. 이러한 통합 전략은 관련 규정, 법, 가이드라인이 요구하는 최소 조건들을 충족시켜야 한다.

4. 지속 가능한 건물 관련 기회와 한계점: 제안된 전략의 초기 프로젝트 비용을 가늠하기 위해서는 초기 투자비용과 정부로부터 제공받을 수 있는 잠재적인 혜택을 함께 고려해야 한다. 더불어 이러한 전략의 실행으로 누릴 수 있는 혜택과 이러한 전략이 시행되었을 때 혹은 시행되지 않았을 때 생길 수 있는 위험성과도 함께 고려해야 한다. 궁극적으로는 실행하기에 가장 적절한 전략을 이 단계에서 선택해야 한다.

5. 실행: 선택된 전략을 디자인, 건설, 운영 단계에서 프로젝트에 잘 통합해야 한다.

6. 라이프 사이클(생명 주기) 경영: 프로젝트가 완성되고 입주가 완료된 이후에도 입주 후 평가를 통해 프로젝트에서 배운 교훈들을 이해하고, 조정하면서 지속적으로 성과를 측정해야 한다. 이러한 일련의 과정은 건물 소유주와 운영진들이 더욱 효율적으로 시설을 유지 및 관리하는 데 큰 도움이 된다.

지속 가능한 건물 짓기 프로세스는 이러한 프로젝트 수행에 필요한 능력을 보유하고 있는 디자인 팀이 실행해야 한다. 통합적 협동 팀에는 관리자, 의료진, 간호사, 일반 직원, 심지어 환자(이용자) 그룹과 같이 프로젝트의 주요한 이해 당사자들을 다 포함할 수 있도록 신중하게 구성해야 한다.

도구와 자원

지속 가능한 디자인 관련 의사 결정 프로세스에서 도움이 될 수 있는 다양한 자원들이 있다. 친환경 건축물 인증LEED, 헬스케어 녹색 가이드Green Guide for Healthcare, GGHC, 미국헬스케어공학학회American Society for Healthcare Engineering, 녹색 건강 실무Practice Greenhealth 그리고 유해적 요소가 없는 헬스케어헬스케어 위다우트 함, Healthcare Without Harm 등이 그 예이다.

헬스케어 기관을 위한 리드

헬스케어 녹색 건물 평가 시스템을 위한 리드LEED는 입원 환자 케어 시설, 허가를 받은 외래환자 케어 시설 그리고 허가를 받은 장기간 케어 시설을 포함한 다양한 헬스케어 시설의 고유한 디자인 및 건물 관련 이슈들을 다루기 위해 특별히 형성된 제도이다. 헬스케어 LEED는 진료소, 노인 생활 시설, 의료 교육 및 연구 센터에도 적용된다. 헬스케어 LEED는 화학물질과 오염원에 대한 민감한 대처, 주차 시설로부터의 이동 거리, 자연적 공간으로의 접근, 헬스케어 시설의 24시 운영과 같은 이슈들에 대해 다루고 있다.

헬스케어 녹색 가이드

헬스케어 녹색 가이드GGHC는 헬스케어 분야에서는 최초로 정량화가 가능한 지속 가능 디자인 도구이다. GGHC는 환경과 건강에 대한 강화된 원칙 및 실행 방안을 건물의 계획, 디자인, 건설, 운영, 유지 관리에 통합시켰다. GGHC는 이용자가 자발적으로 사용하는 '자가 인증 측정' 가능한 도구로서, 디자이너와 시설 소유주 및 운영자들은 성과 높은 치유의 환경을 만들기 위한 지침을 얻고 프로세스의 진척 상항을 평가하기 위한 도구로 사용한다.

　　헬스케어 LEED가 소개되면서 GGHC는 운영 관련 내용을 크게 수정하였다. 지속적인 발전에 대해 더욱 강조하고, 건물 운영 및 유지 관리 관행의 우수 사례를 반영하였으며, 녹색 건물 운영 방안과 녹색 자재를 향한 원칙 및 실천 방안에 대한 최근 동향을 따라가도록 하였다. 주요 수정 사항들은 다음과 같다.

- 최신 정보를 반영하도록 업데이트된 규제 수준과 우수 사례 및 자원
- 헬스케어 운영 및 유지 관리 관련하여, 배출량 보고, 환경에 영향을 덜 미치는 부지 관리, 지속 가능한 음식 서비스, 환경 친화적인 구매 원칙까지 고려된 더욱 더 통합되고 확장된 관점
- 지속적인 개선과 통합된 운영과 교육에 대한 강조

미국헬스케어공학학회의 선도적인 움직임

미국헬스케어공학학회[ASHE]의 녹색건물위원회에서는 녹색 헬스케어 건축 가이드 성명서를 개발하였다. 이 성명서는 친환경적인 계획, 디자인, 건설, 운영, 유지 관리 방침을 통해 환경 개선의 중요한 계기를 제공하고자 작성되었다. 이 성명서는 건물 이용자의 건강, 시설 주변 지역사회의 건강, 세계 사회와 자연 자원의 건강이라는 세 유형의 건강을 보호하는 것을 핵심 내용으로 하였다. ASHE의 성명서는 비전과 목표 그리고 다음과 같은 사항들을 달성하기 위한 전략에 대해 검토한다.

- 통합적 디자인
- 부지 디자인
- 물
- 에너지
- 실내 환경 품질
- 자재 및 제품
- 건설 방침
- 재조율

- 운영 및 유지 관리
- 혁신

녹색 건강 실무

녹색 건강 실무$^{Practice\ Greenhealth}$는 멤버십과 네트워킹을 위한 조직으로서, 지속 가능하고 친환경적인 운영 방침을 도입하기로 약속한 헬스케어 시설들이 참여하고 있다. 병원, 헬스케어 시스템, 비즈니스 등 환자와 직원 및 환경의 건강 개선을 위한 보다 친환경적인 헬스케어 환경 조성과 관련된 다양한 이해관계자들이 주된 구성원이다.

녹색 건강 실무 조직은 헬스케어 산업의 다양한 측면에 대한 정보, 우수 사례 및 해결 방안을 제시한다. 시설 경영으로부터 디자인과 건설, 친환경적 구매, 쓰레기 처리 관리, 청정에너지, 화학물질 및 해충 관리에 이르기까지 광범위한 내용들이 다루어진다.

녹색 건강 실무 조직은 친환경적인 헬스케어 산업을 이룩하고자 다양한 도구 즉, 교육 프로그램, 웹 세미나, 워크숍, 훈련, 컨설팅, 데이터 추적 도구, 아이디어 교환 등의 기회를 제공하고 있다.

헬스케어 위다우트 함

유해적 요소가 없는 헬스케어를 이룩하려는 취지의 헬스케어 위다우트 함^{HCWH}은 전 세계 헬스케어 혁신을 미션으로 하는 국제적 연합체이다. 환자 안전이나 케어에 있어서는 절대로 타협함이 없이, 헬스케어가 생태학적으로 지속 가능하면서 대중 건강과 환경에 더 이상 피해를 주지 않는 노력을 한다. 병원과 헬스케어 시스템, 의학 전문가, 지역사회 그룹, 건강에 영향을 미치는 일의 종사자들, 노동조합, 환경과 환경 건강 조직 그리고 종교 그룹이 이러한 노력에 동참하고 있다.

HCWH의 목표는 다음과 같다.

- 헬스케어 부문에서의 더욱 안전한 제품, 자재, 화학물질에 관한 시장을 형성하고 정책을 만들어낸다. 수은, 폴리염화비닐, 브롬 처리된 내연제를 사용하지 않는 안전한 대체

제품의 사용을 촉진시킨다.
- 의료 폐기물을 소각하지 않고, 모든 폐기물이 발생시키는 독성 효과의 양을 최소화하며, 안전한 폐기물 관리 방안을 촉진시킨다.
- 환경에 미치는 부정적 영향을 최소화하고, 건강한 치유의 환경을 조성할 수 있도록 헬스케어 시설의 디자인, 건설, 운영 방안을 변화시킨다.
- 지속 가능한 음식 생산과 유통을 지원하는 음식 구매 시스템을 장려하고, 헬스케어 시설 현지에서는 건강한 음식을 제공할 수 있도록 한다.
- 모든 헬스케어 직원들을 위한 안전한 근무 환경을 제공한다.
- 환자, 직원, 지역사회 구성원으로 하여금 헬스케어 시설에서 사용되는 다양한 화학물질에 관한 모든 정보를 쉽게 찾을 수 있도록 하고, 화학물질 노출 관련 의사 결정에 직접 참여할 수 있게 한다.
- 헬스케어 시설의 영향을 받는 지역사회 구성원을 위한 인권과 환경 이슈를 널리 알리고, 문제 발생 시 이러한 문제가 다른 지역사회나 국가로 옮겨가지 않도록 노력한다.

사례연구—메트로 헬스 병원

2002년 7월, 미국 미시간 주 메트로 헬스 병원Metro Health Hospital의 관리자들은 병원 시설 교체를 계획하면서, 그저 하나의 녹색 시설만 만드는 것으로는 충분하지 않다고 생각했다. 지속 가능성의 원칙을 반영하는 복합 건물 단지를 형성하기로 하고, 약 20만 평의 부지에 메트로 헬스 빌리지Metro Health Village를 건설하기 시작했다제6장의 그림 7.1, 7.2, 7.3 참조. 현재 메트로 헬스 빌리지에는 대체 병원만 있는 상태이나 향후 40개의 대체 의료, 소매 및 호텔이나 레스토랑 같은 환대 시설이 들어설 예정이다. 메트로 헬스 병원의 관리자들은 모든 건물이 LEED 인증을 받도록 하였으며 헬스케어 캠퍼스에 대한 높은 목표를 세웠다.

약 1만 1000평 크기의 침상 192개 규모의 대체 병원이 LEED 프로세스를 거쳐야 할 첫 대상이었다. 병원의 위치는 의료 서비스로부터 소외된 지역 주민들에게 접근성이 용이한 곳으로 선정했다. 이 병원의 비전은 친환경적이고 환자들에게 좀 더 건강한 환경을 제공하는 것이었다. 초기 디자인 콘셉트에 포함된 핵심 내용은 건물의 크기를 적정 수준으로 맞추는 것, 환자들의 자연경치 관람을 위한 그린 옥상 설치, 나무가 있는 부지 적극 활용, 재활용 장려, 녹색 실내 청소 도입 등이었다. 신중한 부지 위치 선정을 통해 환자, 직원, 의료진이 시설까지 오는 데 소요되는 시간을 단축시킬 수 있었다.

이 시설 프로젝트에 대한 미션 성명서 제작 세션에는 이용자 그룹을 포함했다. 디자인 프로세스의 중요한 의사 결정 시점마다 프로젝트 미션 성명서 내용을 참조하여 초기 취지가 잘 반영되도록 하였다.

통합 디자인 팀의 멤버는 다음과 같은 사람들로 구성되었다.

- 병원 이용자 그룹, 의료진, 행정 직원
- 치유의 정원 디자인, 환자 안전, 지속 가능한 디자인을 위한 병원 내 포커스 그룹
- 지역사회 대표자
- 공사 담당 매니저와 건축가
- 허가 결정을 담당하는 해당 도시와 주 관련 기관의 대표자

통합 팀의 노력대로 디자인된 건물에는 그들의 의도가 잘 반영되었다. 공사 단계에서 이용자 그룹은 병원 투어를 통해 처음에 의도했던 비전이 제대로 실행되었는지를 살펴보았다. 이러한 점검 덕분에 공사나 입주 단계에서 예상치 못한 일이 발생한 경우는 매우 적었다. 공사 단계에서 이용자 그룹으로 하여금 이미 진행 중인 사항들을 변경할 기회를 제공하는 것은 스케줄과 예산상으로는 매우 무리가 가는 일이었지만, 확고한 의지를 가진 경영 팀은 이용자들의 요구를 잘 이해하고 받아들임으로써 기존의 스케줄보다 더 이르게 그리고 예산도 덜 사용하면서 프로젝트를 마칠 수 있었다.

디자이너들이 메트로 헬스 병원에 도입한 지속 가능 해결 방안들은 공기의 청정도, 조명, 경치, 자재와 자원, 교통, 조경, 공공용지, 용수 효율 그리고 에너지와 관련된 것들이

었다.

　　　병원에서 지내는 환자들은 거의 모든 시간을 실내에서 보낸다. 그렇기 때문에 실내 공기의 청정도가 환자의 건강과 웰빙에 아주 중요한 요소이다. 치유를 위한 환경은 병원, 환자, 직원 모두에게 이롭다. 이를 통해, 병원은 다른 의료 시설들 대비 경쟁 우위를 가질 수 있고, 환자들은 입원 기간과 헬스케어 관련 비용을 감소시키고, 더 빨리 나을 수 있으며, 직원들은 환자들의 회전율을 높이고, 생산성을 높일 수 있기 때문이다.

　　　인테리어와 관련해서는 천장 타일, 페인트, 접착제와 밀폐제, 나무 문, 케이스, 카펫, 가구, 바닥 타일, 충격 완화 타일, 핸드레일, 가드레일, 벽 보호 장치에 재활용된 자재, 휘발성 유기화합물이 낮은 자재 그리고 포름알데히드 배출이 전혀 없는 자재를 사용하였다. 건물 이용자들의 건강을 위해 공기 품질 기준치 검사, 저에너지 및 저수은 개인 조명 시스템을 도입하였다. 건물 입구에는 먼지와 작은 오염 물질을 걸러낼 수 있는 장치를 설치했다. 또한 화학물질이 배출되었을 때 이것이 다른 곳으로 이동하지 않도록 각 공간마다 자동 환기 공간이 마련되었다.

자연경관
병원 부지의 등고선 모양을 따르고 원래부터 있었던 숲을 그대로 보존하며 지어졌기 때문에, 병원 주변에는 원래의 자연경관이 그대로 남아 있다. 환자들은 병실에서 그림 같은 경치를 즐길 수 있고, 건물 마당에 있는 평온한 분위기의 치유 정원도 이용할 수 있다. 건물의 복도 끝에는 창문이 있어 공공 공간과 직원 공간에 자연광이 잘 들어와서 에너지도 절약할 수 있다.

조명과 일광
병원 건물은 자연적 경사를 그대로 따라 지어졌기 때문에, 건물 낮은 층 뒤편에는 많은 양의 자연광이 잘 들어온다. 병실을 제외한 나머지 공간의 조명에는 에너지를 절약하기 위한 동작 인식 센서가 설치되어 있다. 거의 모든 조명은 환자의 편안함을 위한 간접조명이다. 일광의 양을 조절함으로써 에너지 소비를 줄이고 햇볕을 최대한 사용한다. 모든 개인 병실에서는 허용치 내에서 온도를 조절할 수 있다. 병실에는 에너지 효율성이 있는 큰 창문이 있어 풍부한 양의 자연광을 받도록 한다.

자재와 자원

환경 친화적 프로젝트에는 공기 청정도를 개선하고 교통, 자재, 자연 자원 등에 소요되는 비용을 줄이기 위해 자재와 자원을 효율적으로 사용한다. 메트로 헬스 병원의 사례는 자재와 자원 사용 면에서도 다른 헬스케어 시설의 벤치마킹 모델이 될 수 있다.

폐기물

아주 엄격한 건설 폐기물 관리 프로그램이 사용되어 약 1800톤의 건설 폐기물의 70퍼센트를 분류했다. 공사 중에 생기는 폐기물은 현장에서 바로 목재, 석고판, 천장 타일, 세라믹 타일, 종이, 콘크리트, 금속, 일반폐기물로 분류되어 지정된 쓰레기통을 통해 폐기되었다.

재활용 자재

자재비의 9.5퍼센트가 넘는 약 60억 원의 비용을 재활용된 자재 구매에 사용했다.

지역 자재

프로젝트에 사용한 자재는 부지의 800킬로미터 이내에서 생산된 자재가 20퍼센트 이상, 추출된 자재가 25퍼센트를 차지했다. 이로써 운송비와 운송에 따르는 환경오염을 줄이고 공사 시간 또한 단축시킬 수 있었다.

지속 가능한 부지

도보로 이동할 수 있는 거리 내에서 모든 서비스 이용이 가능한 공간을 만들기 위해서 부지 선정이 매우 신중하게 이루어졌다. 더불어 환자들의 의료 서비스 요구 사항들을 잘 수용하면서도 시간과 비용을 절약함으로써, 궁극적으로 공기 청정도를 높이고 전반적인 탄소 배출량을 줄이고자 하였다.

교통

이전의 병원 위치는 환자와 직원들 모두에게 너무 멀다고 평가되었기 때문에, 새로운 부지를 선정에는 교통 관련 측면이 신중히 고려되었다. 새로운 부지에는 두 개의 버스 노선이 있었고, 카풀 차량에는 주차 우선권을 부여했으며, 약 40개의 자전거 보관대를 설치하고 헬스 빌리지와 보행 도로를 연계하여 자가용 대신 자전거와 도보 이용을 장려했다. 도보 구간 근처에는 놀이터, 분수와 원형극장이 있는 두 개의 공원을 만들어서 사람들이 잘 보존된 자연을 즐길 수 있도록 하였다.

    헬스 빌리지 내 주차 구역을 줄이기 위한 노력도 있었다. 헬스케어 시설의 주요 이용자인 환자들은 보통 직접 차를 몰고 병원에 오지 않기 때문에 필요한 주차 공간의 수를 줄이고자 하였고, 주차 공간의 폭을 3미터에서 2.7미터로 조정했다. 그 결과 주차 공간을 도시의 규정보다도 더 줄이면서 약 450평의 공간을 절약할 수 있었다.

조경

LEED 인증 프로세스의 일환으로서, 폭우 관리 프로세스를 개선하기 위해 일반 병원에서는 잘 사용되지 않는 조경 최적 관리 기법$^{Best\ Management\ Practices,\ BMPs}$이 적용되었다. 도입된 세 가지 관리기법은 다음과 같다.

- 약 1400평 면적의 녹화 옥상 설치
- 두 주차장에 빗물의 흐름을 완화시킬 수 있는 '레인 가든' 설치
- 침투 저류조로 통하는 두 개의 저류조 설치

    조경 계획자들은 폭우로 인한 범람을 최소화하기 위해 현지 식물들을 사용하여 '레인 가든'을 조성했고, 이를 통해 작은 생태 공간을 만듦으로써 주차 공간을 아름답게 꾸밀 수 있었다. '레인 가든'에 흡수되지 않은 빗물은 연못에 저장되었다가 필요 시 관개

용으로 사용되었다. 그 결과, 관개용수는 자연적으로 해결되어서 수도를 따로 사용할 필요가 없었다. 또한, 입원 환자 병실에서는 일층 높이의 외래환자 건물의 지붕에 있는 색색의 옥상 정원이 내다보였다. 이 녹화 옥상은 열섬 현상과 폭우 흐름을 완화시키는 역할을 한다. 다른 건물의 지붕 및 옥상은 흰색 열가소성 폴리올레핀 막을 사용하여 열섬 효과를 감소시켰다.

메트로 헬스 병원은 조경 최적 관리 기법의 효과를 모니터하고, 폭우 흐름의 양을 조절하고 흐름 조절의 품질을 향상시키기 위해, 이러한 능력을 테스트할 수 있도록 미시간 주의 허가를 받았다. 관련 직원은 큰 폭우의 전과 후 상태를 여러 측면에서 평가했다. 이 시범 프로젝트는 다음과 같은 면에서 적용 가능성을 시사한다.

- 수질을 개선하고 지방 자치 오수 처리 시설의 부담을 줄일 수 있다.
- 평가 데이터를 통해 성과 기준을 정립하여 다른 지방 자치제에서도 조경 최적 관리 기법을 사용할 수 있도록 장려한다.
- 다음과 같은 노력을 통해 교육의 기회를 제공한다.
  - 메트로 헬스 병원의 홈페이지에 프로젝트에 대한 설명과 분기별 결과를 게재한다.
  - 녹화 옥상과 '레인 가든'에 대한 실시간 데이터를 온라인에서 일반인이 접할 수 있게 한다.
  - 대중과 기업에게 녹화 옥상과 '레인 가든'에 대한 교육 투어를 진행한다.

공공용지

헬스 빌리지는 부지의 자연적 특징을 잘 통합시켰다. 야생동물 서식지를 위해 가능한 한 많은 방풍림을 보존했고, 방풍림이 나있는 모양을 따라서 헬스 빌리지의 도로를 디자인했다. 또한 부지에 있던 나무들도 보존하고, 초지의 방대한 지역에는 씨앗을 뿌려서 원래의 들판을 되살렸다. 주차 구역에는 특별히 낙엽성 식물을 심어서 열섬 효과를 줄이고자 하였다. 현지 농원에서 병원에 기부한 300그루 이상의 전나무는 다른 용도로 처분하지 않고 그대로 옮겨 심었다. 또한 폐묘목장에서 발견된 수십 그루의 전나무 성목을 구조하여 부지 전반에 걸쳐 옮겨 심었다.

용수 효율

저용량 관개 시스템에는 주문 제작된 관개 제어 장치가 있어서, 식물이 충분한 수분을 받았을 때는 수분 센서를 통해 시스템이 멈추도록 하였다. 관개에는 식수를 전혀 사용하지 않으며, 공급되는 물은 모두 저류조로부터 온다. 유지 관리가 비교적 수월한 스프링클러 개관 시스템은 공공용지 면적의 44퍼센트에서 사용되고 있다.

　　헬스케어 시설에 요구되는 엄격한 용수 사용 관련 조건들은 용수 사용 효율성 최대화를 도모할 수 있는 디자인의 유연성을 크게 제약한다. 그럼에도 불구하고, 물을 사용하지 않는 소변기의 이용을 통해 1년에 약 17만 리터의 물을 절약할 수 있었다.

에너지와 환경

디자이너들은 에너지를 절약해주는 많은 장치들을 시설 안에 설치했다. 보통 크기보다 큰 배관을 사용하여 총 정지 압력을 낮춤으로써 환풍기에 소요되는 에너지를 절감했다. 에너지를 재사용하기 위해 건물의 배기관과 흡입관 사이에 열 회수 고리 장치를 설치했다. 겨울에는 외부의 찬 공기를 예열하고 여름에는 뜨거운 외부 공기를 예냉함으로써 에너지를 절약하였다.

　　난방, 환기, 공기 조절 및 조명과 일반 전력 사용량에 대한 분리된 측정 시스템을 사용하여 모니터와 분석이 용이하게 하였다. 병실을 제외한 다른 공간에는 2단계의 조명 제어기와 동작 감지 센서가 설치되었고, 광전지 센서는 적극적 태양열 사용을 도모함으로써 에너지 소비를 감소시켜주었다.

결론

환경적으로 지속 가능한 변화를 도입한 메트로 헬스 병원의 성공 사례는, 통합적 디자인 팀이 프로젝트 미션을 세우고 이것을 달성하기 위해 노력했을 때 어떤 일들이 일어날 수 있는지를 잘 보여준다. 헬스케어 디자이너들과 관리자들은 헬스케어 시설의 디자인 및 건축이 환경에 미치는 여러 가지 영향을 고려하고, 환경에 덜 해로운 해결 방안을 모색하고 사용해야 할 의무가 있다.

참고 문헌

Beauchemin, K. & Hays, P. (1996). Sunny hospital rooms expedite recovery from severe and refractory depressions. Journal of Affective Disorders, 40(1-2), 49-51.

Benya, J. (2007). Daylight + schools = health + learning. The Daylite Site. Retrieved January 26, 2009, from
http://www.thedaylightsite.com/showarticle_s.asp?id=152&tp=1011&y=2007

Bernheim, A. (2008). The air we breathe. Interiors & Sources, 15(2), 22-26.

Bonda, P. & Sosnowchik, K. (2006). Sustainable commercial interiors. Hoboken, NJ: John Wiley & Sons, Inc.

BusinessWeek. (2008, August 13). Sick building syndrome: healing health facilities. Retrieved January 16, 2009, from
http://www.businessweek.com/innovate/content/aug2008/id20080813_845797.htm?chan=innovation_architecture_green+architecture

Carpenter, D. (2008, July). Greening up. Health Facilities Management. Retrieved January 16, 2009, from
http://www.hfmmagazine.com/hfmmagazine_app/jsp/articledisplay.jsp?dcrpath=HFMMAGAZINE/Article/data/07JUL2008/0807HFM_FEA_Coverstory&domain=HFMMAGAZINE

Commission for Architecture & the Built Environment. (2004). The role of hospital design in the recruitment, retention and performance of NHS nurses in England. Executive summary, p. 8.

Environmental Working Group. (2007). Nurses' health report. In collaboration with Healthcare Without Harm, the American Nurses Association, and the Environmental Health Education Center of University of Maryland's School of Nursing. Retrieved

January 16, 2009, from http://www.ewg.org/sites/nurse_survey/analysis/about.php

Guenther, R. & Hall, A. (2007). Healthy buildings: impact on nurses and nursing practice. The Online Journal of Issues in Nursing 12(2).

Guenther, R. & Vittori, G. (2008). Sustainable healthcare architecture. Hoboken, NJ: John Wiley & Sons, Inc.

Healthcare EPP Network. (January 2000). Healthcare EPP network information exchange newsletter 2(1), p.1.

Healthcare Without Harm. (2008a). Government reports. Retrieved January 19, 2008, from http://www.noharm.org/us/pvcDehp/GovernmentReports

Healthcare Without Harm. (2008b, December 5). Press release: Healthcare Without Harm and the World Health Organization launch a global partnership to substitute mercury-based medical devised. Retrieved January 26, 2009, from http://www.noharm.org/details.cfm?type=document&ID=2100

Healthcare Without Harm. (2008c, May 29). Press release: Report outlines leading trend in Healthcare sector: hospitals nationwide purchasing local, sustainable food. Retrieved January 26, 2009, from http://www.noharm.org/details.cfm?type=document&ID=1943

Healthcare Without Harm. (2008d). PVC & DEHP: The Issue. Retrieved January 19, 2008, from http://www.noharm.org/us/pvcDehp/TheIssue

Heerwagen, J. (2000, July/August). Do green buildings enhance the wellbeing of workers? Environmental Design & Construction, 25-26.

Institute of Medicine. (1999). To err is human. Washington: National Academy Press.

Keehan, S., Sisko, A., Truffer, C., Smith, S., Cowan, C., Poisal, J. et al. (2008, February 26). Health spending projections through 2017: The baby-boom generation is coming to Medicare. Health Affairs Web Exclusive. Retrieved January 16, 2009, from http://content.healthaffairs.org/cgi/content/abstract/hlthaff.27.2.w145v1

Kellert, S., Heerwagen, J., & Mador, M. (2008). Biophilic design: The theory, science and practice of bringing buildings to life. Hoboken, NJ: John Wiley & Sons, Inc.

The Luminary Project. (2005). Nurses lighting the way to environmental health. Retrieved January 26, 2009, from http://www.TheLuminaryProject.org

MedicineNet.com. (2004). Multiple chemical sensitivity. Retrieved January 16, 2009, from http://www.medicinenet.com/script/main/art.asp?articlekey=43007&pf=3&page=1

Murray, C. J. L, Lopez, A. D. (1996). The global burden of disease: A comprehensive assessment of mortality and disability from disease, injuries, and risk factors in 1990 and projected to 2020. Cambridge, MA: Harvard University Press.

National Association of Physicians for the Environment. (2000). Green office guide for office managers. Bethesda, MD: Author.

National Society for Healthcare Foodservice Management. (2008). About HFM. Retrieved January 25, 2009, from http://www.hfm.org/about.html

Pioneer Team Blog. (2008a, July 2). Conversations with pioneers: Gary Cohen of Healthcare Without Harm. Retrieved January 16, 2009, from http://rwjfblogs.typepad.com/pioneer/2008/07/conversations-w.html

Pioneer Team Blog. (2008b, July 3). More from Gray Cohen: Challenges now, and hopes for the future. Retrieved January 16, 2009, from http://rwjfblogs.typepad.com/pioneer/2008/07/more-from-gary.html

Practice Greenhealth. (2009). Green cleaning report. Retrieved January 29, 2009 from http://cms.h2e-online.org/ee/facilities/greencleaning/

Rossi, M. & Lent, T. (2006). Creating safe and healthy spaces: Selecting materials that support healing, in designing the 21stcenturyhospital:Environmentalleadershipforhealthierpatientsandfacilities,Center forHealthDesign&HealthCareWithoutHarm.Availableathttp://www.rwjf.org/files/publications/other/Design21CenturyHospital.pdf

Sattler, B. & Hall, K. (2007). Healthy choices: Transforming our hospitals into environmentally healthy and safe places. The Online Journal of Issues in Nursing 12(2).

Science Blog. (2004). Emory scientist reports nature contact may heal humans. Retrieved January 16, 2008, from http://www.scienceblog.com/community

Silas, J., Hansen, J., & Lent, T. (2007). The future of fabric: Healthcare. Healthy Building Network & Healthcare Without Harm's Research Collaborative. Retrieved January 16, 2009, from http://www.noharm.org

Ulrich, R. (1999). Effects of gardens on health outcomes: Theory and research. In Marcus, C. & Barnes, M. (Eds). Healing gardens: therapeutic benefits and design recommendations. New York, NY: John Wiley & Sons.

Ulrich, R. (1984). View through a window may influence recovery from surgery. Science, 224. 420-421

U.S. Environmental Protection Agency. (2009). Indoor air facts No. 4 (revised) sick building syndrome. Retrieved January 16, 2009, from http://www.epa.gov/iaq/pubs/sbs.html#Introduction

Wilson, E. O. & Kellert, S. (1995). The biophilia hypothesis. Washington, DC: Island Press.

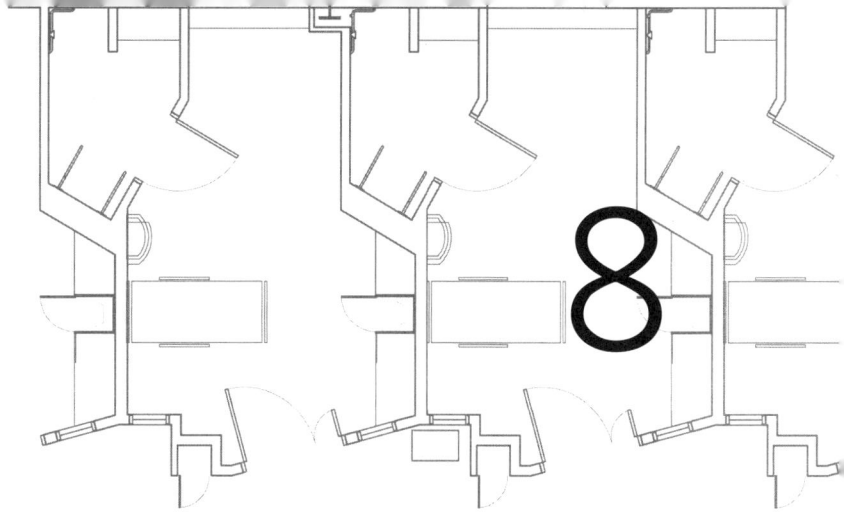

8

새로운 환경으로의 전환
— 신시아 맥클로, 캐런 스위니, 파멜라 웽거,
아니타 데이비스, 바바라 뷰츨러

새로운 헬스케어 시설을 계획하고, 디자인하고, 건설하는 전체 프로세스는 아주 많은 시간과 준비를 요한다. 최종 결과물이 현실로 이루어지기까지는 약 3년에서 9년 정도의 시간이 걸린다. 일반적으로는 헬스케어 시설에서 근무하는 수많은 행정, 헬스케어 및 기타 부서의 직원들이 초기 계획 단계에서 프로세스에 참여한다. 이들은 함께 모여 혁신적인 프로세스, 신기술, 직원 효율성을 높여줄 수 있는 디자인 등을 포함하는 새로운 환경의 비전에 대해 토의한다. 건축 공사가 시작되면 이들은 일상적 업무에 종사하며 시설의 완공을 기다리게 된다.

　새 헬스케어 시설의 오픈을 1년 정도 앞둔 시기가 되면 새로운 시설에 대한 이들의 관심은 최고조에 달한다. 새로운 환경에서는 하루하루 어떻게 일하게 될 것인지, 새로운 시설과 더불어 나타날 새로운 문화에 어떻게 맞춰나갈 수 있을지에 대해 궁금해 하기 시작한다. 이 시기에는 직원들이 받는 스트레스도 상당할 수 있다. 따라서 이쯤 되면 프로젝트와 관련된 기본 원칙^{일반적인 기본 원칙의 사례로 표 8.1을 참조}을 정립하는 데 얼마나 많은 시간이 들었는지, 처음의 계획 단계에서 앞으로 찾아올 변화에 대해 어떤 이야기를 나누었는지는 잊어버리게 된다. 반면, 초기 계획 프로세스에 참여하지 않았던 신입 직원들은 변화에 대한 계획을 파악해야 하는 벅찬 업무를 부담하게 된다.

한 가지 흥미로운 사례를 소개해보면 다음과 같다. 시설 오픈을 석 달 앞두고 있는 시점에서 건축 디자인 회사는 시설 관리자로부터 한 가지 요청을 받았다. 자신의 조직 문화를 어떻게 바꾸고, 초기의 계획 프로세스에 참여하지 않은 직원들을 새로운 환경에서 헬스케어 팀의 일부분으로 어떻게 흡수할 수 있을지에 대한 묘안이 없냐는 것이었다. 이 관리자는 새로운 시설을 계획하고 미래 환경을 논의하는 데 수많은 시간을 쏟았었지만, 이 프로젝트를 성공적으로 실행시켜줄 혜성과 같은 챔피언을 아직 발견하지 못한 것이다. 프로젝트의 비전과 기본 원칙은 잘 만들어졌고, 새 건물은 이들이 달성하고자 했던 것을 확실하게 반영하고 있었으나, 계획된 변화를 설명하거나, 이에 대한 소식을 전하거나, 직원들에게 앞으로 일어날 변화에 대한 정보를 전달하는 것과 관련된 체계적인 계획은 세워지지 않았다. 시설 종합 계획은 이들이 새 시설에서 구현하고자 했던 것에 대한 상세한 기록을 담고 있었음에도 불구하고, 이주 계획과 직원들이 새 문화에 잘 동화되도록 이끌 수 있는 리더십은 부재한 상태였다.

관리자들은 새로운 시설에 입주하기 전에 직원 교육이 필요하고 이에 대한 예산도 필요하다는 사실을 잊어버리곤 한다. 이러한 교육을 제공하지 않는다면, 직원들은 새 환경에서 기존에 사용했던 옛날 방식으로 일하게 될 것이며, 그 과정에서 좌절하게 된다. 많은 직원들은 기존의 방식이 편하고, 일상적 업무를 진행할 다른 방법을 교육받지 못했기 때문에 기존의 방식을 고집한다. 그리고 많은 경영 관리자들은 직원들에게 새로운 환경에서 새로운 방식으로 일하는 방법을 지도하고 지원해주는 일에 소요되는 시간과 에너지를 과소평가한다. 인간의 행동은 하룻밤 사이에 바뀌지 않는다. 관리자들은 직원들이 행동을 바꾸고 새로운 방식을 배우는 기간 동안은 다소 비효율적으로 일하더라도 내버려두어야 한다. 성공적인 전환을 위해서 필요한 다양한 변화와 계획을 관리자들이 받아들인다면 큰 성과를 얻을 수 있을 것이다. 기존의 환경에서 새로운 방식으로 일하는 것을 직원들이 연습해볼 수 있다면 이러한 전환기는 짧아질 수 있다. 여러 가지 제약으로 인해 이러한 연습 기간이 항상 가능한 것은 아니지만, 최대한 고려해야 할 사항이다.

표 8.1 프로젝트 기본 원칙의 샘플

환자의 요구에 초점을 맞추고, 환자의 신체, 마음, 정신을 돌봄에 있어 전체를 아우르는 시각으로 접근한다.

환자 케어^{care}에 모든 케어 팀을 관여시킨다.

직원들과 미래 환자들의 요구에 응할 수 있는 케어 전달 모델을 개발한다.

융통성과 적응성이 높은 환경을 만든다.

프로세스 전이와 대기를 줄인다.

병원 전체에 다양한 기능의 신체검사 도구를 비치한다.

침상 수용 인원을 늘린다.

환자가 병원에 들어오는 순간부터 케어를 시작하는 연속적이고 완전한 케어를 제공한다.

지역 기관들과의 협력을 증진시킨다.

직접적 임상 케어 시간을 60퍼센트로 늘린다.

건강과 웰빙^{well-being}에 초점을 맞춘 직원 건강 프로그램을 개발한다.

의사소통을 증진시킨다.

비용 효율성과 직원 효율성을 높인다.

지속적인 직원 교육을 제공한다.

서비스와 운영 우수 모델

새로운 문화와 물리적 환경으로의 전환이 매끄럽게 일어나는 조직들 사이에는 아주 분명한 공통점들이 있다. 먼저, 이들은 눈에 띄는 조직 문화를 가지고 있다. 스튜더^{Studer}, 디즈니^{Disney} 그리고 플레인트리^{Planetree} 모델의 직원 관리와 리더십 요소는 리더와 직원들에게 책임감 있는 환자 중심적 환경에서의 매니저의 역할이 무엇인가에 대한 시사점을 제시한다. 지금부터 이 세 가지 모델 각각이 제시하는 주요 사항들에 대해 논의해보겠다.

스튜더의 리더십 모델

미국의 400개가 넘는 병원과 헬스 시스템이 조직 문화를 바꿀 때 스튜더의 방법을 사용한다. 퀸트 스튜더Quint Studer는 20년간 여러 헬스케어 시설에서 최고 운영 책임자를 비롯한 다양한 직책을 맡은 경험을 토대로 스튜더 모델을 개발했다. 그는 세계적 수준의 조직을 만드는 데 있어 헬스케어 직원들을 보조해줄 수 있는 수많은 도구와 기법들도 개발했다.

스튜더 모델(2008)의 원칙에 기반을 둔 도구와 기법들을 사용한다면, 환자들이 더 잘 회복되고 직원들이 일하기에 더 좋은 헬스케어 시설이 되게끔 하는 데 꼭 필요한 행동들을 직원들로부터 이끌어낼 수 있게 된다. 서비스와 운영 우수성 달성을 위한 접근 방법에 중점을 두고 있는 스튜더의 9가지 원칙을 살펴보면 다음과 같다.

1. 최고가 되겠다는 의지를 가진다.
2. 중요한 것들을 측정한다.
3. 서비스 중심으로 문화를 형성한다.
4. 리더를 만들고 양성한다.
5. 직원 만족에 집중한다.
6. 개인적 책임을 형성한다.
7. 행동을 목표 및 가치와 일치시킨다.
8. 모든 차원에서 의사소통을 한다.
9. 성공 사례를 발굴하고 적절한 보상을 한다.

디즈니의 고객 서비스 모델

고객 서비스에 대한 디즈니 모델의 성공 방식에는 일반 상식, 명확한 회사 가치 그리고 세부적인 것에 대한 주의 사항이 잘 결합되어 있다. 이 방식은 전 세계적으로 가장 수익성 있고 가장 고객 친화적인 테마파크를 디자인하고 운영한 그 유명한 사업가, 월트 디즈니Walt Disney가 개발한 것이다. 이 모델은 태도를 보고 직원들을 뽑고 기술 훈련을 시킨다는 것을 가정하고 있다. 직원을 인터뷰하기 전에, 회사의 가치와 회사가 직원으로부터 기대되는 점들이 먼저 설명된다. 이러한 과정을 통해 지원자들은 인터뷰 진행 이전에 과연 이 조직이 자신과 맞는지를 결정할 수 있다.

헬스케어 리더들은 이 모델의 주안점을 활용하여 최고의 환자 경험을 창출할 수 있다. 특히 환자/환자 가족/직원들과 눈을 맞추는 것, 어수선하지 않은 환경을 유지하는 것, 누군가를 도울 수 있는 기회를 찾는 것 등은 아주 사소한 것들이 어떻게 고객 충성심을 불러일으킬 수 있는지를 잘 보여주는 예시이다. 헬스케어 시설에서 '디즈니 같은 고객 경험'을 만들어내기 위해 직원들이 할 수 있는 간단한 것들은 6가지 건물 문화와 5가지 고품질 서비스 신호로 요약될 수 있다 *(Disney Institute, 2001)*. 건물 문화에 대한 6가지 원칙은 다음과 같다.

1. 간단하게 한다.
2. 전 세계적으로 한다.
3. 측정 가능하게 한다.
4. 훈련과 코칭을 제공한다.
5. 팀으로부터 피드백과 아이디어를 구한다.
6. 우수한 성과를 인지하고 보상한다.

고품질 서비스 신호에 대한 5가지 원칙은 다음과 같다.

1. 기억에 남을 만한 첫 인상을 만든다.
2. 조직의 정신을 널리 알린다.
3. 서비스 언어를 사용하고 서비스 복장을 갖춘다.
4. 성과를 위한 일련의 팁들을 정립한다.
5. 성과 중심의 문화를 만든다.

이와 더불어 디즈니는 직원들이 손님을 만났을 때 해야 하는 행동들도 정리했다.

성과를 가져오는 이러한 행동들은 헬스케어 세팅에서 직원들이 환자/환자 가족/방문객을 만났을 때 보여야 하는 행동에 동일하게 적용될 수 있다. '고객 서비스'를 위한 지침은 다음과 같다.

1. 고객과 눈을 맞추고 미소를 짓는다.
2. 모든 고객에게 인사하고 환영한다.
3. 고객들이 의견을 제시하도록 유도한다.
4. 서비스 실패가 일어나면 즉각적인 서비스 회복 노력을 제공한다.
5. 적용 가능한 모든 경우에 적절한 바디 랭귀지를 사용한다.
6. 고객의 경험을 존중하고 고객이 소중한 경험을 잘 간직할 수 있도록 돕는다.
7. 모든 고객에게 항상 감사 표시를 한다.

플레인트리의 헬스케어 모델

플레인트리^{Planetree}는 치유 세팅에서 심미성, 예술, 편안함, 따뜻함에 대한 고객 욕구를 충족시켜주는 개인화되고 인간적인 케어를 전달해주는 곳으로 묘사될 수 있다. 플레인트리 모델을 구성하는 요소에는 개인적인 시간을 위한 공간, 사회적 활동을 위한 공간, 자원 센터, 도서관, 주방, 라운지, 활동실 등이 있다. 플레인트리 모델의 원칙 중 하나는 치유에 대한 환자들의 종교적, 영적 욕구를 파악하는 것이다. 플레인트리 모델을 도입한 헬스케어 시설들에는 정원, 명상실 그리고 환자, 방문객, 직원을 위한 예배실이 마련되어 있다. 이러한 시설들은 또한 마사지, 음악, 예술, 애완동물, 아로마 테라피 등의 보완적인 치료법과 일반적인 치료법 모두를 병행하고 있다.

플레인트리에 대한 상세한 정보는 4장에서 설명했다.

새로운 상황으로의 전환

전환이란 '새로운 상황을 받아들이기 위해 사람들이 거쳐 가야 할 필수적인 심리적 프로세스'라고 정의되며, 이 프로세스는 다음 세 가지 단계로 구성된다 *(Bridges, 2000)*.

1. 전환의 시기는 기존의 방식과 헤어지며 시작된다.
2. 다음 단계인 중립 지대 Neutral Zone 는, 예전 것은 가고 새것이 도래한 시기이지만, 모든 것이 아직 확실해지거나 받아들여진 것은 아니다.
3. 세 번째 단계에서는 새로운 합의, 가치, 태도, 정체성을 받아들이게 된다.

이제부터는 전환의 시기에 직원들이 겪게 되는 예측된 변화와 직원들이 새로운 헬스케어 환경에 적응하는 데 도움이 될 수 있는 방법들을 논의하고자 한다. 직원들이 새로운 환경에 들어서게 되면, 기존의 일하는 방식을 그만둘 수 있도록 관리자들이 유도해야 한다. 첫 단계의 주요 취지는 이전에 좋았던 것을 기억하면서, 앞으로 나아갈 준비를 하는 것이다.

중립 지대 단계는 직원들이 새 시설에 입주는 했지만 새로운 프로세스와 기술을 완전히 익히지 못했기 때문에 비효율적으로 일할 수밖에 없는 시기이다. 이 단계에서 많은 이들이 기존의 일하는 방식으로 돌아가려 한다. 관리자들은 이 시기에 직원들에게 특히 많은 주의를 기울여야 한다. 필요할 때마다 직원들의 긍정적인 행동들을 강화시키면서, 새로운 방식으로 전환시키는 것이 매우 중요하다. 일반적으로 이 시기는 조직이 새 시설로 입주한 뒤 3~6개월 정도 지속된다.

세 번째 단계는 직원들이 새로운 환경을 받아들이고 그 환경에서 일하는 법을 이해하는 때를 의미한다. 이때에는 새 모델의 성과를 측정하기 시작해야 한다.

성공적인 전환을 위해서는 이미 계획 단계에서 전환 시기에 일어날 일들을 잘 이해할 수 있는 리더가 선정되어야 한다. 지금부터는 네 가지 사례를 통해 새로운 업무 환경으로의 전환 시기에 직원들을 잘 이끌어간 매니저나 감독관들의 역할을 소개하고자 한다.

네 가지 사례는 네 명의 관계자가 각자 저술하였으며, 조직에 대한 간단한 설명, 프로젝트의 범위, 긍정적인 결과를 이끌어내기 위해 거쳐 간 단계, 프로세스로부터 배울 수 있는 교훈 등으로 구성된다. 모든 사례는 스튜더, 디즈니, 플레인트리, 전환 모델의 중요 요소를 포함하고 있다.

사례연구: 비숍 클락슨 기념병원
지은이: 신시아 맥클로

비숍 클락슨 기념병원Bishop Clarkson Memorial Hospital의 장기 근무 직원이었으며, 새로운 케어 모델의 계획 단계에 참여했었다. 성공적인 전환을 위한 계획은 1년이 넘는 기간 동안 준비되었다.

비숍 클락슨 기념병원은 헬스케어를 전달하는 방식, 환자를 대하는 방식을 바꾸고자 노력하는 병원이었다. 새 모델이 비용 절감, 좀 더 효율적인 직원 배치, 환자의 결과 개선을 통해 궁극적으로 환자들과 직원들의 만족을 가져올 것이라고 기대했다.

시설의 물리적 변화에 대한 계획은 아주 잘 짜여 있었다. 이 변화는 몇 년에 걸쳐 일어났고, 병동의 개/보수가 순차적으로 일어났기 때문에 이전의 변화에서 배운 점들을 이후의 변화에 적용시킬 수 있었다. 단점은 기존의 중앙 집중된 환경과 분산된 환경이 공존하고 있었다는 것이다. 시설의 개/보수 작업이 완전히 끝나기 전까지 직원들은 완전히 분산된 모델에 맞추어 일할 수 없었다.

분산된 환경으로의 문화적 변화는 물리적 변화만큼 잘 계획된 것이 아니었기에 매우 급작스럽게 이루어졌다. 분산된 환경이 어떠해야 할 것인가를 결정하는 데에 상당히 많은 시간이 소요되었다. 주요 초점은 환자의 경험을 개선하는 것이었으므로, 환자가 병원에 도착해서 치료를 받기까지 걸린 시간과 같은 프로세스들을 검토하는 것에 많은 시간을 쏟았다. 조직에서는 환자의 대기 시간을 감소하고 서비스를 제공하는 것에 초점을 맞추어 입원, 약국, 방사선과, 검사 결과 프로세스를 심도 있게 연구했다. 몇 팀이 프로세스 흐름의 측면을 살펴보는 동안, 다른 팀들은 직원들 관련 측면을 연구했다.

시설의 개/보수를 통해 개인 병실의 비율이 높아졌다. 각 병실에는 화장실과 싱크대, 샤워 시설이 갖추어졌다. 컴퓨터, 침구류 보관소, 환자 차트, 직원 전화기, 약품 서랍 등이 구비된 직원들의 업무 공간도 각 병실에 준비되었다. 입원 수속 담당 직원이 환자를 등록시키고 병실에 배정하는 업무를 맡았다.

개/보수는 층별로 순차적으로 이루어졌기 때문에, 각 층을 개선할 때마다 더 나은 개선책들이 발견되어 그 다음 층을 개/보수 시점에 적용될 수 있었다. 내가 속한 곳은 개/보수 순서에서 두 번째였기 때문에, 우리 층 전에 개/보수된 층의 경험에서 많은 것을 배우고 프로세스를 개선할 수 있는 이점을 누렸다. 한 예로, 앞서 변화를 거쳐 간 병동에서는 케어 페어라는 제도를 운영했다. 한 명의 공인 간호사와 한 명의 실무 간호사가 짝이 되어 5~6명의 환자를 돌보는 시스템이었다. 이 케어 페어는 항상 같은 날의 같은 근무 조에 배정되었고, 직원들은 이러한 팀 모델을 마음에 들어 했다.

모든 도구와 장비들이 각 병실에 구비되어 있었기 때문에 환자들을 돌보는 것이 더 수월해졌다고 직원들은 보고했다. 환자들도 항상 같은 직원들에게 케어를 받고 그들에게 의지할 수 있어서 아주 만족한다고 했다. 그러나 몇 달 뒤, 이 시스템의 문제가 발견되었다. 직원들이 매일 같은 사람과 일하는 것이 어렵다고 말하기 시작한 것이다. 직원들은 이 시스템이 마치 부부 관계 같다고 표현했다. 또한 병원에 새로이 취직한 직원들은 항상 같은 파트너와 일하기 때문에 다양한 사람들로부터 다양한 것들을 배울 수 있는 기회가 없다는 점을 피력했다.

이러한 점에 착안하여 우리 병동에서는 이 모델을 개선하기로 했다. 우리는 두 명의 공인 간호사와 한 명의 실무 간호사가 12명의 환자들을 돌보는 모델을 개발했다. 환자들의 심각성이 덜한 경우에는, 한 명의 공인 간호사와 두 명의 실무 간호사가 한 팀이 되었다. 총 3개 팀이 36명의 환자들을 돌보는 시스템이 구성되었다. 케어 팀과 의료진 간의 일관적이고 원활한 의사소통을 위해서 휴식 시간과 점심시간을 3교대로 배정하였고, 한 팀에서 한 명의 간호사가 휴식을 취하는 동안 나머지 두 명은 자리를 지키도록 하였다. 이를 통해 어떤 의료진, 간호사 혹은 환자 가족들이 언제 찾아오더라도, 환자의 상태를 가장 잘 알고 있는 간호사가 그들을 응대할 수 있게 되었다.

분산된 36개 침상 병동의 직원 오리엔테이션은 9주에 걸쳐 진행되었다. 다른 직원들이 기존 병동에서 환자들을 돌보는 동안, 직원들의 1/3만 새 병동에서 교육을 받았다. 오리엔테이션 수업은 팀 협동, 새로운 호출기 이용법 교육 그리고 기초적인 호흡 처치법 등의 상호 교차 훈련으로 구성되었다. 공인 간호사의 주 업무는 환자 케어를 관리하는 것이었다. 바쁜 시간대에는 각 병동의 지정 약사 시스템을 운영하여 약 처치에 걸리는 전체 시간을 60분에서 5분 이내로 감소시킬 수도 있었다.

각 근무 교대를 시작할 때마다 직원들은 직원 전용 공간에 있는 큰 화이트보드 앞에서 짧은 미팅을 가졌다. 화이트보드에는 병실 번호, 환자 이름, 환자의 심각한 정도 그리고 환자에게 지정된 간호사 이름과 이들의 호출기 번호가 적혀 있었다. 그래서 어떤 직원이든 이 근무 조 시간에 어떤 간호사가 어떤 환자를 돌보고 있는지, 어디에 있는지를 이 화이트보드를 통해 확인할 수 있었다. 직원들은 근무 시작 시간에 모두 모여서 5분간 지시 사항을 전달받고, 해당 병동에 있는 환자에 대한 중요한 이슈와 같은 전반적인 보고를 받았다. 전체 미팅이 끝나면 각 팀별 미팅이 진행되었다. 그리고 근무 조 교대 시에도 환자의 상태와 다음 근무 조에서 해야 할 일 등을 상호 의사소통했다.

새로운 환경에서는 각 환자를 한 명 이상의 의료진이 맡고 있었고, 중앙의 간호사실이 없었기 때문에, 환자의 의료 기록은 항상 분산된 근무 공간에 보관되었다. 환자의 차트는 항상 환자와 같이 있으므로, 환자 차트를 찾아 헤매는 일이 없어지게 된 것이다.

의료진이 분산된 모델의 이점을 누리기까지는 좀 더 많은 시간이 걸렸다. 이들은 회진을 도는 동안 모든 간호사들, 환자 가족들과 이야기를 나누어야 했기 때문에 회진을 도는 데 시간이 너무 많이 걸린다는 점을 호소했다. 이전의 환경에서는 의료진은 한 명의 담당 간호사와 얘기를 나누면 되었고, 아침 회진에는 보통 환자 가족들이 병실에 있는 경우가 거의 없었으므로 환자 가족들과 이야기 나누는 데 시간을 쓰지 않아도 되었다. 반면 환자를 직접 돌보는 간호사들은 환자의 상태를 정확하게 파악하고 있었고, 환자의 차트는 항상 환자와 같이 있었기 때문에, 환자에 대한 최신 정보를 항상 알 수 있다는 장점을 발견하게 되었다. 의료진은 환자 케어를 위해 사무실에 전화해야 하는 횟수가 현저히 줄었다는 것 그리고 환자들의 입원 기간 또한 전체적으로 감소했다는 것을 알게 되었다.

분산된 새로운 환경으로의 전환은 쉬운 일이 아니었다. 전환의 모든 단계에서 의료진 리더, 간호사 리더, 교육자와 행동심리학자가 매니저나 감독관을 지원해주었고, 이 팀이 제공한 전문성과 지원은 프로세스 전체에 걸쳐 아주 소중한 자원이 되었다.

애로 사항

- 훈련 및 교육 매뉴얼 개발
- 중앙 집중 모델과 분산 모델에서의 동시 근무
- 업무 프로세스 변화에 대한 어려움
- 환자 정보 관리

결과

- 직원 공백률이 10퍼센트 이상에서 4퍼센트 이하로 감소
- 환자를 돌보는 직원들이 환자의 직접 케어에 쏟는 시간이 두 배로 증가
- 환자를 돌보는 직원들이 환자 케어에 있어서 리더십을 발휘
- 서류 작업과 업무 조정에 드는 시간이 현저히 감소
- 환자 병동의 재디자인으로 직원들의 업무량과 환자들의 이동 횟수 감소
- 환자의 입원 기간 단축

배운 교훈

- 성공적인 전환을 위해서는 지속적인 노력과 인내가 필요
- 직원들에게 권한을 부여하는 것은 성공으로 이어짐

- 비판에 대한 건전한 존중
- 전환이 매끄럽게 일어나도록 하기 위해서 리더의 역량을 보완해줄 수 있는 능력을 가진 구성원의 협조를 요청
- 모든 직원들이 최선을 다 할 수 있도록 필요한 자원을 제공
- 의무로 느껴질 때보다는 진정으로 원할 때 전환이 쉽게 이루어짐
- 모두가 제자리에서 일할 수 있도록 프로젝트 미션, 비전, 목표를 분명하게 정함
- 성공에는 이사진의 지원이 매우 중요
- 성공적 수행을 측정하기 위한 기준 개발
- 교육/훈련을 위한 예산 책정
- 환자/가족 평가 기준 개발
- 열린 의사소통을 위한 환경을 보장
- 안전, 품질, 개선에 계속해서 집중
- 규제와 예산에 대한 한계를 인식
- 변화를 이끌기 위한 리더십이 필요

지난 20년간 분산된 환경에서 많은 기술적 발전이 일어났지만, 환자 정보 관리는 여전히 문제가 있다. 관리자들은 완전히 전자화된 환자 차트를 이용하지 않고도 일할 수 있는 분산된 환경 업무 가능 방법들을 여전히 모색하고 있다. 다음에 소개될 세 개의 사례들은 기술이 분산 모델에 어떻게 보완적으로 사용되어 더 나은 헬스케어 환경 조성에 기여할 수 있었는지를 보여준다.

사례연구: 알리젠트 헬스 레이크사이드 병원

지은이: 캐런 스위니

비숍 클락슨 기념병원의 전환을 이끌었던 리더로, 이 경험을 바탕으로 알리젠트 헬스 레이크사이드 병원 Alegent Health Lakeside Hospital 의 변화를 주도했다.

알리젠트 헬스 레이크사이드 병원은 2004년 미국 네브래스카 주에 오픈한 병원이다. 이 병원은 직원들이 환자들에게 더 나은 케어를 제공하게 하기 위해서 플레인트리의 철학과 기술적 해결책이 결합되어 디자인되었다. 플레인트리 모델은 치유의 프로세스에 있어서 건축과 인테리어 디자인의 중요성을 강조한다. 실내와 실외 모두에 있는 치유의 정원 그리고 병원 전반에 걸쳐 사용되는 자연광과 살아 있는 식물은 환자/방문객/직원들에게 차분한 느낌을 전해준다.

나는 이 시설이 오픈하기 2년 전에 최고 간호 책임자^{CNO}로 고용되었다. 나는 새 시설의 운영 계획을 세우는 것과 더불어 이미 운영 중인 다른 캠퍼스의 업무도 맡고 있었다. 다른 직원들이 건축 회사와 더불어 선진 기술이 잘 도입된 치유의 시설을 만드는 작업을 하는 동안 나는 필요한 장비, 필요한 자본과 운영, 직원 규모 추정 그리고 오리엔테이션 프로그램 기획 등의 업무를 맡았다.

우리는 새 병원이 오픈하기 6개월 전에 감독관들을 고용했다. 감독관과 직원들을 고용하는 일은 어렵지 않았다. 플레인트리 문화를 가지고 있던 우리는 행동 기반 인터뷰를 사용했다. 지원자들에게 우리가 그들로부터 원하는 특징을 알려주고, 우리의 문화가 전통적인 병원과는 다르다는 것을 알렸다. 변화를 받아들이지 않거나, 기술적으로 발달된 환경에서 일하는 것을 원하지 않는 지원자들에게는 다른 시설을 알아볼 것을 추천했다.

이 기관에서 일한 의료진은 새 문화를 잘 받아들였다. 이들에게는 전자 기록 사용법을 배우는 것이 아마 가장 어려운 일이었을 것이다. 우리는 첫 3개월 동안 IT와 관련된 지원을 늘 제공했고, 6개월 내에 모든 직원들은 새로운 시스템에 대한 최신 지식을 갖추게 되었다.

이 조직의 직원들의 비전은 레이크사이드 병원이 지역 주민들에게 '늘 선택되는 병원'이 되는 것이었다. 이 조직의 구체적인 목표는 다음과 같다.

- 헬스케어에 종사하는 모든 이들이 선망하는 일터가 되는 것
- 환자들에게 가장 높은 품질의 케어를 제공하는 것
- 의료진이 일하기 가장 좋은 곳이 되는 것

우리들의 확고한 믿음은 레이크사이드 병원에 방문하는 모든 환자나 방문객이 따뜻한 환영을 받고, 친절함에 감동받고, 따뜻한 환송을 받아야 한다는 것이다. 이 따뜻함은 이 시설에 들어오는 모든 이들이 즉각적으로 느낄 수 있어야 했다. 방문객이나 환자가 도착하자마자 직원들로부터 따뜻한 환영을 받은 뒤, 목적지로 안내된다. 침대 옆 케어와 환자 가족의 참여가 최우선시 된다.

이 조직의 문화는 분명 치유의 환경 그 이상의 것이다. 문화란 신체, 마음, 정신을 포함하고 있는 것으로, 결코 하루아침에 만들어지지 않는다. 이 병원의 문화는 모든 직원들과 의료진을 대상으로 하는 공식적인 문화 변화 프로그램을 통해 이루어졌다. 최고 간호 책임자로서의 나의 임무는 이 시설에서 일하는 모든 이들이 이 문화를 이해하고 실행하도록 하는 것이었다. 우리의 문화 프로그램의 목표는 다음과 같았다.

1. 우리 조직의 문화적 비전을 널리 알린다.
2. 헬스 시스템을 위해 정립된 문화적 행동을 정리한다.
3. 의사소통이 열려 있고, 장려되고, 보상받고, 자주 일어나고, 의미 있는 문화를 만드는 기술들을 연습한다.
4. 서로를 '인정해주고 격려하는 것'의 개념을 이해한다.
5. 어떻게 서비스와 운영 우수성을 지향하는 노력에 의해 탄탄한 고객 기반이 달성될 수 있는지를 분명히 보여준다.

우리가 시도한 여러 가지 노력들 가운데 '스타 경험'이라는 것은 상당히 창의적인 것이었다. 우리가 만든 스타 경험에 대한 9가지 원칙은 스타 경험이 행동의 기준이 될 수 있고, 직원의 역할이 조직 문화와 환자들의 경험에 큰 힘이 된다는 것을 잘 보여주고 있었다. 스타 경험을 위한 노력은 지금까지도 지속되고 있으며, 환자들/환자 가족들/의료진/동료들 간 상호 소통하는 방식과 서비스가 제공되는 방식을 바꿔나가고 있다. 스타 경험의 원칙들은 스튜더와 디즈니의 고객 서비스 행동과 비슷하며, 세부 내용은 다음과 같다.

- **긍정적인 태도를 보여준다.** 우리는 모든 고객을 대할 때 그들이 우리에게 가장 중요한 사람인 것처럼 대우한다. 우리는 미소로써 그들을 즉각적으로 환영하고, 계속해서 눈을 맞추고, 듣기 좋은 톤의 목소리를 사용한다. 직책과 부서에 대한 자기소개를 할 때는 열린 바디 랭귀지와 악수를 사용한다.
- **의사소통을 촉진시킨다.** 직원들은 예의를 지키며, 명확하고 주의 깊게 의사소통을 해야 한다. 고객들의 욕구를 파악하기 위해 그들의 말을 경청하고, 우리가 제공하는 정보를 그들이 이해했는지를 확인한다. 항상 정중한 태도로 감사하다는 표현을 하며, 모든 응대의 마지막에는 더 도울 일이 있는지를 확인한다.
- **끊임없이 개선한다.** 환자의 헬스케어 경험이 제대로 일어나지 않았을 경우에는, 그것을 반드시 개선하겠다는 굳은 약속을 한다. 고객의 말에 공감하며 경청하고 응대하며, 기대에 미치지 못한 점에 대해 사과한다. 문제가 불평으로 이어지기 전에 그것을 예측하고 바로 잡기 위해 노력한다. 남의 탓으로 돌리거나 핑계를 대지 않으며, 지연이 있을 경우에는 이를 설명하기 위해 노력한다. 어려운 상황에서조차 잘못된 것을 바로 잡기 위한 노력을 최우선으로 한다.
- **용모 코드를 따른다.** 적절한 직원들의 태도와 행동이 고객에게는 오래 지속되는 긍정적인 첫인상을 만들어낸다. 따라서 모든 직원들은 조직이 정한 용모 코드에 맞는 단정하고 적합한 옷과 장신구를 착용한다. 직원 배지는 항상 눈에 잘 띄는 곳에 단다.
- **팀워크를 장려한다.** 팀워크는 구성원 간에 성공, 실패, 정보, 아이디어를 공유하는 것을 의미한다. 구성원이 서로를 만들어나간다. 따라서 우리는 서로를 미소로 대하고, 솔직하게 의사소통하고, 서로의 사생활을 존중하고, 서로에게 예의를 갖추고, 할당된 업무를 준수하고, 매사에 열정적으로 임한다.
- **사생활을 존중한다.** 헬스케어가 요구하는 개인적인 욕구에 세심하게 반응하고, 타인의 믿음을 얻을 수 있는 모든 일을 한다. 이를 위해 우리는 컴퓨터나 휴대전화의 비밀번호를 절대 서로 공유하지 않으며, 반드시 알아야 할 최소한의 정보만 제공하고, 고객들에 대한 대화, 고객들과의 대화는 신중하게 한다. 다른 직원들이 이 행동 규범에 따르지 않는 것을 발견했을 때에는, 키워드나 몸짓을 사용하여 그들에게 행동 규범을 상기시

킨다.
- **차이점을 존중한다.** 우리는 우리들의 차이점, 독특한 재능, 다양한 배경이 합쳐져서 더욱 강한 집단을 만든다는 것을 믿는다.
- **교육을 촉진시킨다.** 모든 직원들이 프로페셔널이 될 수 있도록 노력한다. 우리는 효율성과 효과성에 있어 혁신을 장려하고 지속적인 개선을 도모한다.
- **감사를 표시한다.** 보상과 인정은 우리 문화의 중심이다. 우리는 서로에게 감사를 표시하고, 동료가 성취한 것에 대해 공식적으로 칭찬한다.

지멘스 메디컬 솔루션$^{Siemens\ Medical\ Solutions}$과의 제휴는 우리의 시설이 오픈된 첫날부터 진보적 의학, 진단 서비스, 정보 시스템을 도입되어 종이를 쓰지 않는 시설이 될 수 있었다. 초기 단계에서 간호사들은 약물 관리 바코드와 기록 시스템이 포함된 휴대용 단말기를 사용했다. 시간이 지나면서, 이런 단말기 사용은 간호사들의 만족도에 부정적 영향을 미치고 단말기 사용 실수로 인해 작업 흐름에 문제가 발생하기 시작했다. 초기에는 환자 차트 작성에 전자 기기를 사용했지만, 더 나은 옵션들이 가능해졌다. 직원들은 좀 더 효과적이고 효율적으로 일하도록 지원해주는 기술을 원했다.

행정 직원들과 간호사들은 새로운 종류의 장치를 알아보기 시작했다. 이들은 특히 인체 공학적 측면, 전력 공급 관리, 로그인 프로세스, 기동성, 환자 데이터의 업로드 속도에 집중하였다. 그 결과 모션 C5$^{Motion\ C5}$를 사용하는 경량 개인장비에 대해 연구해보기로 했다. 이를 사용해본 간호사들이 만족해했을 뿐 아니라$_{(Parker\ \&\ Baldwin,\ 2008)}$, 환자 케어 제공 즉시 이에 대한 기록이 남기는 것이 가능해짐에 따라 의료 차트의 정확성이 높아질 수 있었기 때문이었다.

우리는 환자들과 이 시설에서 일하는 모든 이들의 헬스케어 경험을 개선할 수 있는 방안을 찾고자 끊임없이 노력한다. 모두가 우리의 문화를 이해하고 그 문화 안에서 행복하게 생활하도록 하는 것은 우리에게 매우 중요한 일이다. 이것만 잘되면 나머지 일들은 모두 물 흐르듯이 잘 해결된다. 우리는 이 일을 시작한 지 5년이나 되었지만 아직도 헤쳐 나가야 할 문제들이 많다. 환자에게 더 나은 케어를 제공하고 직원들이 효율적으로 변모할 수 있도록 하기 위해 고려하거나 도입해야 할 새로운 무엇인가가 끊임없이 발견되고 있기 때문이다.

도전 사항

- 모두가 신기술을 익히게 되기까지 걸리는 시간 할애
- 새로운 기술을 사용하여 어떻게 일하는지를 이해하고 배우는 것

결과

- 2004년, 케어 품질 면에서 미국 내 1위를 차지
- 2008년, 직원의 이직률이 헬스케어 산업의 평균 17퍼센트 대비 8퍼센트로 낮음
- 산부인과와 응급 부서에 취직을 원하는 대기자들이 존재

배운 교훈

- 이사진의 헌신이 매우 중요
- 의사소통을 위한 프로세스 개발이 필요
- 새 시설을 오픈할 때에는 경험 있는 직원을 채용
- 프로세스를 끊임없이 개선하여 새로운 기술에 적응

사례연구: 세인트 메리 북부의료센터

지은이: 파멜라 웽거, 아니타 데이비스

이 두 저자는 새 시설의 계획이 완료된 이후에 이 병원에 채용되었다. 이들은 이미 완공된 새 시설에서 첫 근무를 시작한 것이다. 이들은 새 시설에 새로 온 직원 모두를

흡수시키는 임무를 겨우 몇 개월 만에 해내야 했다.

세인트 메리 북부의료센터^{St. Mary's Medical Center North}는 2007년 8월 미국 테네시 주에 오픈한 21세기 헬스케어를 대변하는 급성 환자 치료 병원이다. 이 병원은 세인트 메리 헬스 시스템의 일부로서 근거 기반 디자인[EBD], 혁신적인 의료 기술, 환자 및 가족 중심 케어의 긍정적 효과를 증명해보인 시설이다. 약 6만 3700평의 캠퍼스에 위치하고 있는 이 병원의 실사용 면적은 약 5800평으로 향후 확장을 위한 공간까지 확보하고 있었다. 이 병원에는 2개 병실 규모의 응급 부서, 12개의 중환자 치료 침대, 60개의 의료/수술 침대 그리고 6개의 수술실이 있다.

새 시설 디자인 프로세스는 2004년 12월에 시설 관리자, 의료진, 이사진, 직원들이 모여 시설에 대한 비전을 세우는 작업으로 시작되었다. 몇몇 이사진들은 기술이 환자들과 직원들의 케어를 향상시킬 수 있다는 측면에 집중하였다. 기능, 디자인, 공간, 장비 프로그램은 2005년에 디자인 회사와 운영위원회에 의해 승인되었다. 이 시설은 기존의 시스템에 추가되는 것이었기 때문에, 시설에서 근무할 직원들은 아직 고용되지 않았었다. 따라서 시설의 계획 단계에 간호사와 각 팀의 대표들이 참여하지 못했다. 대신에 시설 계획자들과 디자이너들은 기존 핵심 행정 직원들, 부서 책임자 및 매니저들과 함께 그들의 비전과 지도 원칙에 부합하는 시설을 계획하고 디자인하기 위해 협업했.

프로젝트의 비전 선언문은 다음과 같았다.

세인트 메리 의료센터의 비전은 환자의 안전과 건강을 위한 환경을 제공하는, 환자 중심적이고, 운영 효율성과 자본비용 최소화하는, 재정적으로 책임감이 있는, 최첨단의 병원 시설을 만드는 것이다.

이들이 수립한 지도 원칙은 다음과 같았다.

1. 건강한 환경을 만든다. 자연과 교감할 수 있고, 긍정적 기분 전환의 기회를 제공하며

길을 찾기 쉽고, 대기 시간이 최소화된 환경을 만들고자 했다.
2. 효율적인 운영이 가능한 시설을 만든다. 이들은 전자 환자 기록이나 재고 관리에 바코드를 이용하는 등의 기술, 부서의 이상적인 위치, 환자와 자원을 추적하는 시스템을 고려했다.
3. 유연한 시설을 만든다. 병원은 수직적, 수평적 확장이 가능하도록 디자인되었다. 필요시에는 환자 병동의 한 층과 응급 부서의 일부 구역을 환자들이 사용 가능하도록 했다.
4. 환자와 직원의 케어 환경을 개선한다. 병실의 표준화, 소음을 줄일 수 있는 제품 사용, 미끄러짐과 낙상 최소화, 다양한 종류와 수준의 조명 제공 등과 같은 사항들이 제시되었다.
5. 환자와 환자 가족을 중심으로 디자인한다. 무대 위/무대 밖 공간 조성, 환자들에게 권한 부여, 병실과 대기실에 무선 인터넷 설치, 룸서비스 식사 제공, 24시간 방문 등을 디자인의 출발점으로 제안했다.

각 계획들을 감독하고 직원과 자재의 운영 순서를 개발하기 위해 조직된 안전위원회는 지도 원칙이 잘 지켜지고 있는지를 확인했다. 병실 디자인에 있어서는 병실 모형을 3D화하여 직원들이 병실 내 싱크대나 가족 공간의 위치를 직접 보고 결정할 수 있게 하였다. 병실 디자인에 대한 모두의 동의를 구한 후에는, 병원의 메인 로비에 병실 모형을 설치하여 직원들이 여러 가지를 테스트해보고, 콘센트와 가스 배출구의 위치를 결정할 수 있도록 했다. 병원의 방문객들도 새 병원에 대한 계획을 직접 눈으로 볼 수 있었다.

안전을 우선시하고 미래지향적이어야 한다는 기본 원칙은 많은 디자인 의사 결정의 지표가 되었다. 사생활이 보장되는 커다랗고 표준화된 병실에는 미끄럼 방지 처리가 된 목재 무늬의 바닥을 깔았고, 핸드레일을 길게 설치하여 환자가 침대에서 화장실까지 레일을 잡고 쉽게 이동할 수 있도록 했다. 환자와 가족 중심 병실에는 침대용 소파, 환자가 조절할 수 있는 창문 블라인드, 무선 인터넷, 두 대의 평면 텔레비전을 설치했다. 두 개의 병실마다 환자를 돌보는 직원의 작업 공간을 설치하여, 분산된 공간에서 직원들이 필요할 때마다 환자들의 상태를 쉽게 알아볼 수 있도록 했다. 통로 중간에 있는 비품/약품 캐비닛은 복도 쪽에서 물품을 채워 넣고 이를 병실 쪽에서 꺼낼 수 있게 하여, 환자를 돌보는 직원들이 병실에서 더 많은 시간을 보낼 수 있게 했다.

직원들이 환자들을 적시에 돌볼 수 있도록 하는 수많은 기술적 해결책은 시설의 물리적 디자인을 완성시킨다. 핸즈프리 간호사 호출 시스템은 의료진이 간호사들과 직접 연락할 수 있도록 한다. 직원들은 서로 호출기, 전화기, 알람 모니터를 이용하여 즉각적으로 소통할 수 있다. 환자 추적 시스템은 직원, 의료진, 환자 가족들이 모두 사용할 수 있다. 의료 및 환경 서비스, 교통수단, 위치 시스템에 대한 핵심 정보를 읽기 쉬운 지도 하나에 통합시켰다. 환자들은 조명, 텔레비전, 창문 블라인드, 간호사 호출을 침대에서 직접 통제할 수 있다.

시설 계획자들은 환자의 경험을 더욱 기분 좋게 만들 수 있는 여러 프로세스들을 디자인했다. 룸서비스식 식사를 제공하여 환자들이 원하는 때에 식사를 할 수 있도록 했다. 병원의 입구로 들어오는 환자들은 먼저 환영 인사를 받은 뒤 추적 시스템에 이름을 입력하고 병실로 안내받는다. 이에 대해 연락을 받은 입원 처리 담당 직원은 병실로 직접 가서 입원 수속을 병실에서 마무리한다.

지금까지 소개된 이 대단한 개념들이 어떻게 현실화될 수 있었을까? 이 시점까지 저자들과 팀 리더들은 프로세스에 전혀 참여하지 않았었다. 우리는 채용되자마자 의료 프로젝트 매니저와 정보 서비스 직원에 의해 새로운 시설과 기술에 대한 오리엔테이션을 받고, 직원 채용과 이 환경에서 일하는 법을 교육시킬 책임을 인계받았다. 우리는 엄청난 기회를 보았고 도전에 맞서게 되었다. 새 시설에 대한 열정은 쉽게 확산되어나갔다. 우리가 부서별 계획을 확인하고 기술이 어떻게 환자 케어 전달에 도움이 될 수 있을지에 대해 이해하고 나니, 계획 프로세스에 의료 직원들이 직접 참여했다는 것과 이것이 가져오게 될 효율성을 바로 파악할 수 있었다. 예전의 환자 케어 모델로 돌아가는 것은 이미 상상조차 할 수 없는 일이었다.

새 직원을 뽑을 때에는 변화를 받아들이고 신기술을 사용하는 것에 관심이 높은 경험 있는 사람들을 구하고자 했다. 이곳은 신기술에 관심이 없는 사람들에게는 힘든 곳이었다. 첫해의 직원 이직률은 아주 낮았다. 직원들이 계속해서 받게 될 오리엔테이션에 사용될 수 있도록 여러 프로세스와 응급 사태 대응 절차에 대한 내용을 담고 있는 책자도 개발했다. 책자에는 환자에게 응대할 때 사용할 수 있는 문구와 대사도 포함되어 있었다. 환자의 불평에 대응하고, 사과하고, 책임을 지는 내용의 문구가 있었고, 대화의 끝에는 항상 "더 도와드릴 것이 있습니까? 제게는 그럴 시간이 있습니다."라고 말하게 했다.

개원 첫 주에 의료진은 환자 차트를 비즈니스 센터 가운데에 위치시켜달라는 요청을 했다. 의료진의 불평을 듣기 싫은 몇몇 직원들이 이 의견을 그냥 수용해주려고 했을 때 우리는 우리가 디자인한 모델의 지도 원칙을 강화시키기 위해 개입해야만 했다. 그 누구도 첫날부터 모든 것이 어떻게 진행되는지를 완벽하게 파악할 수는 없다는 것을 직원들과 의료진에게 이해시켜야만 했다. 우리 모두는 새로운 업무 방식이 아직 편안하게 느껴지지는 않았지만 우리의 비전은 분명히 이해하고 있었다. 지도 원칙과 비전이 정해진 뒤에는 이것에 어긋나는 행동을 하도록 설득을 당해서는 안 되며, 새로운 방식을 익힐 수 있도록 충분히 시간을 가져야만 한다.

2008년 8월 우리는 지금까지 성취된 것을 축하하기 위해 1주년 기념 파티를 열었다. 이 파티에서 직원들은 다음과 같은 사항들을 언급했다.

- 표준화된 병실에서는 걱정을 덜 하게 됨
- 표준화된 병실과 병동에서는 실수를 덜 하게 됨
- 직원들에게 표준화된 병실에 대한 오리엔테이션을 하는 것이 수월함
- 각종 장비들 덕분에 비품과 약품을 가지러 오가는 거리가 감소됨
- 핸즈프리 통신 장치가 매우 유용함
- 환자와 환자 가족들이 24시간 방문 가능함에 매우 만족함
- 룸서비스 식사가 아주 성공적임
- 예전의 방식으로 돌아가고 싶지 않음

의료진은 환자 차트를 환자 곁에 둠으로써 의사소통의 흐름이 개선된다는 것을 금세 알 수 있었다. 이들은 또한 특정 간호사가 필요할 때는 전자 화이트보드를 이용해 그 간호사에게 연락하기 위해 필요한 모든 정보를 쉽게 얻을 수 있다는 이점도 깨달았다.

도전 사항

- 전산화 된 기록에 익숙해지기까지 걸리는 학습 시간과 노력
- 수간호사가 감당해야 하는 감각적 과부하
- 오픈 전날 실시되었던 팀 빌딩 활동
- 선정된 기술에 대한 지식 부족

첫해의 성과

- 환자의 낙상 사고 발생 빈도가 목표치 보다 낮게 발생
- 프레스 게이니(Press Ganey)사가 실시한 환자 만족도 점수가 병실에 대해서는 98퍼센트, 병실의 쾌적함에 대해서 99퍼센트, 요구 충족 및 편안함에 대해서 97퍼센트를 차지
- 모든 병동에서 직원들이 24시간 방문 제도에 잘 적응
- 오픈 11개월 만에 플러스 순수익 달성

배운 교훈

- 입주 전에 직원들에게 기술 교육을 실시해야 함
- 모든 시스템이 작용하는 병실 모형이 이상적임
- 장비에 대한 계획을 프로젝트 초기에 시작해야 하면 프로젝트 전반에 걸쳐 장비를 추적해야 함
- 프로세스 초기에 정보 시스템 직원을 포함시켜야 함

- 사람들이 새 프로세스에 익숙해지기까지 인내하고 기다릴 것
- 의료진의 요구를 마지못해 받아들여주는 일이 없도록 할 것
- 배운 것을 다른 이들과 공유할 것
- 환자 케어에 필요한 항목들의 제고, 향상 수준을 확립하고 재고 관리 프로세스를 표준화하며 6개월마다 재평가할 것

사례연구: 뉴 하노버 지역의료센터, 베티 카메론 여성&어린이병원

저자: Barbara Buechler

저자는 계획 프로세스 전체에 참여했고, 시작부터 끝까지 리더 역할을 맡았다.

2004년 12월 미국 노스캐롤라이나 주 뉴 하노버 지역의료센터New Hanover Regional Medical Center의 직원들은 시설의 종합 계획에 착수했다. 이 계획에는 여성&어린이병원Betty H. Cameron Women's and Children's Hospital, 수술 병동, 입원 환자 병동 개/보수, 심장&혈관 센터와 방사선과 확장 그리고 응급 부서 확장이 포함되어 있었다. 이 사례연구에서는 여성&어린이 병동 사례에 초점을 맞추고자 한다. 약 5000평 면적의 이 시설에는 14개의 분만실, 13개의 고위험 임산부 병실, 35개의 모자실, 입원 환자 서비스를 위한 20개의 산부인과 병실, 23개의 3단계 신생아 중환자실, 22개의 2단계 신생아 중환자실, 6개의 소아 중환자실, 17개의 소아과 병실 그리고 소아 특수 클리닉이 있었다. 2004년 12월 프로젝트 첫 미팅을 시작으로 다음과 같은 프로젝트 비전과 지도 원칙이 정해졌다.

비전 선언문

뉴 하노버 지역의료센터는 안전을 최우선으로 하고 신기술 도입을 통해 찾기 쉽고, 환자/환자 가족이 이용하기 좋고, 직원/의료진이 일하기 좋은 효율적인 치유 센터가 될 것이다.

지도 원칙

- 환자와 환자 가족들의 요구를 충족시킬 수 있는 가족 중심의 케어를 촉진한다.
- 안전한 환경을 만든다.
- 안전과 효율성을 높이는 기술을 사용한다.
- 신기술을 도입한 치유 센터가 된다.
- 접근성, 편리성, 편안함을 제공한다.
- 운영 효율성을 높이고 추가적 역량을 제공한다.
- 일관된 디자인 기준을 유지한다.

프로그래밍 프로세스는 2005년 1, 2월에 시작되었다. 여러 분야에 걸친 이용자 그룹이 계획자, 디자이너와 만나 현재 환경과 직원들이 좋아하는 점들과 싫어하는 점들을 논의했다. 이들은 미래의 헬스 트렌드와 디자인 해결 방안에 기술이 미칠 영향에 대해서도 토론했다. 가장 이상적인 케어 전달 모델을 정하여 기록에 남기고, 각 병실의 공간에 대한 리스트도 작성했다.

이들이 적용한 개념에는 중증도 적응형 병실, 표준화된 병실, 룸서비스식 식사, 전자 의료 기록의 확장, 환자를 돌보는 직원의 업무 공간 분산화, 물품의 분산화, 보안 그리고 환자에게 최대한 많은 서비스를 제공하는 것 등이 있다.

'일반형'이라는 단어와 '중증도 적응형'이라는 표현은 환자 케어 모델의 개념을 설명하기 위해 호환적으로 사용되는 용어들이다. 이 개념에 의하면, 환자는 병원에 있는 동안 같은 병실에서 머물도록 하고, 환자의 중증도에 따라 직원 구성이 달라진다. 이 개념을 사용하는 시설에서는 환자 병실을 두 가지 수준으로 분류한다. 의료 팀은 새로운 6개의 소아 중환자실과 17개의 소아과 병실에 일반형 병실의 개념을 적용하기로 했다. 이 개념은 총 45개의 신생아 중환자실에도 적용되었다. 환자를 돌보는 직원들이 더욱 효율적으로 일할 수 있도록 분산된 근무 공간과 무선 기술의 도입도 계획되었다. 사용자 미팅에서 개발된 개념들은, 이후에 전체 시스템의 케어 환경을 표준화하기 위해, 기존의 환자 병동

개/보수에도 적용되었다. 새 시설에서 신생아 중환자실이 어떻게 변화될 것인가는 다음의 표 8.2에 잘 나타나 있다.

신생아 중환자실을 모두 개인 병실로 만드는 계획은 관리자들에게 받아들여지기 쉽지 않았다. 우리는 우리 병원에서 수행된 연구들을 모두 포함하여 신생아 중환자실의 개인적인 환경을 지지하는 자료들을 모았다.

신생아 중환자실의 개인 병실 모델로부터 기대되는 이점들은 다음과 같았다.

- 환자/가족 만족 증가
- 직원과 의료진 만족 증가
- 입원 기간 감소
- 산소호흡기 사용 기간 감소
- 비경구적 영양 투입에 의존하는 기간 감소
- 감염 통제 개선
- 환자 결과 개선

표 8.2 새 시설의 신생아 중환자실 관련 변화 사항들

	기존 시설	새 시설
미숙아 보육기 개수	레벨Ⅲ 23개, 레벨Ⅱ 10개	레벨Ⅲ 23개, 레벨Ⅱ 22개
디자인	레벨Ⅲ 개인 병실 1개 레벨Ⅱ 준-개인 병실이 병원 내 세 개의 서로 다른 장소에 위치	유연성의 극대화를 위해 하나의 병동에 모든 병실이 개인 병실로 마련됨
가족 중심 케어	개방된 시설과 공간 부족으로 제한됨	병실에서 밤을 보내는 것이 가능
비품	중앙 집중	흩어져 배치됨(분산)
비서	중앙 집중	흩어져 배치됨(분산)
공간	보육기 당 1.4~2.2평	개인 병실 당 5.6평

우리가 장비와 의사소통 장치에 대해 연구하고 인테리어가 어떤 형태를 갖출 것인가에 대해 고민하느라 바쁜 시간을 보내는 동안, 건축업자들은 건물을 지었다. 오픈 예정일을 1년 앞두고 우리의 걱정은 커졌다. 전자 의료 기록은 예상 스케줄보다 몇 달이나 뒤쳐져 있어서 오픈에 맞춰 도입되지 못할 형편이었다. 룸서비스식 식사 계획도 지연되어서 일반 식사에 대한 계획이 새로 필요했다. 보안 담당 직원 급여로 책정된 예산 없이 하루 24시간 이용 가능한 출구가 있는 새 건물이 생긴 상태였다. 우리는 기존에 세웠던 계획을 바꿔야 할까봐 걱정이 태산이었다.

2007년 8월 우리는 원래 프로그램과 추정되는 계획을 검토하기 위해 여성&어린이 센터 이용자 그룹, 디자인 건축가와 계획자 그리고 관리직 대표자과 여러 차례의 미팅을 가졌다. 건축 계획은 새 센터와 교류하게 될 각 부서에 의해 검토되었다. 이틀 동안 우리는 약국, 의료 기록, 실험실, 정보 기술, 중앙 멸균 관리, 보안, 호흡기 그리고 음식 서비스의 팀원들을 만났다. 이 분야들의 현재 운영 사항을 꼼꼼하게 기록하고, 더 필요한 사항을 파악해서 적고, 그 일의 책임자를 정했다. 예를 들어, 실험실 프로세스를 검토하는 중 간호사들이 채혈하는 곳에 라벨 프린터기가 추가적으로 필요하다는 것을 알아냈다. 이에 대한 해결책은 라이선싱 이슈와 추가적인 장비 문제를 해결해야만 가능했다. 이 그룹은 시설이 오픈하기 전까지 최소 두 달에 한 번씩 공식적인 미팅을 가졌다. 프로세스에 대한 이슈들은 거의 대부분 프로세스 조정이나 기술과 관련된 부분이었으며, 다행히 시설의 재디자인은 필요하지 않았다.

이사 계획과 관련해서는 우리와 계약을 맺은 이삿짐 운송 회사가 제안한 방법을 사용했다. 이사 계획 준비를 위해 협업한 팀들은 다음과 같다.

- 정보 시스템과 전기 통신
- 시설 준비
- 환자 케어
- 홍보
- 교육

각 팀마다 팀 리더가 정해졌고, 이들은 분명하고 통합된 이사 계획이 진행되고 있음을 확신시켜주는 내용을 운영위원회에 주기적으로 보고했다. 운영위원회는 의료 감독관과 건설 감독관으로 구성되었다. 이 두 사람 간의 상호 존중, 이해 및 팀워크가 성공적인 이사에 가장 중요한 요인이었다. 의료 감독관은 건설 예산과 스케줄 관련 애로 사항들을 이해했고, 건설 감독관은 궁극적으로 건설 예산에 영향을 미치는 의료 결정 사항들을 존중했다.

가장 중요하면서도 어려웠던 문제점들 중 하나는 시스템 통합의 소유권 문제였다. 우리 시설은 분산된 환자 케어 전달 모델을 가능하게 해줄 수 있는 매우 복잡한 통합 기술 시스템을 사용하게끔 디자인되어 있었다. 생명과학 서비스와 정보 서비스 직원들은 시스템 통합에 대해 책임이 있긴 했지만, 이 시스템들의 통합을 위해서는 이를 주도적으로 이끌어나갈 사람이 필요했다. 그래서 생명과학 서비스의 감독관이 통합 프로세스를 담당하는 리더를 맡게 되었다.

과도한/다양한/많은 신기술에 대한 직원 교육은 더욱 어려운 과제였다. 새로운 기기들의 회사 담당자들과의 연락 담당은 의료 교육 전문가가 맡았다. 새로운 기기들은 생체 모니터, 간호사 호출 시스템, 유아 보호 시스템, 무선 전화기, 고정 배선 전화기, 프린터, 복사기, 팩스, 약품 투여 조제 시스템이었다. 우리는 원래 시설이 완공된 후 4주간의 훈련을 계획했으나 시설이 완성되는 동안 훈련을 마칠 수 있었다.

병동 기반 실무 협의회는 각 환자 케어 병동의 이사 계획 팀의 역할을 했다. 병동 기반 팀들은 각 병동의 새 케어 전달 모델로의 전환 계획과 장비와 환자의 이사 계획을 책임지고 맡았다. 직접적인 케어를 담당하는 직원들의 지식과 전문성 덕분에 새 시설로의 순조로운 전환이 가능했다. 이들은 청소 도구실 내의 모든 도구들의 위치를 결정하고, 비즈니스 센터, 중앙 생체 모니터 시스템, 중앙 간호사 호출 시스템, 분산된 간호사 작업 공간에 필요한 기기들의 배치도 결정했다. 이들은 새 시설에 환자들이 입주하자마자 환자들이 안전하고 효율적인 케어를 받을 수 있도록 환자 케어 수칙도 정리했다.

도전 사항

- 제대로 된 가치 창출이 중요하다. 이 프로젝트의 모든 단계에서 비용 감소 방안을 찾느라 많은 고생을 했다. 이에 대한 토론은 참여자들의 감정을 고조시키는 경우가 많았다. 돌이켜보면, 우리가 정한 기본 원칙과 타협해야 하는 변화는 없었다.
- 새로운 환경에 적응하는 과정에서 지속적으로 발생하는 시스템 관련 문제들을 해결해야 했다. 모든 병동에 '가족 카드'와 '방문객 카드'를 도입하는 것도 매우 어려웠다. 간호사들은 의사소통 통합을 효율적으로 하려는 과정에서 소통 문제를 겪기도 했다.
- 새로운 환경에 적응하는 과정에서 지속적으로 발생하는 작업 흐름 관련 문제들을 해결해야 했다. 기존의 행동 패턴으로 돌아가는 것을 끊임없이 막아야 했고, 새로운 모델에 집중하고자 노력했다.
- 계획 단계에 참여하지 않겠다고 했던 의료진은 새로운 작업 흐름과 케어 전달 모델에 적응하는 데 많은 어려움을 겪었다.

성과

- 우리는 분산된 케어 전달 모델과 통합적 기술이 기반이 되는 따뜻하고, 긴밀히 돌보는, 가족 중심의 환경을 만들겠다는 비전을 그대로 현실화했다.
- 환자 만족도가 향상되었다. 기존 시설의 경우 프레스 게이니Press Ganey사의 전체 랭킹에서 상위 40퍼센트 안에 들었었다. 이사 직후 첫 4분기에 우리의 전체 랭킹은 상위 10퍼센트 안에 들게 되었다. 병실 점수에서 큰 향상이 있었을 것이라고 다들 생각하지만, 가장 큰 개선은 환자와 가족들의 목소리에 귀 기울이게 되었다는 것이다.
- 직원 만족도가 높아졌다. 이들은 매우 조용하고 평화로운 환경에서 일하면서 스트레스가 감소되었다고 말한다. 분산된 모델은 중앙 간호사실이 가져오는 혼란과 소음을 없애준다. 시설에 카펫을 설치한 복도 역시 소음을 줄이는 데 도움이 되었다.
- 효율성이 높아졌다. 신기술은 종종 간호사들의 업무를 가중시키는 경우도 있다. 그러

나 우리 시설의 간호사들은 분산된 작업 공간, 모든 병실에 있는 컴퓨터, 무선통신 시스템으로 인해 안전과 효율성이 높아졌다고 보고한다.
- 작업 흐름의 높은 효율성은 시설 디자인에 직원들이 참여했다는 증거라는 말을 새로 채용된 직원들이 한다.

배운 교훈

- 부지 방문은 매우 중요하다. 프로그래밍과 디자인 단계에 시간을 내어 다른 시설에서 실시된 비슷한 프로젝트에서 직원들이 무엇을 배웠는지를 이해해야 한다. 함께 일하는 컨설턴트와 디자인 건축가도 많은 지식을 가지고 있겠지만, 세계의 의료진과 케어 전달에 대해 토의하고 이를 실제로 보는 경험을 대체할 수는 없다.
- 병실 모형은 매우 중요하다. 규모와 배치에 대한 최종 결정을 내리기 전에 시간을 들여 병실 모형을 완성해야 한다. 뾰족한 물건, 비누, 휴지의 위치와 같은 세부 사항에 주의를 기울여야 한다.
- 모든 계획 단계에 의료진이 참여해야 한다. 추가적으로 의료진이 디자인, 이사 프로세스, 새 케어 전달 모델로의 변화를 이해하고 이에 동의할 수 있도록 정기적인 조치를 취해야 한다.
- 이사 계획 프로세스 초기에 동료들에게 긴박감을 준다. 우리는 이사 몇 주 전이나 최종 날짜에 임박하여 다양한 문제들을 해결하기 위해 매우 서둘러야 했다. 우리는 프로세스 초기에 주인 의식과 긴장감을 가지고 있었지만, 대다수의 동료들은 새 시설로 이사하는 것이 가져올 영향력을 과소평가하고 있었다.
- 교육의 일부로 환자 케어 전달에 대한 시뮬레이션을 시행한다.
- 교육에 투자되어야 시간에 대해서는 절대 타협하지 않는다.

결론

최고의 헬스케어 시설을 디자인하는 것도 중요하지만 디자인대로 실행하는 것은 더 중요할 수 있다. 성공적으로 디자인을 실행시키기 위해서는 능력 있는 인재가 반드시 필요하다. 각 사례연구들은 서로 다른 상황들을 보여주었지만, 많은 공통점을 가지고 있다. 이들이 성공적일 수 있었던 이유는 무엇을 성취할 것에 대한 분명한 비전과 이를 실현시킬 수 있는 열정적인 리더들이 있었기 때문이다. 모든 사례에서 환자/가족/직원의 경험이 최우선시 되었고, 프로젝트 비전과 지도 원칙이 프로젝트의 시작과 동시에 수립되었다. 또한 새 시설로의 입주 전에 프로세스들이 능률화되었고, 프로젝트에 알맞은 자원이 할당되었으며, 성공적인 전환은 많은 사람들의 박수갈채를 받았다.

참고 문헌

Bridges, W. (2000). The way of transition. Cambridge, MA: Perseus.

Disney Institute. (2001). Be our guest: Perfecting the art of customer service. New York: Disney Enterprise.

Parker, C. D., and Baldwin, K. (2008). Mobile device improves documentation workflow and nurse satisfaction. CARING Newsletter. Retrieved January 19, 2009, from http://www.Thefreelibrary.com/_/print/PrintArticle.aspx?id=181674382

Studer, G. (2008). Results that last: Hardwiring behaviors that will take your company to the top. Hoboken, NJ: John Wiley & Sons.

9

미래를 위한 준비
— 스티븐 고

최근 들어 미국의 헬스케어 기관들은 현재와 미래의 고객 요청에 부응하고 시장 경쟁력을 강화시키기 위해 시설 개/보수 및 교체 작업을 적극적으로 진행하고 있다. 1990년대와 2000년대 초반에는 극심한 자금 부족과 미래 헬스케어 정책에 대한 불확실성 때문에 건축 관련 사업이 적극적으로 진행되지 못했다. 2009년 들어서는 더욱 심각해진 경기 침체뿐만 아니라 의회의 관심사 변화로 인해 이미 시작되었던 공사 계획이 중단되거나 심각하게 재고되기도 했다 *(Silberner, 2009)*.

최근 5년간은 자본의 부족과 공사비의 엄청난 증가로 인해 헬스케어 관리자들은 기존의 건축 프로젝트를 재정립하고 있다. 운영비는 절감시키고, 환자 결과는 개선하며, 미래의 변화에 보다 유연하게 대처할 수 있는 헬스케어 시설 건축 프로젝트를 가능하게 하는 디자인 기반 근거는 헬스케어 기관의 장기적 생존을 위해 필수적이다. 오늘날의 헬스케어 관리자들은 예측하기 어렵지만, 미래의 헬스케어에 큰 영향을 미칠 수 있는 수많은 사건들에 미리 대비해야 할 필요가 있다. 이 책 전반에서 논의된 근거를 기반으로 하는 디자인^{EBD} 도구들은 불확실한 미래에 순응하기에 필요한 적응성과 유연성을 충분히 갖추고 있어서, 과거에 지어진 건물들보다 더 오랫동안 지속되고 이용자의 만족을 높이면서 개선된 운영 및 의료 결과를 도출할 수 있는 시설을 계획하는 데 큰 도움이 될 수 있다.

지금부터는 시설 디자인의 영향을 살펴보면서 미래에 일어날 수 있는 시나리오들을 생각해봄으로써 헬스케어 관리자들에게 유익한 정보를 제공하고자 한다. 헬스케어 제공자들이 탄탄한 근거에 기반하고 불확실성에 대비된 시설을 디자인 전문가들과 함께 계획함으로써 더 철저하게 미래를 대비할 수 있기를 바란다.

미래의 헬스케어와 시설 디자인 관련 주요 트렌드

많은 지표들이 미국의 헬스케어 시스템 전반에 걸친 대대적 점검이 필요함을 암시하고 있다. 미국에서 헬스케어에 소비되는 돈은 2016년이면 약 4500조 원정도 될 전망이며, 이는 미국 내 총생산의 20퍼센트나 되는 금액이다(Center for Medicare and Medicaid Services, 2007). 헬스케어 시스템 관련 주요 예측 사항들을 살펴보면 다음과 같다.

- 2016년까지 병원 케어care 비용만 약 1300조 원이 될 것임(2006년에는 약 717조원)
- 의료 보험이 없는 미국 시민들의 수가 4700만 명이 될 것임
- 의료진의 의료 과오 보험 프리미엄이 158퍼센트 증가할 것임
- 특히 노령화 인구의 소비자 수요가 계속해서 증가할 것임
- 응급 부서와 입원 환자 병실이 만원이 될 것임
- 간호, 영상 촬영 같은 분야의 전문직 인원이 부족할 것임
- 자원 부족으로 인하여 의료 및 정보 기술이 사용되지 않을 것(Center for Medicare and Medicaid Services, 2007)

최근의 기술 동향과 정치적 변화를 볼 때 의료 안전과 의료 성과는 개선되고, 소비자 권한은 증가할 것이며, 운영 효율은 지속적으로 개선되어, 곧 모든 미국인들이 의료 혜택

을 받을 수 있는 미래가 올 것이라는 새 희망을 가지게 된다. 미래의 헬스케어에 영향을 미칠 것으로 예측되는 주요 트렌드에는 노령화, 급성 환자 치료의 변화, 소비 지상주의, 직원 부족, 신세대 직원, 신기술, 원격 모니터링, 영상 촬영의 발전, 자원 추적, 현장 현시 검사 그리고 수술 기술 등이 있다. 헬스 분야 종사자들이 당면할 트렌드와 기회들 그리고 이러한 트렌드가 시설 디자인에 미칠 영향들을 논의해보면 다음과 같다.

노령화

2008년 65세 이상 미국인 인구는 총 3870만 명이었으며, 2050년까지는 이 인구가 두 배 이상 증가하여 8850만 명이 될 것으로 예측된다. 동일한 기간에 85세 이상의 미국인은 540만 명에서 1900만 명으로 증가할 것으로 보인다(Bernstein & Edwards, 2008). 노령화의 효과를 늦추거나 거꾸로 돌릴 수 있는 약품이 개발될 경우, 이 숫자는 더욱 커질 가능성이 있다. 유전체학, 생체공학적 장기, 원내 감염에 대한 새로운 항생제, 백신, 인공장기 및 조직 세포 등은 수명을 더욱 연장시키거나, 적어도 의료 기기에 의존하여 살아야 하는 시기를 늦출 수 있다. 노년기에 접어드는 베이비부머 세대들은 이러한 다양한 치료 혜택을 누리기에 부족함이 없는 전례 없는 부를 축적하고 있다. 오늘날의 노령자와는 달리, 미래의 65세 이상 인구는 은퇴를 늦추고 자택에서 지내면서 요양소에 머물기를 거부할 가능성이 높다. 이들의 60퍼센트 이상은 세 개 혹은 그 이상의 만성질환을 가지게 될 것이고, 자신들의 건강을 유지하기 위해서 일상 활동에 있어 더 많은 보조와 헬스케어 제공자들과의 더 많은 소통을 필요로 하게 될 것이다. 급성 및 만성질환을 가지고 있는 노령화 인구의 수가 증가함에 따라, 헬스 시스템 관리자들은 새로운 환경에서 더욱 새롭고 창의적인 방법으로 케어를 제공할 방법을 연구해야만 한다.

많은 의료 직원들은 급성 및 만성질환의 노령 환자들이 병원이 아닌 자택에서 치료를 받을 수 있는 프로그램을 개발하고 있다. 예를 들어 미국 메릴랜드 주의 존스 홉킨스 대학 의료센터Johns Hopkins University Medical Center에서는 입원 치료를 완전히 대체 가능케 하는 병원 수준의 케어를 급성 환자가 자택에서 받을 수 있는 혁신적인 케어 모델을 개발하였다. 특정 자격을 갖춘 환자들은 진단에서부터 의료진과 간호사들의 치료를 자택에서 받을 수 있다. 입원 치료를 대체하는 케어를 자택에서 받은 환자들을 대상으로 실시한 존스 홉킨스의 결과에 따르면, 이들은 더 적은 비용으로 병원 수준의 치료를 적시에 받았고, 입원 환자들에 비해 의료상의 문제들을 덜 겪었으며, 환자와 가족들의 만족도는 더욱 높았다(Leff, Burton, Mader, Naughton, Burl et al., 2005).

마찬가지로, 만성질환의 노령자들 또한 혁신적인 의료 및 정보 기술을 누리며 독립적으로 자택에서 지낼 수 있다. 헬스케어 제공자와 네트워크를 연결하여 온라인 케어 계획, 개인 의료 기록, 건강 일지, 온라인 처방이나 진단 주문을 가능하게 하는 가상 네트워크가 실현되고 있다(Coye, 2006). 미국 뉴저지 주에서 60세 이상 주민들에게 제공하는 '머리디언 앳 홈Meridian at Home'이라는 프로그램은 만성질환 환자들이 자택에서 활동적으로 지낼 수 있도록 한다. 이들의 자택에는 환자의 개인 포탈과 인터페이스를 이루고 있는 무선 컴퓨터가 설치되어 있다. 무선 센서는 일상 활동들을 기록하여 이 데이터를 환자의 담당 직원에게 전송한다. 모니터링 장치는 의료 정보를 수집하여 환자 포탈로 전송하고, 이 데이터는 미리 정해진 수치에 대비하여 측정된다. 이 모델을 비롯한 수백 개의 다양한 모델들은 환자의 불필요한 입원을 예방하고 자택에서 건강과 독립을 유지할 수 있도록 하는 가능성을 제시하고 있다.

급성 환자 치료의 변화

입원 비율은 감소할 것으로 보이지만, 65세 이상 인구의 전체적인 입원 횟수는 두 배가 될 것으로 예측된다. 자택이나 노인 원호 생활 시설에서의 건강관리가 예방할 수 있거나, 유전공학으로 치료할 수 있거나, 생명공학적으로 고칠 수 없는 부분들은 병원 입원 치료를 필요로 한다. 자택과 같은 대체적인 치료 공간이 생겨남에 따라 미래의 병원은 더욱 첨단 기술 센터가 될 가능성이 높다. 병원에서는 주로 외상에 의한 부상, 응급 상황, 전염병, 정교한 기술을 필요로 하는 복잡한 수술 등이 다루어질 것이다. 미래의 입원 환자 병실, 진단 및 치료 공간은 케어 전달의 변화를 수용하거나 새로운 의료 기술에 적응할 수 있도록 더욱 많은 유연성을 필요로 할 것이다. 이러한 유연성을 갖추기 위해서는 앞 장에서도 논의된 바 있는 표준화된 병실 개념이 중요해진다. 다양한 공간은 미래의 트렌드에 맞추어 그 용도나 기능이 쉽게 전환될 수 있는 능력을 갖추어야 할 것이다.

소비 지상주의

헬스케어 재정 지원에 대한 급격한 변화로 인해, 헬스케어에 대한 개인의 결정권과 그러한 서비스에 대한 지불 책임은 보험회사가 아닌 개인에게로 돌아가고 있다. 본인의 자원을 써야 함에 따라 환자들은 헬스케어 결정에 있어서 더 많은 통제권을 요구하고, 케어에 더 적극적으로 참여하기를 원한다. 노령화되고 있는 베이비부머 세대들은 그들이 원하는 시간과 장소에서 헬스케어 서비스받기를 요구한다. 이에 따라 더 많은 케어가 자택이나 직장 환경의 이동식 혹은 주간 병원이라는 곳에서 제공되는 트렌드가 생기고 있다. 한 가지 예로, 예전에 쇼핑몰로 사용되던 공간을 위성 헬스 캠퍼스로 전환시켜, 비용도 절감하면서 새로운 시장으로 확장하는 사례를 볼 수 있다. 미국 테네시 주의 밴더빌트 대학 의료센터Vanderbilt University Medical Center는 서비스를 확장하고 시장 점유율을 높이기 위해 비용이 낮은 다양한 대안 개발에 힘쓰는 수많은 기관들과 협력하고 있다(Butcher, 2009).

최근 트렌드로 부상하고 있는 의료 관광을 봐도 알 수 있듯이, 세계적으로 유명한 병원들에 대한 정보를 온라인으로 쉽게 접할 수 있게 되면서 헬스 서비스 구매는 세계화가 되고 있다. 88퍼센트의 미국 성인들은 생명을 위협하는 질병 치료를 위해서라면 160킬로미터가 넘는 거리도 기꺼이 이동하겠다고 한다(Medical travel, 2009). 2008년 20만 명이 넘는 미국인들이 헬스케어 서비스를 받기 위해 해외로 나가면서, 현지에서 받을 경우의 비용 대비 25~75퍼센트를 절약했다. 미국 의료 여행객들은 대부분 보험을 들지 않았거나 부분적으로만 든 사람들이며, 이는 인구통계학적으로 엄청난 잠재 시장을 의미한다. 미국의 병원들이 이런 사람들을 현지에 붙잡아놓기 위해서는 비용과 시설 면에서 어떤 조율을 해야 할까?

입원이 필요한 환자들은 사생활이 보장되고, 조명 등의 환경을 직접 통제할 수 있으며, 하룻밤 숙박이나 인터넷과 같이 그들의 방문객들에게 제공할 거리가 있는 환경을 요구한다. 따라서 치유 프로세스를 촉진시키는 가족 중심적인 케어를 제공할 수 있도록 시설이 디자인되고 생활 편의 시설이 마련되어야 한다.

사생활 보장 정도와 가족 중심적인 생활 편의 시설의 질은 환자가 시설을 선택할 때 매우 중요하게 고려되는 요소가 될 것이다. 소비자들은 온라인으로 쉽게 얻을 수 있는 의료진의 결과 자료나 병원에 대한 정보뿐만 아니라 개인적인 요구 사항, 가족들의 요구 사항을 좀 더 잘 충족시켜줄 수 있는 여건까지 고려하여 의료 시설을 선택하게 될 것이다. 이들은 집에서도 온라인으로 편리하게 건강 정보를 취득하고 헬스케어를 구매할 수 있는 편의를 제공하는 시설을 원한다. 또한 온라인상에서 병원 예약을 하고, 의료진과 소통하며, 검사 결과를 받고, 개인 건강 기록을 관리하고, 처방을 다시 받고, 건강 관련 제품과 서비스를 구매할 수 있는 곳을 선호한다. 환자들의 이러한 선호도에도 불구하고, 비용과 규제 문제 때문에 헬스케어 제공자들은 이러한 요구에 빠르게 대응하지 못했다. 한 예로, 2005년 시행된 온라인 설문에서 미국 성인의 8퍼센트만이 그들의 의료진으로부터 이메일이나 문자 메시지를 받았다고 응답했다(Painter, 2007). 이러한 현실이 미래의 헬스케어 시설에게 전하는 메시지는 아주 분명하다. 편의와 접근성 면에서 소비자의 기대 이상의 서비스를 제공함으로써 이들을 기쁘게 할 수 있는 시설을 디자인해야 한다는 것이다. 이러한 방식으로 디자인된 헬스케어 서비스는 더 이상 전통적인 시설에서는 제공될 수 없을 수도 있으므로, 필요한 시간과 장소에서 케어를 제공하는 다양한 대체 환경과 가상 환경이 가능해질 것이다.

직원 부족

미래의 성공적인 헬스 시스템은 더 적은 수의 직원으로 더 많은 일을 해내는 방법을 터득해야만 한다. 많은 전문가들에 의하면 2010년에는 간호 인력이 수요에 절반 정도밖에 미치지 못할 것이라고 한다. 방사선과 기술자, 약사, 실험실 연구원 등과 같은 전문직의 상황도 이와 비슷하다.

이처럼 부족한 케어 직원의 업무가 서비스 로봇에 의해 수행될 수도 있지만, 병원 관리자들은 도요타의 린^{Lean} 프로세스와 같이 직원들이 더욱 효율적이고 생산적일 수 있도록 돕는 새롭고 혁신적인 방안을 시설 계획자들과 더불어 꾸준히 개발해내야 한다. 즉, 시설 계획자들과 디자이너들은 독립적인 기능 및 서비스들을 서로 가깝게 연결시킴으로써 비슷한 기능들을 통합하고, 이동식 업무 공간을 도입하고, 각종 비품과 자주 사용되는 장비들을 분산시키고, 환자 및 자원 흐름을 개선할 수 있는 방안들을 고려해야 한다.

신세대 직원

미래를 위한 시설 계획에는 미래 신세대 직원들에 대한 고려가 필요하다. 실버 세대(1946년 이전 출생)와 베이비부머 세대(1946-1964년 출생)가 은퇴하기 시작하면서 새로운 업무 습관과 기대를 가진 신세대 직원들이 등장하게 된다. X세대(1965-1980년 출생) 직원들은 신기술에 많이 노출되어왔기 때문에 전임자들보다 더욱 스마트하게 일하지만, 긴 시간을 근무하려고 하지는 않는다. 보다 효율적인 근무 환경을 요구하면서, 업무와 휴식 간의 균형이 맞춰진 양질의 삶을 살고자 한다. 일시적인 휴식과 사교 생활의 기회를 제공하는 '무대 밖' 공간은 이들에게 특별히 중요하다. X세대보다 더 신세대인 Y세대 직원들은 더 많은 배려를 요구한다. 1981년에서 1999년 사이에 태어난 Y세대 직원들은 갓난아기 때부터 비디오게임을 하고 컴퓨터를 다루면서 신기술과 함께 자라왔다. 이 세대는 이메일, 휴대폰 문자 메시지, 개인 홈페이지를 통해 연락을 주고받으며 생활해왔다. 이들은 기술적 도구들이 자신의 일을 더욱 쉽고 빠르게 만들어주며, 더욱 많은 통제력을 가져다 줄 것으로 기대한다. 이 직원들에게 환자 병동 내 분산된 업무 공간에서 디지털 상으로나 핸즈프리 혹은 음성 인식 기기를 사용하여 서로 소통할 수 있는 능력이 주어진다면, 커다란 중앙 간호사실은 전혀 필요하지 않게 된다. 이들은 또한 교실 환경이 아닌 온라인 환경에서 개별적으로 배우는 것을 선호한다. 시설 디자이너들은 현재 인력의 업무 및 사회적 요구를 충족시킬 수 있으면서도, 나이 들어가는 선임들과 함께 일하게 될 미래 신세대의 요구까지 쉽게 반영될 수 있는 환경을 만들기 위해 노력해야만 한다.

부상하는 신기술

지금까지는 헬스케어 시설 계획자들이 미래의 변화를 예상해야 할 필요성을 강조했다.

헬스케어 건물은 신기술 도입의 필요에 따라 쉽게 변화될 수 있고, 치료 방법의 변화에 유연하고 순조롭게 대처할 수 있어야 한다. 우리는 미래에 어떤 신기술이 가능해질지 지금으로서는 확신할 수 없다. 확실한 것은 신기술이 운영 효율성과 의료 결과를 크게 바꿔놓을 것이라는 것 그리고 이것이 헬스케어 시설에도 큰 영향을 미칠 것이라는 사실이다. 불가피한 미래 불확실성에 대해 오늘날 우리가 어떻게 대비하는지에 따라 미래의 성공 여부가 결정될 수 있다.

미래의 헬스케어 시설은, 소중한 시간과 자원을 필요로 하고 환자 케어를 방해하는 비싼 개/보수공사 없이, 기술과 케어 전달의 진화적 변화를 수용할 수 있어야 한다. 미래에 대해 잘 준비된, 유연하고 적응성 높은 시설들의 디자인 특성은 다음과 같다.

- 적당한 층 높이
- 모듈식, 다기능 공간
- 다단계의 (급성 환자를 수용할 수 있는) 병실
- 동일한 환경의 표준화된 병실
- 외벽 쪽에 위치한 환자 화장실
- 통합된 건물 기반 시스템
- 유사한 공간의 통합
- 플러그 앤 플레이 (쉽게 다양한 용도로 바로 사용될 수 있는) 능력

무선 기술

무선 기술은 지금까지 헬스케어에 큰 영향을 미쳐 왔고, 앞으로도 그럴 것이다. 들고 다닐 수 있는 작은 무선 노트북 컴퓨터와 핸즈프리 통신 장비를 갖춘 직원들은 더 이상 중앙 간호사실에 매이지 않아도 된다. 의학 영상 정보 시스템, 전자 의료 기록, 환자 모니터링 화면, 주문 입력, 결과 보고는 모두 케어가 이루어지는 시점에서 이용 가능하다. 해당 병동의 행정 지원 직원은 언제 어디서든 전화를 받고, 의료진 사무실로 데이터를 전송하고, 진단 검사 스케줄을 잡고, 주문을 입력할 수 있다. 환자를 돌보는 직원들의

역할은 비품 전달, 약품 조제, 침대 맡 보조, 침구류, 폐기물, 환자 식사 수송을 할 수 있는 로봇 기술의 개발을 통해 더욱 효율적으로 변할 것이다.

무선, 휴대용 정보 및 통신 기술은 입원 환자 간호 병동을 변화시킬 가장 중요한 기술이다. 헬스케어 시설 내 각종 처리의 90퍼센트는 종이, 팩스, 전화로 이루어졌기 때문에, 이러한 변화는 점진적으로 일어나야만 한다. 계획자들은 신기술이 도입됨에 따라 업무의 장소와 직원들의 습관이 변화될 것이므로 이러한 변화에 따라 환자 병동은 어떻게 전환되고 꾸며져야 하는지를 고려해야 한다. 무선 장비를 통해 케어가 일어나는 시점에서 즉각적인 업무 처리가 가능해지는 때에, 오늘날 광범위하게 사용되고 있는 중앙 간호사실의 역할은 무엇이 될지에 대해 시설 계획자들은 고민해야 한다. 중앙 간호사실은 비즈니스 센터, 회의 공간이나 가족 라운지가 될 수도 있을 것이다.

원격 모니터링과 환자 관리

다양한 신기술은 원거리에서의 원격 케어를 가능하게 하고, 그 결과 직원들의 생산성을 향상시킨다. 무선 장비와 유선 바이오센서 장비는 모두 만성질환 환자나 장치를 이식받은 환자들을 원격 모니터할 수 있게 한다. 디지털 데이터 전송을 통한 비디오 모니터링은 원격의료라고 불리며, 급성 및 만성질환 환자들을 원격으로 진단하고 치료 관리할 수 있게 해준다. 이 기술은 자택, 멀리 떨어진 지방 시설, 이동하는 환경에 있는 환자들을 케어하는 데 갈수록 더 많이 사용되고 있으며, 원거리에 있는 환자들까지 정교하게 진단하고 치료 관리하는 것을 가능하게 한다.

오늘날 많은 병원에서는 먼 곳에 있는 여러 명의 중환자들을 모니터할 수 있는 전자 응급실을 사용한다. 이러한 프로그램들은 환자의 생명, 입원 기간, 입원비용에 있어서 큰 향상을 가져왔다*(Cerón, 2007)*. 병원 관리자들이 새 시설에서의 환자 원격 모니터를 지금은 고려하지 않고 있다고 하더라도 건물에 추가적인 케이블, 인터페이스 장비, 화면과 카메라 설치 계획은 고려해야 할 필요가 있다.

영상 촬영의 발전

영상 촬영 장비는 계속해서 케어 시점으로 이동할 수 있도록 휴대 가능하고 작아지는 방향으로 변화할 것이다. 또한 영상 기술은 병원에 전반에 분산화 되어서 촬영을 위한 환자의 이동 거리를 감소시켜줄 것이다. 디지털 영상 촬영과 의학 영상 정보 시스템을 이용하여, 방사선 전문의가 한곳에서 이미지를 해석하는 동안 촬영기기는 이를 필요로 하는 환자에게 가까운 곳에 위치되거나 이동될 수 있다.

나아가, 실시간으로 화학물질 및 분자의 변화를 볼 수 있는 컴퓨터 이용 영상 촬영, 초음파 기술, 양전자 단층 촬영[PET], 기능적 자기공명 영상[MRI] 등의 영상 촬영 기술의 커다란 발전을 기대해볼 수 있다. 분자진단학, 유전체학, 나노 기술이 발달함에 따라 영상 촬영은 실험실이나 심지어 약국과도 통합될 가능성이 있으며, 미래의 진단 센터로 발돋움할 것이다.

영상 촬영 기술은 상당히 빠른 속도로 발전하고 있기 때문에, 미래 장비의 수명은 현 장비의 수명보다도 더 짧아질 수 있다. 시설 계획자들은 영상 촬영 전용 공간을 디자인할 것이 아니라, 이것을 대체할 수 있을 기술을 고려하여 그 전환을 원활하게 수용할 수 있는 구조와 방의 크기를 계획해야 한다. 몇몇 계획자들은 '기술 도킹 스테이션'을 영상 촬영 부서의 바로 근접한 곳에 설치하여, 자본 투자 이전에 신기술을 먼저 경제적으로 시험해볼 수 있도록 하고 있다.

자원 추적

의료 결과 개선 및 운영비용 절감 가능성을 보유하고 있는 또 다른 기술은 실시간 위치 추적 시스템[RTLS]이다. 직원들은 무선 인식 시스템[RFID]을 이용하여 헬스케어 시설 전반에 걸친 장비, 비품, 환자, 직원의 이동을 추적할 수 있다. 이 기술을 사용함으로써 장비 유실이 감소하고 환자 운송 및 이전 효율성이 증가하여 투자 수익률이 크게 증가했다고 병원 관리자들은 보고했다. 케어 시점에 약품이나 혈액 관리를 기록할 수 있는 능력이나 감염 통제를 모니터하는 일에 실시간 위치 추적 시스템을 이용할 수 있는 능력은 케어 프로세스 개선에 중요한 역할을 하게 된다. 이러한 시스템들이 시설 디자인에 큰 영향을 미치지는 않지만, 케어 프로세스와 의료 결과 개선에 미치는 영향을 고려하여, 이를 전체적인 계획 관점에서 중요하게 바라보아야 할 필요가 있다.

현장 현시 검사

손에 들고 다닐 수 있는 무선 검사 장비들은 주 실험실로 보내지던 엄청난 양의 검사들을 대체할 수 있다. 혈액 검사가 휴대용 기기로 가능해지면서, 결과를 얻기까지의 시간이 몇 시간에서 몇 분으로 감소하고, 운반하는 과정이나 일이 중간에 중단되면서 발생하는 오류들이 감소됐다. 빠른 검사 결과는 빠른 의사 결정을 가능하게 하기 때문에, 병원에서의 총 입원 기간을 줄여주고 환자들에게 있어 복잡한 문제들을 정리해준다. 일상적인 검사들이 케어의 현장으로 이동됨에 따라, 주 실험실은 유전체학과 단백질 유전정보학의 연구에 더욱 집중할 수 있게 될 것이다. 비록 현장 현시 검사가 휴대용 장비들을 이용하지만 싱크대, 저장 공간, 여러 개의 콘센트가 있는 작업대가 있는 조용한 업무 공간에 대한 신중한 계획은 여전히 고려되어야 한다. 주 실험실은 미래의 변화를 염두에 두고 계획되어야 하며, 확장 여지가 있는 공간 근처에 위치시켜서 확장이나 개/보수를 빠르고 쉽게 할 수 있도록 하는 것도 중요하다.

수술 기술

헬스케어 시설 계획자들은 미래에 필요하게 될 수술실의 크기와 숫자에 영향을 미치는 의료 기술과 정보 기술 트렌드를 세심히 연구해야 한다. 수술 로봇과 서비스 로봇 기술이 향상되고, 혈관 내 수술과 관강 내 수술을 위한 최소 절개수술 도구가 개발되면서, 더욱 많은 수술들이 더 짧은 시간 내에 더 작은 절개를 통해 이루어질 수 있을 것이다. 전통적인 입원 환자 수술실에서 절개를 덜 하는 외래환자 수술 환경으로의 변화는 빨라질 것이다.

수술 전과 후의 공간을 같이 쓰고 적은 수의 의료진을 통합하는 것뿐만 아니라, 새로운 수술 기술과 치료법을 수용할 수 있는 공간을 만들기 위해서는 심장 도관 설치실과 수술실의 크기를 비슷하게 하고 동일한 장소에 배치하는 것 또한 필요하다. 시설 계획자들은 외과 의사들이 요구하는 21평 이상의 큰 수술실을 지양해야 한다. 신기술의 이용이 가능하도록 최근에 지어진 18~20평 규모의 수술실은 심장이나 외상 관련 수술을 포함한 대다수의 수술에 필요한 정도 이상의 공간을 제공한다고 한다. 새로운 수술 기술 개발자들은 현재 개발 중인 기술들은 더욱 적은 공간을 차지할 것이라고 명시했다.

결론

지금까지 논의된 트렌드 및 개발 사항들은 미래의 헬스케어 전달 방식과 헬스케어 시설의 기능을 크게 바꿔놓을 수 있다. 특정한 영향력이나 트렌드가 확실한 것이 아니기 때문에, 헬스케어 시설 계획자들은 모든 가능성들에 대비해야만 한다. 성공적인 헬스케어 시설 프로젝트는 그 어떤 미래에도 적응할 수 있도록 유연하게 디자인되어야 한다. 너무나 많은 불확실성이 존재하기 때문에, 프로젝트 계획을 시작할 때 헬스케어 관리자들은 의료 및 기술 정보 발달에 대한 모든 시나리오의 영향을 파악하고, 헬스케어 시장과 케어 전달 모델의 변화에 대한 연구도 시행해야 한다. 이상적인 환자 치료에 총 프로젝트가 미치는 영향을 최대화하기 위해서 이들은, 탄탄한 근거를 기반으로 하는 방법들을 사용하면서, 디자인 프로세스에서의 미래의 동향을 고려하는 폭 넓은 비전을 수립해야만 한다. 나아가 계획 및 디자인 프로세스에는 헬스케어 직원, 환자, 환자 가족들을 참여시켜야 한다. 이를 통해 작업 흐름과 환자 안전을 크게 개선시키고, 직원과 환자의 경험 및 환자의 건강 결과를 향상시키는 진정한 환자 중심적인 환경을 만들어낼 수 있을 것이다.

참고 문헌

Bernstein, R. and Edwards, T. (August 14, 2008). An older and more diverse nation by mid century. U.S. Census Bureau News, retrieved on January 21, 2009, from http://www.census.gov/Press-Release/www/releases/archives/population/012496
Butcher, L. (January 13, 2009). Medicine at the mall. HealthLeaders media, retrieved

on May 2, 2009, from http://www.healthleadersmedia.com/content/226375/page2/topic/WS_HLM2_MAG/Medicine-at-the-Mall.html

Center for Medicare and Medicaid Services, Office of the Actuary (n.d.). National Health Expenditure Projections 2007–2017: Forecast summary. Retrieved on January 20, 2009, from http://www.google.com/search?hl=en&q=National+Health+Expenditure+Projections+2007-2017+&btnG=

Cerón, M. I. (2007). Bringing virtual technology to the ICU. Healthcare Executive, 22(2), 40, 42

Coye, M. J. (2006, November 10). Jogging into the sunset. Healthcare's Most Wired Magazine. Retrieved on January 20, 2009, from, http://hfd.dmc.org/articlecomment/default.aspx?id=9&sid=1

Leff, B., Burton, L., Mader, S. L., Naughton, B., Burl, J., Inouye, S. K., et al. (2005). Hospital at home: Feasibility and outcomes of a program to provide hospital-level care at home for acutely ill older patients. Annals of Internal Medicine, 143(11), 798–808.

Medical travel. (January 13, 2009). HealthLeaders magazine. Retrieved on January 20, 2009, from http://provider.thomsonhealthcare.com/Articles/view/?id=

Painter, K. (February 6, 2007). Few doctors are web M.D.s. USA Today: Your Health. Retrieved on January 20, 2009, from http://www.usatoday.com/news/health/yourhealth/2007-02-04-web-mds_x.htm

Silberner, J. (January 20, 2009). Weak bond market stunts hospital construction. NPR Health & Science. Retrieved on January 20, 2009, from http://www.npr.org/templates/story/story.php?storyId=98790755

EVIDENCE-BASED DESIGN FOR HEALTHCARE FACILITIES
Copyright @ 2010 By Sigma Theta Tau International
Korean Translation Copyright @ 2012 By The Korean Doctors' Weekly

This Korean Edition Is Published By Arrangement With Sigma Theta Tau International, Indianapolis, Through Duran Kim Agency, Seoul.

이 책의 한국어판 저작권은 듀란킴에이전시를 통해 저작권자와 독점 계약한 ㈜청년의사에 있습니다. 저작권법에 의해 한국 내에서 보호를 받는 저작물이므로 무단 전재와 무단 복제를 금합니다.

헬스케어 시설을 위한 근거 기반 디자인

지은이 | 신시아 맥클로 外
옮긴이 | 최선미

펴낸날 | 1판 1쇄 2012년 10월 15일

펴낸이 | 이왕준
펴낸곳 | ㈜청년의사
출판신고 | 제313-2003-305호(1999년 9월 13일)
주　　소 | (121-829) 서울시 마포구 상수동 324-1 한주빌딩 4층
전　　화 | 02-2646-0852
팩　　스 | 02-2643-0852
전자우편 | books@docdocdoc.co.kr
홈페이지 | http://www.docdocdoc.co.kr

ISBN 978-89-91232-48-8　13610

책값은 뒤표지에 있습니다.
잘못 만들어진 책은 구입처에서 바꿔 드립니다.